青少年
叛逆与超越

郑钢 著

QINGSHAONIAN

PANNI YU CHAOYUE

一切叛逆现象的背后，都是孩子自我实现的渴望

沈阳出版发行集团
沈阳出版社

图书在版编目（CIP）数据

青少年叛逆与超越 / 郑钢著 . -- 沈阳: 沈阳出版社，
2023.12
ISBN 978-7-5441-9056-5

Ⅰ . ①青… Ⅱ . ①郑… Ⅲ . ①青少年－心理健康－家
庭教育 Ⅳ . ① G444 ② G782

中国国家版本馆 CIP 数据核字（2023）第 104449 号

出版发行：**沈阳出版发行集团 | 沈阳出版社**
（地址：沈阳市沈河区南翰林路10号 邮编：110011）
网　　址：http://www.sycbs.com
印　　刷：廊坊市煜盈印务有限公司
幅面尺寸：145mm×210mm
印　　张：11.5
字　　数：270 千字
出版时间：2023年12月第1版
印刷时间：2023年12月第1次印刷
责任编辑：张　磊
封面设计：银川当代文学艺术中心图书编著中心
版式设计：银川当代文学艺术中心图书编著中心
责任校对：郭亚利
责任监印：杨　旭

书　　号：ISBN 978-7-5441-9056-5
定　　价：58.00元

联系电话：024-24112447　62564956
E－mail：sy24112447@163.com

本书若有印装质量问题，影响阅读，请与出版社联系调换。

前　言

什么是教育？

这是任何一位教育思想家必须首先回答的问题。

教育，教的是经验，育的是新生。

教，教的是学校里各类学科，以及社会的、生活的、职场的、创业的等方面的知识，换言之就是一切人类文明的经验。

育，育的是在已有的人类文明的经验基础上，所产生的新想法、新实践，从而形成新经验，并在不断的孕育中持续地更新优化。

"教"和"育"的结合，是人类共同迭代文明的基础，必须站在全人类的角度去研究和解决这一问题。

早在 20 世纪 70 年代就有学者有过这样的预言：21 世纪将是心理学的世纪。21 世纪，人类所面临的最大的挑战不是其他，而是心理困惑和心理问题。如今，越来越多的现象和数据表明这个预言并非危言耸听。

青少年心理问题

《人民日报》客户端、抑郁症研究所等共同发布《2022国民抑郁症蓝皮书》，调查显示我国青少年抑郁症患病率为15%~20%，抑郁症不仅呈现年轻化，自杀率更是高出成人近3倍，学生抑郁患者中超四成曾因此休学。据统计，我国每年自杀的青少年就有约10万人，相当于每11分钟就有一名青少年死于自杀。

青少年网瘾问题

随着网络的迅速发展，网络成为一把双刃剑。据《中国青少年网瘾数据报告》调查显示，2019年青少年网民中网瘾者比例为14.1%，总人数高达2400余万人。

青少年早恋问题

一般指18岁以下的青少年之间发生的爱情，特别是在校的中小学生为多。由于青少年心智不成熟，且社会经验较少，他们中的很多人容易被这样的爱情冲昏头脑，影响学习和生活。当发现孩子早恋时，父母会急切地想让孩子从无法自控的状况下脱离出来，但这种过激的阻止行为，往往会激起孩子的逆反心理，让孩子和父母之间的关系僵化，甚至还让孩子的早恋愈演愈烈。

青少年犯罪

2023年6月1日，最高人民检察院发布的《未成年人检察工作白皮书（2022）》数据显示，我国未成年人犯罪总体呈上升趋势。2022 年受理审查逮捕、受理审查起诉人数较 2020 年分别上升 30.2%、42.8%。其中，低龄未成年人犯罪占比上升。2020 年至 2022 年，检察机关受理审查起诉 14 至 16 周岁的未成年犯罪嫌疑人数分别占受理审查起诉未成年犯罪嫌疑人总数的 9.57%、11.04%、11.1%。

21 世纪，忽视教育中的所有心理学因素，必将造成教育弊端丛生或教育失败。

对于叛逆青少年而言，"教"的艺术，是探索和遵循每一个孩子天赋背后的心理活动和心理发展的规律性，有的放矢、因材施教的一个过程。"育"的本质，是鼓舞和点亮孩子的禀赋与天性，唤醒孩子内心深处求知的潜能，激发孩子的内驱力，使学习成为孩子主动、自觉的一种行为。

如果正在看这本书的你，刚好对孩子叛逆现象背后的心理奥秘，以及孩子是如何从叛逆实现超越等此类问题感兴趣，想知其然更愿知其所以然，那么本书讲述的鲜为人知的故事，一定会让你大有收获。

书中诸多的观点、理念以及案例，在未成书之前已经让很多家庭受益匪浅。如今撰写成书的目的，旨在帮助到更多的人。

书中以生动、易懂、发人深省的案例故事，对社会大众历来觉得十分神秘的心理学进行了阐明。一些晦涩难懂的学术用语用词，融会贯通于一堂堂妙趣横生的心理课堂之中，透彻分析了青少年叛逆现象背后的心理动机，深入浅出地提炼了心理学定律给我们的启示，并在本书末附录了相关的专题资料。当你读完此书，虽不能成为一名心理学家，但足以让你了解并学会在现实中运用心理学。

当我们运用心理学，能够敏感地了解叛逆青少年所表达的感受，能以他们的立场去接纳他们，承认他们有权利和别人不同；让他们在被认可中获得喜悦，在被肯定中感到自信，在激励中体会感恩。自然，他们就会向着积极的自我实现的目标迈进，朝着成熟的正常社会化的方向成长。

从长远来看，针对叛逆青少年，在其内心种下正能量的种子，远比以暴制暴进行干预更具教育意义。

如同《青少年叛逆与超越》一样，它的出版，正是我的长辈们、老师们在我的青少年时期埋下的一粒粒种子所凝结的果实。

长辈里，我的外公、姑爷爷、舅舅以及我的母亲、表哥等人，作为校长、老师，他们的毕生精力都耕耘在教育一线，和所有教育世家的孩子一样，我在"耕读传家久，诗书继世长"的氛围熏陶中长大。

在长辈们一个个寓教于乐、饱含人生哲理的故事中，我感知着那个时代特有的历史背景，也感知着学习知识的乐趣。

诸多故事中，令我至今仍记忆犹新感触颇深的是一段我父母结婚时的小故事。准确地说，是一段因"对联"而起的小插曲，一段在当地被传为佳话的小插曲。

事情是这样的，在我父母结婚的当天，天还没亮，我父亲携接亲团就出发了，跋山涉水地去迎接我母亲。在到我母亲家门口时，接亲团却驻足于大门前，并没有着急进屋，而是拿出了一副对联的上联，上面写着"百花争艳万紫千红彩车隆隆喜迎淑女"。

"好！太好了！""哦！妙，太妙了！"……乡亲们赞不绝口，都纷纷期待着下联的出现。

接着就见接亲团拿出了一张空白的红纸和早已准备好的笔墨。这显然是为迎亲方对下联所准备的。

这下可好，本已焦急等候多时的迎亲团乡亲们面面相觑，暗暗地跺起脚来。此前，还没遇到过迎亲还要对对联的，当地风俗也是闻所未闻。更令人烧脑的是，上联中还暗藏着玄机——"艳红"——我母亲的名字。

乡亲们左思右想，眼看时辰将至仍束手无策。没辙，都说赶紧去屋里把我外公请出来。此时，正与老友们叙旧的外公听闻此事，作揖后气定神闲地往大门口走去。屋里的亲朋好友们紧随其后，嚷嚷的景象好不热闹。

外公在乡亲们的簇拥下来到对联前，扫视默念完上联后，挥洒自如地抬笔写下"六路吉祥生机蓬勃喜炮声声恭贺佳郎"。

当最后一笔落下，"喜炮"与乡亲们的掌声、欢呼声、道贺声交织在一起，足足响了半个多小时。整个接亲、迎亲仪式在此刻达到了高潮。我父亲——"六生"的名字也传遍了我母亲的整个村庄。

如今再提这段插曲，虽已过近半个世纪，依然回味无穷。

同样，孩子们在"教育基地"所拥有的很多深刻体会与感悟的小插曲，也像一粒粒正能量的种子，为孩子在未来道路上大放光彩而蓄力。

最后，诸多感谢！

感谢我的父母，从小对我在生存艺术上的磨炼，用最质朴的爱培养了我直面现实的勇气与创造性解决问题的能力。

感谢我的妻子在对我成书的过程中的理解，给予我足够的时间与空间，支持我去追求生命的意义。

感谢每一个孩子的到来，让我在教学中成长。

感谢每一位家长的信任，给予我源源不断的动力。

感谢每一位同仁的情怀，加持了一支教育团队的默契与正能量。

感谢为本书付出的所有朋友，我的每一步成长都离不开大家衷心的祝福与帮助。

同时，在即将开启这本《青少年叛逆与超越》之际，感谢你——亲爱的读者朋友，我真切希望你在阅读本书后，可以开阔心理学视野，增进亲子感情，并从中学习和总结经验与规律，达到灵活运用的水平。如果发现书中有不足之处，还请提出宝贵的意见和建议，期待与您的沟通交流。

郑　钢

2023 年 5 月于广西桂林

目 录
CONTENTS

第三章　自发地华丽转身　欣慰地静待花开

第一章

追溯"叛逆"的根源
探究"问题"的本质

"凡学，非能益也，达天性也。能全天之所生而勿败之，是谓善学。"

——《吕氏春秋·尊师》

环境，特别是好的环境，对每个人来说都很重要。它是一种能量，无形的能量，不以人的意志为转移。比如，我们到了图书馆这个环境，说话自然得轻声细语些；我们到了电影院这个环境，烟自然也不好意思抽了；我们到了练歌房这个环境，自然要放声高歌，尽情释放；我们到了游泳池这个环境，自然要换上泳衣，绝不会还穿着平日里的衣裤鞋袜跳下去，否则别人会觉得这个人格格不入，有问题。

　　不难想象，一粒种子，处在污染的环境中只能畸形地生长，纵然外在如何努力地矫正也只是徒劳。

　　唯有把这粒种子移到一个正能量的环境，由内而外地洗礼，使正气内存，邪不可干，方可正本清源，即从根本上解决问题。

　　古时"孟母三迁"的故事也是这个道理。

第一节 绽放天性的"境"

"言传不如身教，身教不如境教。"

——古语

"正知基地"——一个绽放天性的"境"。

《青少年叛逆与超越》一书就诞生于这个"境"中。"境"的全称为广西正知青少年成长基地，简称"正知基地"（本书中"正知"与"基地"表示同一个意思）。"基地"接纳来自全国各地年龄在 8~17 岁的青少年，他们聚集在此品尝酸甜苦辣，体验悲欢离合，尽情释放天性，充分发展各自的兴趣。最后，以自信的气质、积极的态度回归到各自的学业中。

外界把类似的机构称之为"特训学校""叛逆学校"或是"专门教育学校"，暗示着它是一群无法无天、无事生非、无人能管、无药可救的叛逆孩子组成的学校。

因此，我觉得有必要据实叙述"正知基地"，把"正知基地"里孩子们的优点与缺点一并呈现出来。充分考虑孩子、家庭、学校和社会的立场，中肯地分享自己的一些浅见。

个人角度看，我更愿意把正知基地称之为"天性[1]基地"。天性，是指人先天具有的固有属性，即一个人出生就具有的秉性、心理感知特性及行为趋势，它具有一个外界难以改变，却可以引导善恶的趋向。

当我们用天性去看待和理解孩子所出现的叛逆现象时，这些现象本身已不是问题了，而是一种表象。

就拿青少年叛逆现象中较常见的打架来说，同一个打架事件背后的动机却大相径庭。有表现欲驱动的，有正义感驱动的，有好奇心驱动的等。比如甲（表现欲驱动）为了证明自己不是同学们所说的"胆小鬼""孬种"而去打了乙，丙（正义感驱动）见状，觉得乙很无辜，故出手相助乙与甲厮打起来，厮打过程中不小心误碰撞到在一旁观架的丁（好奇心驱动）。最终，丁气不过也加入厮打中，形成混打的局面。如果事件中的乙并不是一味忍让，而是进行了反击，那么乙则属于自我保护欲驱动。

现在，请问正在看书的你，假如你作为此次打架事件的教育者，对甲乙丙丁四个孩子，将如何开展教育引导工作呢？

在我们思考如何教育的同时，脑海里是不是出现了这样的场景：我要严厉地告知他们打架行为的种种不好、打架造成的影响多么恶劣、打架会受到如何的惩罚等。现实中有些教育者，甚至会不分青红皂白地对甲乙丙丁进行体罚、以暴制暴等。感观上，似乎能用的一切教育手段、引导方法都做到位了，但往往没过多久，打架事件又奇迹般地死灰复燃，甚至愈演愈烈。

这究竟是怎么一回事呢？为什么会这样呢？

这是教育引导者忽略了打架参与者各自的动机，对打架行为与甲乙丙丁各自内在动机之间的联系存在很大的模糊与很多的误解，导致对甲乙丙丁做教育工作时因没有说到孩子们各自内心所关注的重点，造成与孩子们之间的无效沟通。

而无效沟通，又催化了孩子们新一轮的叛逆现象。如过激的言行、离家出走等。面对孩子新一轮的叛逆现象，此时大人们的教育方式不得不被迫采取主观压制手段。而压制手段，又促使孩子叛逆的程度进一步继续恶化，使叛逆现象变本加厉。

最终进入了一个叛逆、教育、再叛逆、再教育的死循环模式，可以说是好心办了坏事。

因此，唯有了解甲乙丙丁的动机，明白动机与天性的联系，引导才有了方向。

就上述打架事件而言，如果甲没有在独立判断能力方面得以完善，如果乙没有在正当防卫以及防卫过当中清楚界限，如果丙没有在见义勇为中得以强化，如果丁没有在社会责任感上得到启发，那么作为教育者的我们，不仅没有利用好此次打架事件的教育机会，浪费了一次"情感记忆"[2]的建立，甚至还可能埋下了二次爆发的隐患。

从社会视角看，这些孩子似乎习惯了众人口中的"叛逆少年""问题少年"的称谓，有一种引以为傲的感觉。他们特立独行，认为自己到哪都是主角，永远的 C 位，觉得周围所有人都非常关注自己的一举一动，甚至有时会刻意制造与众不同的言行，去引起大家的关注。一些个体心理学家认为这叫"假想的观众"。假想观众的观念，反映了青少年渴望在同伴中显得重要的愿望。社会心理学中的"焦点效应"也很好地诠释了此现象，即人类往往会把自己看作一切的中心，会高估别人对自己的关注程度，而在青少年时期，这样的现象尤为突出。

在世人的描述中，他们视学校如囚狱而不肯入，视老师如寇仇而不欲见；他们撒谎成性，常常借故逃学，放肆地从事各种顽劣的活动；他们染发、打满耳洞、文身遍布、奇装异服、三餐不定、黑白颠倒，过着他们自认为的所谓自由的"成年人"生活。

他们当中，"混"得好一点的呢，跟着"大哥"出入各类高档酒吧夜场；"混"得一般的呢，泡在各类网咖或寄宿在同学家；

"混"得差一点的呢，躲在 24 小时营业的餐厅过夜，或露宿银行自动取款机营业厅，饱了这餐没了下顿……

沿着这样的路径继续发展下去，内化孩子心理的，是价值观逐渐扭曲的认知；外化孩子行为的，则可能演变为能骗就骗，骗不到就偷，偷不成就抢……

最后，他们往往游走在违法犯罪的边缘。

当今叛逆青少年中，还有很大部分是网络成瘾的。他们自闭在家，大门不出，二门不迈，玩累了就睡，睡醒了继续玩；赢了游戏在狂笑，输了游戏在发癫。有吃的就吃，没吃的也无所谓，游戏大过一切。手机就是他的命，谁要拿走他的"命"，他就要和谁拼命……

最后，他们往往游走在情绪障碍、心理症结、自虐甚至是精神疾病的边缘。

这些社会的视角，世人的描述，不禁让我们扪心自问，这到底是怎么了？他们为什么会变成这样？装的？演的？还是被逼的？真的是他们错了吗？还是说他们真的不懂事儿吗？全都不懂吗？还是大部分懂，或是个别……

退一万步讲，即便是他们都错了，那这个错也仅仅只是一个结果。他们小小年纪就网瘾自闭、撒谎成性、打架斗殴、敲诈勒索、混迹社会、厌学、逃学、辍学、文身、染发、飙车、离家出走、夜不归宿、网恋、早恋、吸烟、喝酒、小偷小摸、蒙骗亲友、奢侈消费、脾气暴躁、亲情淡漠……这些都是已发生的结果，是既定的事实。

请问，原因呢？真正的原因何在呢？

"正知"众多的咨询案例表明，青少年的绝大部分叛逆现象，在刚开始时并不知道自己在干的事情是错的，发展到一定程度后，知道错了却硬着头皮不认错，好不容易在千说万劝下认错了，却理由、借口一大堆地不认罚，最后认罚了，又破罐子破摔不愿悔改。

不知错，知错、不认错，认错、不认罚，认罚、不悔改，这一系列的心理变化过程，伴随着孩子青春期所呈现的叛逆现象迭代加重，螺旋式地越陷越深……尽管导致每个孩子出现叛逆现象的原因各不相同且错综复杂，有待我们去研究和考证，但归根结底其本质原因都是孩子的天性被污染了所致。

不可否认，任何的事物都具有两面性，天性亦如此。面对孩子们的种种叛逆现象，我们不妨冷静地思考、客观地分析一下，在孩子的叛逆现象中，难道就没有正面性和积极面存在吗？

他们可以三五成群结伴作案，分工明确、计划周详，你能说他们没有领导能力、没有统筹能力吗？

他们可以在游戏当中驰骋沙场、叱咤风云，你能说他们不自信、脑短路吗？

他们可以把大人们骗得团团转，你能说他们不精明、低情商吗？

他们偷了东西可以快如闪电地撤退，你能说他们没有运动细胞、懒惰颓废吗？

他们为了兄弟们可以"赴汤蹈火、万死不辞"，你能说他们不懂得感恩、不重感情吗？

他们为了"爱情"可以放弃所有、不顾一切，你能说他们没有奉献精神、毫无魄力吗？

他们为了抽包烟可以省吃俭用、精打细算，你能说他们不会过日子吗？

他们能学得很多大人都自叹不如的"绝技"，你能说他们不爱学习吗?

……

或许很多家长不认同我的观点,但这并不影响这些行为所呈现的客观性,就如同我们经常听到大人们这样的抱怨:"我孩子从小到大一直都很聪明,就是没用对地方。"同样是客观存在的正面性和积极性的有力说明。

换而言之,在孩子的诸多天性中,如果没有得到合理、合情、合法的教育和引导,那么出现不合理、不合情、不合法的事情将不足为奇。

更严重的是,当孩子刚出现叛逆现象时,由于没有正面的及时引导,孩子的天性所产生的负面认知、负面表现,会随着时间的推移,久而久之将形成叛逆现象的惯性。

因此,孩子的叛逆现象,是孩子的内在认知(思考方式)、外在表现(情绪、反应、行为)和天性(动机)三方之间相互作用的结果,只要把这三方面的相互关系和内在关联梳理清楚,分析明白,那么破解孩子叛逆的密码也就找到了。

三方面中,"内在认知"和"外在表现"的相互关联和作用我们并不陌生,生活中也随处可见。我们都知道,针对同一个事物,我们的情绪、反应抑或行动,是积极还是消极的,乐观还是悲观的,正能量还是负能量的,完全取决于我们分辨事物的思考方式。例如,同样是看到下雨了,孩子表现出开心的情绪,因为他终于有机会穿着新买的雨鞋出去踩水玩儿,这使他有愉悦感。但家长却很烦躁,原因是晾晒在阳台上的床单和衣服总也干不了。思考方式的不同,导致了家长与孩子的感受不同。再比如,你和甲一起走在去办公室的路上,迎面遇到刚进公司的新同事乙,乙没打招呼就径直走了过去。这时,甲心里在想这个新同事太没礼貌了，见到前辈也不知道打声招呼，真是目中无人，以为自己是个名牌大学毕业生就了不起了！甲因此可能愤愤不平，甚至就此与乙结下了梁子。而你的想法不同，心想他可能正在想别的事情，没有注意到我们，即使是看到我们没打招呼，也可能有什么特殊的原因，因此觉得无所谓，工作该怎么做还怎么做。你和甲不同的思考方式，导致两种截然不同的情绪和行为反应，同时也决定了与乙在未来共事中的态度和行为。

因此，我们不难理解，当孩子们饿了，有的自食其力煮美食一饱口福，有的去抢去偷解决温饱；当孩子们空虚时，有的去搞运动玩艺术，有的却不惜与大人动手，也要不顾一切地去夺手机……诸如此类的现象都是孩子分辨事物的思考方式不同所致。只要他们的内在认知不变，他们的外在表现也不会改变。

那么，如何解决孩子思考方式的单一性，让孩子具备辨识事物正负能量的主观意识，并使其表现趋向正能量呢？

这就要提到上述所说的叛逆破解密码之一的天性了。首先，一件事物，在孩子的内在认知、外在表现和天性三方面的相互作用下会形成"情感记忆"。其次，青春期所迸发的好奇心和探索欲会使孩子主动或被动地接触到很多事物，我们可以借这些事物，通过教育和引导孩子建立诸多正能量的"情感记忆"，最终达到使其做出正能量表现的目的。简言之，就是利用事物激发、激活孩子的天性，教育引导其形成良性的情绪、情感记忆（内在认知），从而达到改变其行为的目的（外在表现）。例如，一个孩子第一次偷爸爸的钱，在被发现并受到相应惩罚时，他会经历一次完全有意识的内疚情绪，这会使他反思且意识到这一行为的不良后果，在他的记忆中自动形成偷窃和内疚感之间的关联，即创建一个"情感记忆"。日后如果再想偷窃，这一自动关联就会被激活；而内疚感一旦发生，一般能产生采取补偿行为的动机力量。

再比如疼痛感，在没有与使之相互作用的事物关联时，疼痛感不会出现；而一旦联系起来了，疼痛感就感知到了。比如被火烧灼到、被开水烫到等。同时，该事件会使人形成"情感记忆"。当下次再遇到类似事件时，脑海里的"情感记忆"会自动浮现，并提醒我们做出谨慎行为，比如生火烧烤或提一壶开水时，我们会背迎风离火有一定距离就座和小心去提开水等。

这些内疚感、疼痛感等感受，都是人之天性，与生俱来，只是有待被激发、激活；而要激发、激活人的诸多天性，就必须与诸多特定的事件、事物或情境关联起来。这些不断关联的过程，正是人不断成长必然要经历的一个过程。

日常生活中，我们会发现很多小孩过马路时乱窜，那是因为情绪情感中的恐惧感还未与过马路危险的事件关联起来，恐惧感没有被激活，"情感记忆"也是空白的。所以，小孩会肆无忌惮地过马路而大人却担心得要命。

再比如，你是否还记得人生第一次上台演讲的情景？如果你没上去过，就感受不到紧张感。如果你克服不了紧张导致发挥失常，随之而来的是深深的自责感或是无地自容的羞耻感。一旦克服了紧张而发挥得不错，我们就有了成就感、自豪感。还有，很多没有当过兵的人，是无法体会到军人在前线作战、保家卫国、视死如归的使命感的……

一个人，经历的事情越多，感知的情绪、情感就越丰富；感知的情绪、情感越丰富，明白的人情世故和道理就越多；明白的世故和道理越多，分辨事物的原则及底线就越清晰；原则和底线越清晰，人的内在认知、外在表现和天性之间的相互作用，就越趋向社会所接受的平衡。

因此，孩子们种种的叛逆现象（内在认知与外在表现），在没有通过特定的事件、事物或情境与内疚感、责任感、负罪感、羞耻感等天性关联起来相互作用，形成"情感记忆"之前，孩子的不知错、知错不认错、认错不认罚、认罚不悔改的心理认知，就变得理所当然的了。

明白此因后，那么，我们如何透过孩子的叛逆现象准确找到背后的动机，客观分析出匹配的需求，然后选择哪些事件、事物或情境去激发、激活孩子的天性，形成良性的"情感记忆"，就显得尤为重要了。

在"正知"，枯燥无味的理论知识蕴藏在丰富多彩的实践场景之中，循规蹈矩的课程转变成寓教于乐的游戏机制，形成不教之教、无言之诏的整体境教氛围。

"正知"以因材施教、因人施治的一人一案，一案一议的个案研究法为基础，通过调查、观察、测验、实验、综合评估等方法客观辅助，在 20 多个科目近 50 门课程[3] 中，结合身体力行法、榜样示范法、文艺熏陶法、实践法、内省觉悟法、赏识法、换位体验法、情绪宣泄法等诸多教育方法方式，让每一个孩子的七情六欲、喜怒哀乐都得以品尝，悲欢离合、酸甜苦辣均得以体验，使孩子们的天性得以尽情释放。

在诸多实践场景中，让孩子们感悟最多的当属职业体验课程了。从配菜师、洗碗工到厨师、面点师、烘焙师；从弹唱歌手、鼓手、茶艺师到汽车精修师；从军事教官、律师到国学诵经师；从销售员、乘务员到主持人；从种植员、养殖员到教师等。孩子们有的认识到了每个职业看似简单，但真要上得台面，以后要靠这个生存，还得要更加潜心修炼才行；有的会暗暗下定决心一定要扎实打好学习基础；有的体会到了父母的良苦用心；有的感悟到这工作也太难了，还真不如去读书……

在一次针对巩固期[4]孩子的心理课上，谈到个人兴趣爱好时，15 岁的小陈（为保护隐私，本书所有案例均为化名）兴致高涨地说："我是车痴，我非常喜欢车，我手机上收藏的视频全都是车，有讲解改装的、有讲漂移技术的、有讲试驾的……我连玩游戏也只玩与车相关的……"

小陈越说越起劲，嘴巴像机关枪一样根本停不下来。同学们也被他声情并茂、眉飞色舞的述说感染了，都张着嘴巴定定地听着。见状，我悄悄移步一旁拨通了张经理（基地职业体验联谊单位之一的负责人）的电话说明了意图。

张经理很是热情，不到 1 个小时，一辆崭新闪亮、漆面如镜的黑色轿车驶入了基地，潇洒地停在训练场中央。

"哇！"小陈不由自主地叫了起来，大大的"O"形嘴感觉下巴都要掉下来了，惊讶和喜悦挂满了他的整张脸，双拳紧握在胸前微微颤抖。小陈夸张的表情使张经理也不禁憨笑起来，仿佛看到了曾经的自己，对小陈动情地说："小子，要不……我带你去兜一圈！"

"哇！真的吗？确定？"小陈惊讶地反问道。小陈不敢相信自己的梦想可以近到触手可及，一再确认着。

在得到张经理的首肯后，高兴坏了的小陈连忙蹦进了车。同学们也为小陈能梦想成真而欢呼着："小陈太牛了！小陈太牛了！"

"没有什么能够阻挡，你对自由的向往，天马行空的生涯……"伴着车里应景的音乐，小陈与张经理驶出了基地。副驾驶座上的小陈，两只无处安放的手，亢奋得一会儿伸进口袋，一会儿又伸出放至膝盖。

半晌后，夕阳欲落之时，他们恋恋不舍地踏着晚霞回来了。刚一下车，意犹未尽的小陈就迫不及待地追问："张老师，请您和我说说汽车的构造吧！快说说吧！"

"好嘞！小子，现在就让你见识见识。"说话间张经理麻利地打开了引擎盖，"来，看这个，这就是你刚问的发动机。发动机对于汽车，就如同心脏之于人，是汽车的重要组成部分，更是汽车能够跑起来的动力之源。这车的心脏可不小啊！6 缸的呀！它能够在怠速时给你超强的稳定，能在加速时给你十足的信心。来！这是……再看这里，这个盖子上的标记就是你提到的那个前窗雨刷的意思，打开这个盖子呢，就可以往里注入雨刷液……还有这个，这个是……"

小陈移着碎步紧紧地跟着张经理，脖子伸得像长颈鹿一样，眼睛瞪得像铜铃一般，认真地听着、看着，时不时地还小心翼翼地轻抚一下车身。

"这是后备箱，可以放一些平日里的行李物品，这下面还有一个暗格。"张经理从暗格中拿出一副工具，向小陈问道："小子，你今年多大了？"

"15 岁了。"

"哦，满整岁了吗？"

"还差 1 个月。"

"哦……那差不多嘛，我换第一个轮胎时是 14 岁，还没你这么大呢！今天你也来试试吧！"

"啊？换胎？"

"怎么？这表情是不是害怕啊？"张经理看着小陈又睁大了

一圈的眼睛激将道。

"呃……我从来没弄过，怕给车弄坏了。"小陈忐忑地说。

"怕什么，来吧！弄坏算我的。"说完，张经理随即把组装好的工具递到小陈手里，"拿着，今天你的任务就是把这个轮胎卸下来。"

就这样，在毫无思想准备的情况下，小陈开始了他人生中第一次的换胎体验。

这"刺头"平日里大大咧咧的，这时倒是腼腆起来了。工具握在手里，却迟迟不下手。见我和张经理移步到一旁的树下，才放开了胆子，操上扳手套在螺帽上，倒腾起来。

时间过去了 5 分钟，小陈的双手从掌心到指尖红肿起来，感觉都要磨出水泡了。然而，那颗螺丝就像焊死在轮毂上一样，丝毫没有松动的迹象。

小陈不依不饶，继续铆足了劲展开着攻势。时间又过去了 5 分多钟，可情况依然照旧。小陈一屁股坐在地上，挠着头对着那颗螺帽是左看看右看看，上看看下看看。一会儿，只见小陈把扳手套在了另一颗螺帽上，琢磨着这颗不行，那总有一颗可以吧！从概率上讲确实值得一试。可遗憾的是，这另辟蹊径的思路并未给小陈亮起绿灯。在小陈对其他的螺帽都一一尝试了个遍后，又一屁股坐在地上，看着螺帽挠着头。

片刻后，小陈又倒腾上了。这回他用了一个新办法，他给扳手选择了一个近乎与地面平行的角度套在螺帽上，然后整个人呈半蹲状站在扳手杆子上，像弹簧一样蓄力了几次后，猛地一蹬，大喊一声"咿……呀！"咬牙切齿到面部都狰狞了，但结果还是不尽如人意。

估计实在是没辙了，小陈整个人在扳手把子上跳了起来，试图在地球引力的作用下，用自身的体重和冲击力去给扳手施加力量，以达到使螺帽松动的目的。可最终，还是无济于事。

整个过程，小陈没有看向我们，也没有来寻求我们的帮助。张经理给小陈的任务是卸轮胎，现在前前后后折腾了近半个小时，结果却是一颗螺丝都没拧下来。

最终，小陈与张经理道别后，嘴里不断念叨着张经理对他的嘱托："要好好练，我还会来的！"

或许，这正是"意会"的绝妙之处吧！

本节注解：

【1】天性：包括好奇心（探索欲）、正义感、使命感、成就感、幸福感、自豪感、归属感、责任感、仪式感、疼痛感、烧灼感、负罪感、认同感、距离感、崇拜感、方向感、归宿感、罪恶感、敏感度、友好感、分寸感、安全感、恐惧感、孤独感、不适感、恐惑感、获得感、高贵感、自重感、真实感、罪疚感、空间感、无感期、违和感、压迫感、失落感、第六感、自卑感、占有欲（控制欲）、食欲、性欲、敌意（警觉心）、善意、懒惰、创造欲、破坏欲、表现欲、嫉妒心、保护欲（使命感）、依赖感等。

【2】情感记忆：指对曾经体验过的情绪和情感的记忆。引起情绪和情感的事件已经过去，但情绪和情感的体验可保存在记忆中。

在一定条件下，这种情绪和情感又会重新被体验到，例如，当某人回想起以前一次战斗胜利的情景时，当时的情绪和情感也会再现，他好像再一次体验到了胜利的喜悦和欢快。

它的最大特点是主观性、变易性和可塑性，有积极愉快的体验，也有消极不愉快的体验。对人来讲具有动机作用：积极愉快的情绪记忆可以激励人的行动；消极不愉快的情绪记忆可以降低人的活动能力。

它的性质和强度也会发生变化，这是由过去引起情绪体验的事物与主体当前的需要的关系所决定的。

【3】"正知"课程：心理、内务、军事、体能、拳术、拓展、厨艺、烘焙（面点、西点、蛋糕）、农耕、文化（语数英）、法制、国学、中医、文体（手语操、集体舞、合唱）、科技、音乐（吉他、电钢琴、架子鼓、声乐）、美术、茶艺、阅读、主持、表演、朗诵、写作、游戏、辩论、球类（篮球、羽毛球、乒乓球等）、游学、野外拉练、红色教育、感恩教育、非遗传承、职业体验、家庭教育等。

部分课程为选修课程，如音乐课程，声乐、吉他、电钢琴、架子鼓等选择其一。

【4】巩固期：孩子们来到"正知基地"，会经过三个阶段，即：适应期，转变期，巩固期。

适应期：以行为矫正为主，心理疏导为辅。

转变期：以心理疏导为主，文化摸底为辅。

心理疏导方面，例如唤醒良知、净化心灵、激发爱心与感恩之心、塑造健全人格、提升个人素质与个人修养、建立自信自尊等。文化摸底方面，例如各科实际知识水平、学习心态等。

巩固期：以建立学习目标为主，心理与行为强化为辅。

建立学习目标包括文化课与兴趣职业。例如，激发对各科的学习兴趣、树立学习的自信心、挖掘学习的潜能，提升内动力等。引导孩子对未来的打算、设想以及规划，为复学做准备。

三个阶段的准入时间，由教师、教官们对孩子的综合情况进行评估后，因人而异提前或延后。

第二节　即将成年的青春挽回

> "人非圣贤，孰能无过，过而改之，善莫大焉。"
>
> ——《左传·宣公二年》

过去的，无论怎样，即使是逆境，终已客观存在。现在的，即使仍处逆境，与其埋怨过去，不如规划未来。我们不要忘了，对于孩子而言，现在的逆境，正是以前没有规划好的未来。因此，未来的顺境必须即刻规划并不断完善。

因为，青春的挽回，刻不容缓！往小了说，为了大人们能睡个好觉，能安心做事，亲朋好友能看得起；往中了说，为了孩子的前途，要悬崖勒马，浪子回头；往大了说，为了增加国家的和谐指数，减少社会的矛盾。

小松，一个被诊断为重度抑郁症的孩子。起初，小松的家人们在首次得知孩子被诊断为重度抑郁症时，是极度不愿意接受这个诊断的。所以家人们带着小松辗转本地和广东的数家医院进行多次检查，希望是一个误诊。但最终，当所有的诊断报告所显示的都和第一次诊断的结果一样时，家人们不得不面对这个事实了。所幸，小松的家人们并没有一味地为诊断的结果继续排查下去，而是积极地转向为小松进行治疗咨询，为赢得最佳的治疗时间而努力。

"基地"的孩子中，小松是年龄最大的一个学员。由于不得不考虑小松年龄大的实质性问题，我曾一度犹豫是否要与之见面。最后，在小松家人的全力坚持和完全信任下，让我打消了这个顾虑，得以在之后的日子里能集中全部精力，放在如何教育和引导小松上。

小松有 4 年网龄，头一年还能劳逸结合，上上课、打打球、写写字、读读书等，后 3 年基本是成瘾状态，且逐年严重，最后不得不休学在家。小松的爸爸由于长期在外务工，为养家所操劳，对小松的教育是有心无力，只能依靠家里的妈妈和姐姐进行教导。随着小松的网瘾越来越严重，妈妈和姐姐也不知该如何是好。该说的都说尽了，该做的也做过了，小松却依然网瘾成性，无法自拔。最终，在妈妈和姐姐、姐夫的陪同下，小松来到了基地。

那天在接洽室里，小松目光呆滞，背微微驼着，青色的 T 恤和一条洗得泛白的牛仔裤衬托的已不再是曾经的那个阳光少年，整个精神状态给人一种慵懒、怠惰的感觉。如不是亲眼见证，这情景很难与之后的"体能之星"[1]获得者联系起来，并且是基地的首位"体能之星"。直到后来回想起来，原来是无心插柳的"罗森塔尔效应"[2]起到了关键性的作用。

小松话不多，倒是小松的家人们争先恐后地说了很多关于他的事情，印象较深的是说他网瘾之前对中国古代文学特别感兴趣，对古人的文章往往有自己独特的见解，各类成语典故更是出口成章等。小松这方面的才能从他后来诸多的周记中得以证实，甚至有次犯错所写的检讨书里，也是处处引经据典。

见大家都在谈论自己，本是腼腆的小松渐渐有些局促起来。

"请喝茶！"趁着小松家人们说话的工夫，我沏了一壶茶，各自斟茶后招呼道。

小松抿了抿嘴，眉头微蹙，不耐烦地眨了眨眼，对他面前的茶杯视而不见，依旧自顾自地默不作声。许久，或许是被我久久等候喝茶的目光灼得不好意思，小松游离的眼神不自然地瞄了我一眼。不过很快，就落在了桌面上那一沓足足高出半个矿泉水瓶子的医院检查报告资料上。

我试图把他的眼神追回来，因此我抓住机会，顺势将饮完茶的空杯也缓缓地落在那一沓资料上。瞬间，小松条件反射地望向了我，就在我们目光交汇时，我语气稍带凝重地打破僵局道："小松啊，你……觉得……这样做好吗？"并特意把"你"拉得很长。

小松迟疑了一会儿，恍惚道："啊，什么？"

我整个身子向小松探了过去，轻声提示着："你……这样对家人，你觉得好吗？"

"我……做什么了？我又……怎么对家人了？"小松磕磕巴巴像打了结似的说着。

此时，小松有些激动起来，他脸上的肌肉开始轻微地颤动，面色较之前更黄了，双手在膝盖处来回摩擦着……种种躯体化反应显示小松的状态不容乐观。但此"战役"是箭在弦上不得不发，已到了非打不可的时候。否则，让小松携网瘾一同庆祝自己18岁生日的话，输掉的不仅是现在的青春，还有未来的人生。

因此，这场"战役"必须打，并且必须速战速决，一击即中，不能有二次交锋的机会，更不能出现平手，因为那跟输没有任何区别。

"小松啊！恕我直言，你……根本就没病，你……根本就是在装，为了能多一些时间玩手机，看你现在都装成什么样了。先是故意玩酷装自闭，与老师对抗，把局面搞得不得不让你休学，好让自己在家可以玩个够。然后你还佯装成抑郁症，自以为在网上看了一些抑郁症的症状表现，就故意在医生面前按图索骥，削足适履。你这样生搬硬套，弄得自己人不像人，鬼不像鬼，你就是一个骗子。现在搞得在家人、亲戚、朋友和同学面前，装也不是，不装也不是。而且，我听说你马上就要满18岁了，一个即将要成年的人，居然还用这么下三烂的手段去欺骗最爱你的人，搞得骂你也不是，打你也不是。你说，你这样做好吗？你不要和我说你有病，你始终是在伪装、在欺骗……对了，我还告诉你，你装得一点儿都不像，装得非常不专业，你知道为啥吗？因为你根本就没有病。所以我才问你，你觉得这样做好吗？对得起爱你的家人吗？"我一口气对小松说完，没有给他打断的机会，尽管中间他有好几次欲言。

小松似乎从未遭受过这样赤裸裸的质疑，脸上的肌肉颤动得更厉害了，频繁吞咽着唾液，原本在膝盖处摩擦的双手紧紧地抓扣在膝盖上，手心的汗把裤子都给浸湿了。

这一系列的躯体反应表明小松内心深处的那根软肋被击中了。同时，我对自己心中的想法更坚定了。小松知道自己这样做不对，只是不清楚用什么办法去解决；小松也明白自己需要振作，只是缺失正确方向的引导。

于是，我迅速出台战略计划，决定先用"沉锚效应"[3]让小松形成"三周"的心理预期，然后突出"没人认识"的强化作用，最后达到让其"不必装"的目的。

在我饮下第二杯茶后，趁热打铁对小松说道："在基地，你是年龄最大的学员，他们的适应期是三个月，你只有三周，除非你想在弟弟、妹妹面前以丢脸的形式刷存在感。你没有任何理由偷懒，更没有任何借口逃避，因为这些课程对你来说就是小菜一碟。更何况，这里没有任何人认识你，你也不需要装给任何人看，更没有装的必要。"

"这里没有任何人认识你，不需要装给任何人看，没有装的必要……没人认识，不需要装，没有必要……没人，不装，没必要……"小松不断重复地嘀咕着。

很欣慰，"强化"起到了作用，"战役"取得了阶段性的胜利。

如果与小松的这番话是一场激烈而急促的暴风雨，那么在接下来的日子里，唯有帮助小松建立起一个能自发走出来的目标，并围绕目标展开一系列的教学措施，方能欣赏到暴风雨过后的万里晴空和七色彩虹。

而日后的小松，也没让人失望。为了证明自己是"榜样"，小松就像开了挂一样，近乎完美地完成了每一次考核。

小松的心扉已经完全打开，接受了我这位像朋友，更像家人一样的老师。在一次他与同学打乒乓球休息的空当，我单刀直入问他为什么玩手机这么痴迷，痴迷到厌学、逃学甚至辍学的地步，他不假思索道："其实，我也不是非要玩手机不可，只是不玩手机，我真不知道玩什么。"

一个问题的答案，常常就隐藏在问题本身里，小松的言下之意是假如我能够帮助他，找到一个让他认为比手机更好玩的事物，那么他的注意力自然而然就脱离手机了。

小松这个看似敷衍的回答其实并不敷衍。因为，在"正知基地"诸多案例当中，绝大多数网瘾的孩子已证实了"载体转移疗法"（第二章第四节有详细阐述）的有效性。接下来的问题是，这个所谓的更好玩的事物应该怎么找？谁负责找？找到后是否匹配？匹配了能否坚持？坚持过程中遇到困难了是退缩，还是能主动去想办法解决？

　　这些则需要花费大量的人力、物力、精力和时间，这是在陪伴孩子的过程中，根据每个孩子的年龄阶段、天资禀赋、性格特点、接受能力、成长环境、家庭氛围、兴趣爱好、志向目标不断去发现、发掘、发展而来的。

　　当然，这些工作并不是孩子一来到"正知基地"就马上进行的，必须等全盘收集、客观分析孩子的整体信息后，方能进行。

　　为什么这么说呢？因为据我们了解，孩子到"正知基地"后的实际情况与来"正知基地"前家长的主观描述是存在一定差距的。有些孩子的实际情况要比家长所掌握的信息更严重，有些则比家长所诉说的要轻微。这与家长们各自看待问题的角度、维度、程度不一样有关。

　　就拿孩子吸烟来说，有些家长认为这是比较严重的事情，要及时制止；有些家长认为这个还没有触及自己的底线，所以会告诫孩子平时注意抽烟的场合、支数等。还有一些孩子的情况是，由于家长们长期在外务工，在得知孩子有严重的叛逆现象时，对中间所演变的过程是模糊甚至空白的。这类孩子来到"正知基地"后，实际情况往往会比家长们所了解掌握的情况更严重，比如说家长们掌握到孩子的信息是逃学 5 次、打架 7 次、烟龄 1 年、网瘾两年等，而来基地后实际了解的情况往往是逃学 N 次、打架 10 多次、烟龄 3 年、网瘾 3 年等。

　　关于孩子的整体信息，除了家长的主观描述，还有一方面的信息同样值得我们重视，就是孩子先前学校的同学们与老师们的评价。但往往这方面的信息我们无法收集得到，只能通过孩子来"正知基地"后，待其完全融入集体后，才能收集到有价值的信息。

因此，孩子来到"正知基地"，我们并不会急着去矫正，而是先成为他的朋友。如果贸然进行矫正，那么所拟定的方案非常容易陷入"自我感觉良好"的误区。

先成为孩子们的朋友，就要学会去倾听，在他的思想和价值观当中不断去求证、排查、筛选、分辨，并在认可他们的思想和价值观后，再慢慢抛出相同、相近或不同的声音时，孩子才会像我们当初倾听他们时一样倾听我们。当孩子也真诚地倾听我们的时候，您觉得，还有什么是沟通不了的呢？

这和烧开水的原理非常相似，如果把孩子比喻成水，那么基地就是壶。打来一壶山泉水，不能急着马上烧，先得让它放一放，这样杂质才能沉淀下来被我们发现。与此同时，我们要去找柴火，做好准备（适应期）。一旦开始烧水了，就得不间断地一直烧下去，直到烧开为止。这个过程必须一气呵成。假如没有烧开，只烧到 50 摄氏度就拿走了，那么下次再想烧的话，又得重新开始（转变期）。而水烧开了之后，还不能马上喝，必须等冷却到适宜的温度才能喝。同时，也只有烧开了的水，才具备冷却的价值，存放也才会更持久（巩固期）。因此，只有深入孩子们的内心去体验他们的情感、思维，根据他们的经历和人格之间的联系，运用心理学知识和经验更好地理解问题的实质，然后通过咨询技巧，把自己的"共情"传达给对方，以影响对方并取得反馈，才能唤醒孩子们的正念，呵护孩子们的正心，引导孩子们上正道，静待孩子们的正果。

本节注解：

【1】体能之星："基地"学员中，能一次性通过体能考核所有项目的，将获此殊荣。项目有俯卧撑、仰卧起坐、深蹲、跳绳、蛙跳、引体向上、3公里和5公里中长跑。

【2】罗森塔尔效应：又叫作"期望效应"，也叫"皮格马利翁效应"。

人们通常这样来形象地说明罗森塔尔效应："说你行，你就行；说你不行，你就不行"。要想使一个人发展更好，就应该给他传递积极的期望。积极的期望促使人们向好的方向发展，消极的期望则使人向坏的方向发展。

这个效应源于古希腊一个美丽的传说。相传古希腊雕刻家皮格马利翁深深地爱上了自己用象牙雕刻的美丽少女，并希望少女能够变成活生生的真人。他真挚的爱感动了爱神阿劳芙罗狄特，爱神赋予了少女雕像以生命，最终皮格马利翁与自己钟爱的少女结为伉俪。

后来美国哈佛大学教授罗森塔尔等人为首的许多心理学家进行一系列研究，实验证明，学生的智力发展与老师对其关注程度成正比关系。

研究人员提供给一所学校一些学生名单，并告诉校方，他们通过一项测试发现，该校有几名天才学生，只不过尚未在学习中表现出来。其实，这是从学生的名单中随意抽取出来的几个人。有趣的是，在学年末的测试中，这些学生的学习成绩的确比其他学生高出很多。研究者认为，这就是由于教师期望的影响。由于教师认为这个学生是天才，因而寄予他更大的期望，在上课时给予他更多的关注，通过各种方式向他传达你很优秀的信息，学生感受到教师的关注，因而产生一种激励作用，学习时加倍努力，因而取得了好成绩。

与此实验相反，对少年犯罪儿童的研究表明，许多孩子成为少年犯的原因之一，就在于不良期望的影响。他们因为在小时候偶然犯过的错误而被贴上了"不良少年"的标签，这种消极的期望引导着孩子们，使他们也越来越相信自己就是"不良少年"，最终走向犯罪的深渊。

由此可见，积极期望对人的行为的影响有多大，相反消极的不良期望对人行为的影响也不容置疑。

罗森塔尔试验说明教育者只要诚心诚意寄希望于受教育者，那么受教育者将会按教育者的期望去发展。教师对学生的期待，是一种信任，一种鼓励，一种爱，有如催化剂、加热剂。如果我们帮助学生建立起适宜的期望目标，就如在学生心头点燃了知识大厦阶梯上的一盏盏闪亮的明灯，促使他们不断前进、不断攀登。

【3】沉锚效应：心理学名词，指的是人们在对某人某事做出判断时易受第一印象或第一信息支配，就像沉入海底的锚一样把人们的思想固定在某处。作为一种心理现象，沉锚效应普遍存在于生活的方方面面。第一印象和先入为主是其在社会生活中的表现形式。

通常来讲，人们在做决策时，思维往往会被得到的第一信息所左右，用一个限定性的词语或规定作行为导向，达成行为效果的心理效应，被称为"沉锚效应"。

第三节　青少年心理症结和犯罪的源头

"近朱者赤，近墨者黑。"

——晋·傅玄《太子少傅箴》

校园欺凌[1]是很多青少年心理症结和违法犯罪的源头。

在全球范围内，校园欺凌现象十分普遍，联合国教科文组织的一项调查数据显示，全世界约有三分之一的学生遭受过欺凌，部分学生更是频繁地遭受欺凌。来自全球 96 个国家和地区的学校的学生健康调查数据显示，近五分之一（19.4%）的学生每隔 1 到两天便会在学校受到欺凌，约二十分之一（5.6%）的学生每隔 3 至 5 天便会在学校受到欺凌。

"因果关系"和"相关关系"两大原理告诉我们，没有孩子会无缘无故地出现叛逆现象，但是不利的环境、不良的交际圈子，以及特定的情境都会影响孩子的心理和行为，从而导致叛逆现象的发生。

而叛逆现象愈演愈烈的过程，可从欺凌事件发生后的演变路径探究一二（见下图）。由于欺凌前的动机各有不同，故未在图中描述（详细动机可见附录）。

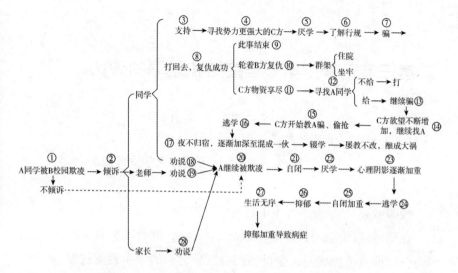

① B：指 1 名或多名学生，抑或指本校学生、他校学生、辍学人员、混迹社会人员等。

组合形式一般为：

a. 本校多名学生。

b. 本校学生、他校学生。

c. 本校学生、他校学生，辍学、混迹社会人员。

②倾诉：特指两种常见心理动态。

a. 为了寻求安慰的诉说。

b. 为了寻求帮助报仇的诉求。

③支持：同学的支持有两种常见形式。

a. 自己有实力为 A 打抱不平。

b. 自己没有实力但愿意一同想办法为 A 打抱不平。

④同学支持 A，无论最终是何种形式，一个人的力量显然是不足的。因此，要报仇，必然要寻求到势力更强大的群体 C。寻找 C 的难度并不大，一方面，学校里不会只存在一个势力群

体；另一方面是此类群体标新立异，喜欢出风头，容易被同学们记住。当然，不排除 C 是校外势力群体的可能性。

⑤A 因一心想着报仇，已无暇顾及学业。因此，之前的学习成绩无论好坏，厌学的征兆已经萌现。

⑥在与 C 的接洽中了解到"行规"，即帮忙可以，但多多少少都需要烟、酒、零食等物质或是金钱作为先决条件。

⑦此时的 A 处在两难的境地，如果要报仇，就要先满足 C 的条件。如果现在放弃，又有可能因报仇的事泄露而遭受 B 又一轮的欺凌。

A 会如何选择呢？绝大多数的案例表明，A 会因强烈的报仇心理选择继续推进对 B 的反击。这自然就倒逼 A 要想办法满足 C 的条件。而 A 能想的最便捷的办法就是骗，在趋利避害的本能作用下，骗的对象往往是最亲近自己的人，骗父母、骗亲人、骗同学等。

⑧当 A 和 C 达成共识之时，即是对 B 的报仇之日。

⑨我们先不去主观猜测 A 报仇的形式如何如何，或恐吓或殴打等，也不去讨论致使 B 的人身安全方面如何如何，假如按事情的发展到此结束的话，那么也算"江湖恩怨"告一段落了。

⑩可偏偏，"江湖恩怨"往往总是冤冤相报！因为按常理，作为本是欺凌方的 B，现在被 A 报仇了，无论是面子上还是里子上，都会再次出击，把名声挽回来。为了提高挽回名声的成功率，B 势必会拉扯出势力更大的 D、E、F……作为保障。

事情进展到这一步，输赢已经没有任何意义了，完全就是在赌一口气，一口在当时不得不争的气。只是这口气争赢了可能就进牢房了，争输了就进病房了。

⑪C 能为 A 出头，是 A 用金钱或物质作为先决条件交换

而得的，但金钱和物质总会有享受完的时候。

一旦 C 的金钱和物质处于极度匮乏而又懒于行动（偷、抢等）之时，最便捷最安全获取金钱和物质的方式，莫过于对先前有求于自己的 A 或 A 们进行敲诈勒索。不仅难度系数大大降低，还能把不良影响控制在最小范围。

值得注意的是，为什么 C 会懒于去行动呢？为什么选择敲诈勒索而不是去骗呢？因为 C 的叛逆程度早已过了骗的那个阶段。换而言之，该骗的都已经骗得差不多了，剩下那几个没骗的，也被通风报信了，没有人会相信了。所以 C 要搞钱，起点就越过了骗这个层面。而懒于行动，是因为相比去偷去抢这样的高风险体力活，敲诈勒索就轻松得多了。

⑫ 当 A 遭受 C 主动找上门来敲诈勒索时，A 的第二个两难处境出现了。

此刻的 A 意识到，自己似乎陷入了无法摆脱的局面。如果不给，那么自己的遭遇有可能和当初 B 的下场一样；如果给，那么这样的日子什么时候才是个头呢？会不会给了这次还有下次？等下次花完用完了时是否还有下下次？……

如果 A 不服气，再去寻找一个势力特别强大的 D2、E2、F2……来把 C 摆平，那么摆平 C 之后的之后，当 D2、E2、F2……没钱花时，会不会又像今天的 C 一样来敲诈勒索自己呢？因此，A 非常懊恼。

⑬ 从自我保护欲出发，A 为了避免因自己不给，而遭受 C 一而再，再而三地骚扰，甚至被殴打的风险。A 在绝大多数情况下，会故技重演，继续行骗，满足 C。

⑭ 容易得手的钱，无论是谁，花得都不会心疼的。因此，从人性的角度，C 有了第一次就会有第二次，有了第二次就具

备了无数次的可能。

然而 A 在被 C 反复敲诈勒索中，也终究会有黔驴技穷、无计可施的那一天。

这时，一部分敏感的家长，已经觉察到孩子的不对劲了。

⑮ 由俭入奢易，由奢入俭难。

欲望驱使着不甘心的 C，对 A 进行不断地深挖。聪明的 C 们开始集思广益，对黔驴技穷、无计可施的 A 进行培训，教唆和教授 A 使用更多的方法、方式去骗、去偷，严重的甚至让 A 充当"马仔"去打架、去抢、去贩毒等方式来换取相应对等的物质条件。

⑯ A 为了满足 C 更多的要求，就得花更多的时间去处理。这期间，逃学、夜不归宿是在所难免的，甚至在不知不觉中，A 学会了抽烟、喝酒、文身、出入网咖、酒吧等。

所谓近墨者黑，近朱者赤。这支烟，无论 A 当时有多么不愿意抽；这杯酒，不管 A 当时有多么不愿意喝，在左一句"哎呀！烟都不抽一支以后还怎么混啊……"右一句"喝一杯啦！就一杯，喝了咱们就是好兄弟了，来！感情深，一口闷……"的攻势下，迫于无奈地开始了非正常的生活。

⑰ 到了这一步，即使是再不敏感的家长，也能感知到孩子的变化了。面对 A 的一路演变，家长们还是会苦口婆心对 A 进行劝阻的。遗憾的是，收效甚微的情形似乎已是预见性的结果。最终家长们不得不采取防守手段——断"粮"。

被断"粮"后的 A，心态也随之发生着变化。此时，外面的兄弟们给他一支烟，他会感恩戴德；外面的兄弟们管他一餐饭，就如同再生父母一般。并且还会觉得与他们在一起很有安全感，不再像之前那样被人欺负，反而现在还可以嚣张地欺负别人了。

A的价值观被一点一点地侵蚀。久而久之，会认为哥们儿义气大于一切，什么都愿意帮兄弟们去干，而对家人就什么都对着干，撒谎成性、不懂感恩、亲情淡漠也接踵而来。而这时的家，已然变成了旅馆。

⑱ 同学劝说的内容，大多是希望A向老师或家长汇报。

⑲ 老师劝说的内容，无论从哪个角度出发，都不可能劝说A向B报仇。所以内容多是以希望A与B和解、接受B的道歉等为主。

而现实中，往往事与愿违。为什么呢？我们一起来分析一下。

首先，我们说说B。B是否愿意道歉，不仅需要时间上的沟通成本，如果事情严重，反映到双方的家长层面，还得要考虑B的家长是否愿意道歉的问题。还有就是B道歉后的保证期问题，常常也会令大人们非常懊恼。

然后，站在A的角度，如果A在被B欺凌后，造成的伤势较为严重，甚至达到了一个事故或是案件的标准，那么作为A的家长，肯定是不愿意接受道歉这样的解决形式了，而是更希望以A家长的自我主观的解决方案为主或是通过法律途径去解决。

再者，无论最终的解决方案选择何种方式，这一来一回处理的交涉过程，必然会形成拉锯战。拉锯战一旦展开，剧情往往会因很多不可预测的因素而改变，A和B双方的情绪也会跌宕起伏，这就有可能引申出更为复杂的问题出现，比如A会认为过了"时效性"的道歉，已无多大意义了，B则有可能会被激起更强烈的再次欺凌的欲望和动机。

值得重视的是，尽管我们对此类事件可以有很多种处理的方式，但在绝大多数孩子的内心里，都是希望能用最原始的方法去解决，即你打了我，那么我也要打回去。就这么简单。

⑳A在被B欺凌后，如果没有反抗形态，将会助长B的嚣张气焰，对A再次欺凌。

有人说，那我反抗的话是不是就能抑制欺凌呢？

众多的事实证明，A在被B欺凌后如果有反抗行为，那么不仅不能抑制、达到和解的目的，还会激起B更为强烈的挑逗意识，有时甚至会联合周围的同学一同向A实施欺凌。因此，A要么将受到无限制的欺凌，要么发展为上述③"支持"的演变路径，这也正是校园欺凌的可怕之处。

㉑A觉得倾诉无用，或是觉得大人们对B的处理方式不如自己的意，便开始封闭自己。

㉒A心中有阴影，胸中有闷气，思绪已经无法用在学习上了。

㉓A天天面对B时不时的欺凌，心中逐渐扩大的阴影面积和梗在胸中的闷气由最初的情绪问题向心理问题演变，如果得不到及时疏导，久而久之心理问题将发展成为心理症结。如"抑郁症""学校恐惧症""社交恐惧症"等。

㉔当A的正常学业、生活被打乱后，必须寻求一个出口作为慰藉，需要一个寄托去消耗体内的精力。而当代的"精神鸦片"——手机，恰恰填充了这个空当，成了最合适的寄托。

然而，从另一角度看，当A寄托于手机去填充自己的空虚时，同时也被引入到了另一个"黑洞"之中——网瘾。

值得大家重视的是，这个时期也是夜不归宿、离家出走的高峰期，逃学，就成了一个必然的结果。

就网瘾而言,虽然一部分孩子并不是像Ａ一样,因为被欺凌而间接导致网瘾的,但网瘾的特质和演变形式与以下的描述大同小异。

㉕Ａ有了这个寄托之后,会越加封闭自己。无法安放的灵魂通过网上各种刺激的游戏、视频、文字、图片等得以尽情释放,与同样是网瘾的人群相互慰藉,扭曲的价值观开始蔓延,觉得网上的那些虚拟世界中的人才是自己的知己。

㉖方向对了,时间就是一服良药,反之,它就是毒药。

自我封闭是抑郁症的温床,说它们俩是双胞胎也不为过。Ａ天天享受着虚拟世界给自己带来的快感。把自己关在房间里不想被人打扰,除了吃饭如厕,其他的时间很难见到人。

家长呢,见Ａ吃饭也懒得出房间吃了,只好送到房间。如果房间门锁了,只好放在门口,也不知道他什么时候来拿,经常都是中午的饭菜到了晚饭时间还放在门口。

Ａ的世界早已经有了比吃饭、睡觉更重要的事情——玩手机,实在饿得不行就点外卖。

当然,这里仅以"抑郁"作为不良情绪的代表。实际生活中,孩子的情绪问题、心理问题、心理症结、精神障碍的演变要复杂得多。

㉗Ａ此时的状态是黑白颠倒,衣冠不整,更懒于洗澡、洗衣、洗脸、刷牙了。

赢了游戏会痴笑狂笑,输了游戏会情绪烦躁。时而还会出现摔、砸、踢东西,抑或自残的现象。离家出走的可能性越加强烈。长此以往,只会离悬崖越来越近,趋向精神障碍。

㉘家长的劝说内容,会更为复杂一些。要考虑到Ａ被欺凌的程度,Ｂ的态度,老师、校方的意见以及家长的综合素质等。

故在此不做过多叙述。

　　总体来说，A 的演变过程大多是处于被动式的。

　　为什么说是"演变"？我想很多家长都有过类似的困惑："我都不知道我的孩子是怎么变坏的，怎么一下子变化这么大，感觉像是换了一个人似的？"是啊，这就是当我们发现孩子打架了、逃学了、厌学了、网瘾了、早恋了等现象时，并不是孩子叛逆的"因"，这些都已经是"果"了。

　　为什么说是"被动式的"呢？因为 A 幼小的心灵和稚嫩的意志力几乎没有任何防御能力，很难不出现无法自拔的情景。

　　事实上，那些被校园欺凌后的孩子在实际生活中的演变路径，远远要比上述情景复杂得多。因此，要解决大人们"感觉孩子瞬间变了一个人"的困惑，一方面不仅要客观分析孩子被校园欺凌后的演变路径，明确阶段，积极止损，避免继续恶化；另一方面还得把这个"果"倒回去一周、一个月、一学期甚至一年、两年……或是更久。穿梭于错综复杂的时光隧道中，在层层失真的场景中，追溯到"蝴蝶效应"中第一下扇动翅膀的动机和原因，才能找到最本质的源头。

　　一次心理课上，13 岁的小志跟我聊起他在初一时被同学打的事情。说是有一天，突然一个陌生的同学来问他借笔。而要借的那支笔，恰恰是妈妈送给自己的生日礼物，所以他没有借，结果就被那个同学打了一顿。在以后的日子里，那位同学总是以这样或那样的理由招惹小志。久而久之，小志就厌学不想去学校了……还有一个同样是 13 岁的女同学小苗，她告诉我自己之所以早恋，是因为自从有了男朋友之后，再没有同学敢嘲笑她"胖"了……对于这样的事件，大人们知情后，无不觉得荒谬至极，但似乎又觉察不出哪里有什么问题。

从青少年叛逆心理的角度来看，孩子每一个叛逆现象背后，一定存在着更为隐晦的动机。

随着对孩子心理的渐渐深入，隐晦的动机也随之浮出了水面。原来，小志被打，竟然是因为自己当班长时，与另一位副班长在班务工作上长期存在分歧，直到有一天，怀恨已久的副班长向朋友抱怨了此事，并唆使朋友去教训教训小志，因而就出现了小志说的之前那一幕，自己不借笔而被打。其实，借不借笔不是关键，解决小志和副班长的人际关系与共事氛围才是根本。此根本不除，今天能有借笔一事，明天就一定会有借书、借钱、借衣服等事情的发生。

而小苗的情况，则是对自己极不自信，对别人的话很是在意，属于内心渴望被尊重的心理需求，而非情感需求[2]。小苗的早恋，是小苗利用了早恋的形式去压制别人对自己的嘲讽罢了，准确地说，是小苗早恋的对象压制了别人对小苗的嘲讽。

试想一下，如果说小苗的这个男朋友的出现并不能解决她被同学说"胖"的困惑，那么她肯定会换一个人做自己的男朋友，直至换到能解决自己被嘲讽这个问题的人出现为止。除此以外，我们还可以肯定的是，假如有一天这个方法行不通了，小苗可能会选择有别于早恋的其他形式去解决，或叫人去恐吓，或叫人去殴打那些说她"胖"的同学等。所以，小苗的早恋不是真正想恋，背后真正的原因是早恋的对象能解决她被别人说"胖"的困惑。

因此，如果我们无法在层层失真的场景中，找到最本质的源头，可想而知，那样的教育与引导，其结果必然是无效沟通，效果必定是南辕北辙、毫无意义的，甚至会进一步激化矛盾，导致更严重的逆反现象。

例如，针对小志，不教导其如何更好地处理人际关系，而是讨论小志的这支笔到底是该借还是不该借；针对小苗，不引导其树立对美的正确价值观，建立起内心的自信，学会如何自我接纳[3]到自我肯定[4]，帮助小苗进行合理的自我强化[5]，以及自我实现[6]的价值取向分析，而是一味地去制止小苗的早恋。

还有打小志的那个男孩，他实际是用打架的行为获取朋友的赞赏。通俗点说，他完全是碍于自身的面子做出了让小志莫名其妙的行为。所以，劝说他不要打架同样也没有多大效果，应帮助其树立正确的自我存在[7]价值观更具教育意义。

诸多的事例让我们明白，校园欺凌的动机，特别是对孩子心理问题根源的探究，不能依其表面的言辞而定其善恶，必须进行仔细观察，透过现象看本质。并且，不同的孩子应采取不同的方法，比如对于沉默寡言的应观其行为，对于高谈阔论的应知其旨义，对于成绩突降的应察其数据等。总的原则是"听言不如观事，观事不如观行"。听言必考察其动机，观事必检校其效果，观行必查考其轨迹。实际上跟警察破案差不多，透过蛛丝马迹的线索一点点挖掘事情的真相，才能正本清源。

"考祸福之原，察盛衰之始，防事之未萌，避难于无形，此为上智。"

上文的意义，旨在便于我们考究福祸的因果关系，在事物开始的时候就知道兴盛、衰败的规律；在事情萌芽状态的时候就要防范；在危难还没有开始前就避开它。

我们，不可忽视这样的现象，因为，我们承受不起这演变的后果。

本节注解：

【1】校园欺凌：指受害者在某段时间内被一名或多名学生有意地、反复地或持续地施以负面行为，导致受害者身体或心理上某种程度的伤害。这种负面行为包括身体上的踢、打、推、撞、摔和勒索、敲诈财物等，语言上的辱骂、取笑、威胁、恐吓等。

除了上述这些直接欺凌，还有以不易被发现的借助第三方欺凌的方式进行，包括关系欺凌、网络欺凌等类型。其中，关系欺凌包括传播谣言、社会孤立等；网络欺凌包括歧视性的短信和电子邮件等。

众所周知，校园欺凌事件会给学生的身心留下严重的不良影响，被欺凌者容易产生焦虑、抑郁、自卑感、孤独感、自残自杀倾向等内化问题行为，也可能产生违反道德和社会行为规范的外化问题行为，例如逃学、盗窃、攻击等，被欺凌者可能因此被迫在同伴群体中被边缘化。

被欺凌者遭受欺凌的诱因众多，既包括外界欺凌者的挑衅与攻击，也包括被欺凌者自身的个性特征（例如：年龄、性别、体质、外貌形象、健康状况、性倾向等）、父母教养方式、家庭结构、家庭社会经济地位、校园环境、同伴关系等主客观因素。

【2】情感需求：美国心理学家马斯洛认为人类的需求可分为五个层次，分别是：1.生理需求；2.安全需求；3.社交的需求；4.尊重的需求；5.自我实现的需求。

生理需求，是人类维持自身生存的最基本需求，包括食物、水分、空气、睡眠、性的需要等；

安全需求，是仅次于生理需求的第二层需求，是人类要求保障自身安全、摆脱失业和丧失财产威胁、避免疾病的侵袭等方面的需求；

社交需求，是一个人要求与其他人建立感情的联系或关系。比如结交朋友、追求爱情等；

尊重需求，指内在尊重，自尊、自主权、成就感等；外在尊重，地位、认同、受重视等；

自我实现的需求，实现个人理想、抱负，发挥个人的能力到最大程度，并使之完善化。

此外，这五种需求中，除了生理需求，其余四者都属于心理需求。

【3】自我接纳：指个体对自我及其一切特征采取一种积极的态度，简言之就是能欣然接受现实自我的一种态度。

自我接纳包含两个层面的含义：一是能确认和悦纳自己身体、能力和性格等方面的正面价值，不因自身的优点、特长和成绩而骄傲；二是能欣然正视和接受自己现实的一切，不因存在的某种缺点、失误而自卑。

自我接纳是个体心理健康的一项重要标准。同时也是社会文化及环境的影响下，逐渐形成的一种独特的心理机制。

【4】自我肯定：指个体对自己外在形象、精神面貌、性格特征和行为表现等方面的认可、欣赏和肯定。

可形成自尊，发展自信；也可产生自我满足、自我陶醉心理。为保持自我中心性，个体须不断鼓励自己、督促自己，使自我中心和独立感趋于成熟。

【5】自我强化：指个人对自己的某种行为做出评价，要么会产生自我肯定、自我满足、自信自豪的体验，要么会产生自我否定、自我批评、自怨自艾的体验。

自我赞赏起正强化作用，产生积极影响，自我批评会产生消极影响，属负强化作用。

【6】自我实现：指个体的各种才能和潜能在适宜的社会环境中得以充分发挥，实现个人理想和抱负的过程。亦指个体身心潜能得到充分发挥的境界。

美国心理学家马斯洛认为这是个体对追求未来最高成就的人格倾向性，是人的最高层次的需要。

【7】自我存在：指个体体验到自身是能思想、能感知、有情感、能行动的统一体，是扮演各种"角色"之总和，从中能看到并意识到自己的这些不同方面。

第四节　叛逆现象解析

"以史为镜，可以知兴替。"

——《旧唐书·魏徵传》李世民

一些大人说他们（特指当代 8~17 岁叛逆青少年）拥有共同的标签"问题少年"，抑或称之为"叛逆少年"，他们在成长中有着诸多不良行为习惯以及心理症结。

一些大人说他们认为的苦主要体现在四个方面，即吃的不美味，穿的不漂亮，用的不舒服，玩的不如意。

一些大人说他们在信息泛滥的移动互联网中照单全收着正面的、负面的信息。论说道理，我们大多已不是他们的对手。

……

在我看来，他们出生在一个美好的时代，同时也是诱惑最多的时代。客观地说，每个时代都有一批特有的"他们"。这是一个时代的写照。

在我们爷爷奶奶辈年少时，大人们眼中的"问题少年"，他们的典型问题是抽鸦片；在我们父母辈年少时，大人们眼中的"问题少年"，他们的典型问题是投机倒把；到我们这一辈人年少时，在我们父母眼中的"问题少年"，他们的问题是偷鸡摸狗，打架、逃学算是比较典型的"问题少年"了。

现在，出生于 1975 年至 1995 年的很多人已经为人父母，到了我们的下一代，"问题少年"的问题已经各式各样了。

如今，由于时代的急剧变化，我国青少年中常见的叛逆现象有两大类，即叛逆行为和叛逆心理。

常见的叛逆行为问题有网瘾、打架斗殴、敲诈勒索、混迹社会、厌学、逃学、辍学、文身、染发、夜不归宿、早恋、吸烟、喝酒、小偷小摸、蒙骗亲友、奢侈消费、离家出走、脾气暴躁等。

常见的叛逆心理问题有学习方面的困扰，包括学习方法烦恼、学习压力感大、考试焦虑、学习挫折、记忆衰退、神经衰退等；人际方面的困扰，包括同学关系的烦恼、交友关系的困惑、师生关系的烦恼、与家庭的间离感、亲情淡漠、自卑孤僻、自闭抑郁等；青春期生理、心理困扰，如性心理苦闷、早恋困惑、体相烦恼、孤独感等；人生发展中的烦恼，如理性与现实的冲突、新生综合症状、人生困惑感、自杀倾向等。

青少年的叛逆行为和叛逆心理之间相对独立，却又无法分割，存在着随机性、即时性、矛盾性等特点，使大人们常常容易产生错觉。

一方面，孩子的叛逆思想不一定会产生叛逆行为。比如，孩子想喝酒，并不等于他真的喝了酒。另一方面，叛逆行为也不一定就是真的叛逆认知，比如孩子是在难以拒绝、碍于面子或是被迫无奈之下喝了酒，其实他的内心是不想喝的，就像上节中那个打小志的男孩，他与小志无冤无仇，在打小志之前肯定也有所犹豫，但为了获取朋友的赞赏，最终还是打了小志。

错觉的产生会导致我们无法对"症"，如果"症"没对好的话，那么自然也就下不好"药"。

值得重视的是，虽然叛逆的心理不一定代表叛逆的行为，但从心理学的角度，叛逆心理已经属于叛逆行为倾向的范畴，需要及时教育引导了。否则，真要等到孩子行动了，成"果"了，也为时已晚了。例如，在得知孩子有外出打工的想法或因早恋有夜不归宿的想法时，必须立刻引导，必要时甚至要采取相应的制止措施了。

当我们明白青少年叛逆现象中心理和行为的相互联系与作用后，这里不得不提到的是叛逆现象分别与违法现象、精神障碍疾病之间的联系与作用。尽管青少年的叛逆现象与违法现象、精神障碍疾病之间在性质上同样存在着根本区别，但二者之间并没有不可逾越的鸿沟，可以说是既有联系又有区别。

其一，青少年的叛逆现象与违法犯罪的主要区别是纯粹的叛逆现象导致的不良影响和危害仅仅局限在伦理道德范畴之内，比如喝酒、抽烟，一般并未违反法律，因而除了受到道义上的谴责外，一般不会受到法律的制裁，而从两者的行为发展趋势上来看，叛逆现象往往是违法犯罪的前奏，违法犯罪常常是部分叛逆现象的必然结果。

犯罪心理学的研究也表明，除了少数突发型的犯罪之外，大多数犯罪行为属于渐变型犯罪，即由各种不良品行和轻微的违法行为不断累积、加深、加重逐渐演变而成。比如抽烟的开始吸食毒品了，喝酒的变成酗酒滋事了等。而这些不良品行和轻微的违法行为往往是从较小的时候尤其是青少年时期就开始的。

其二，青少年的叛逆现象与精神障碍疾病之间的联系和区别往往是二者的演变过程。演变过程随着时间的维度和行为的强度，逐步由情绪障碍转化为心理障碍，再由心理障碍转化为心理症结，最后演化为精神障碍疾病的过程。

例如，因不让玩手机而引起孩子有几分焦虑、抑郁等情绪，这是属于情绪障碍；随着时间的推移，因制止孩子玩手机而引起其有茶不思、饭不想、夜难眠等现象时，这属于心理障碍；等到孩子有暴力言行、自残要挟、过激对抗地去抢夺手机时，这属于心理症结；而当孩子因不让玩手机而出现神志不清、思绪混乱、情绪极端、行为怪异、自杀倾向等症状时，这就要特别注意排查是否有精神障碍疾病的可能性了。

这是青少年的叛逆现象与精神障碍疾病纵向的演化过程。

那么，青少年的叛逆现象与精神障碍疾病横向的演化过程又是怎么样的呢？

根据横向维度，分为以下若干情况进行区别。还是拿"制止孩子玩手机"为例，如果在制止后，孩子持续出现默不作声、沉默不语、思维迟缓、意志活动减退等症状，则属于抑郁症倾向；如果孩子情绪焦躁不安、起伏不定、莫名其妙地紧张，过度担心，整天心烦意乱等症状，则属于焦虑症倾向；如果孩子情绪高涨，易激怒，行为活动增多等症状，则属于狂躁症倾向等。当然，在时间的作用下，横向的演变也会越来越重要。

在实际分析中，还有一个不得不考虑的因素，就是孩子的人格障碍倾向问题。人格障碍按类型一般有偏执型、社交紊乱型、分裂型、反社会型、情绪不稳型以及其他类型。其中情绪不稳型又包括冲动型、边缘型、表演型、强迫型等；而其他类型的则有依赖型、焦虑型、自恋型、被动攻击型等。

这些心理的、行为的以及人格的诸多因素，又因孩子的个体差异，如性别、年龄、性格、心智成熟度、心理承受能力等以及成因的环境、事件、动机、时间、程度等的不同而变得交错复杂，必须因人而异，因人施治。

再者，青春期的孩子，生理上的发育让他们想要成为一个大人，心理上的脆弱和无助又让他们想要回归父母的怀抱。矛盾、挣扎，加之经验和认知不足，青少年很容易遭受情绪困扰，在我们熟知的诸多心理症结当中（如抑郁症、强迫症、焦虑症、紧张症、狂躁症、怯场症、拖延症、妄想症、偏执症、神经衰弱症、过度压力症、自信缺乏症、失恋痛苦症、社交恐惧症、精神分裂症以及性心理障碍、边缘性人格障碍等），青少年的占比已是逐年上涨，严重的甚至发展为自残自杀倾向的也比比皆是。

联合国儿童基金会和世界卫生组织曾发布过一个报告，报告中特别强调"自杀已成为青少年的第二大死亡原因"。

然而，我们一定要记住一个最基本的常识，世上绝对没有人会没有原因地去自杀。

当下物欲横流，很多成年人都经不起诱惑，沉迷于声色之娱，自甘沉沦而堕落，更何况是青少年呢？

老子言："五色令人目盲；五音令人耳聋；五味令人口爽；驰骋畋猎，令人心发狂；难得之货，令人行妨。是以圣人为腹不为目，故去彼取此。"是告诫我们五光十色绚丽多彩的颜色，容易使人眼花缭乱；纷繁嘈杂的音调，容易使人耳朵受到伤害；香馥芬芳、浓郁可口的食物，容易败坏人的口味；放马飞驰醉心狩猎，容易使人放浪发狂；稀奇珍贵的货物，容易使人失去操守，犯下偷窃的行为。

因此，圣人只求三餐温饱，不追逐声色犬马的外在诱惑，所以应该抛去外在事物的引诱来确保安定、纯朴的生活。

追求外在的感官刺激，淫佚放荡，只会使人心灵空虚，心神不宁。长此以往，必将严重损害人的天性，甚至生命。

早在20世纪70年代就有学者预言21世纪是心理学的世纪。

21世纪的人类所面临的最大挑战不是其他，而是心理困惑和心理问题。

如今，青少年的叛逆现象所涉及的心理问题和行为问题发生率之高、影响程度之深，已经成为教育工作者不能回避的现实问题。如何去预防和避免孩子们的叛逆行为问题发展成为犯罪行为问题，情绪障碍问题演化为精神障碍疾病，是教育工作者面临的重要任务。

换言之，就是把青少年违法犯罪与精神疾病扼杀在潜伏期阶段，即孩子的青春叛逆期。

因此，我们不仅要了解和研究孩子们的心理特点，全面关注孩子们的成长过程，还需清晰地把控好一个度的问题。如果这个"度"没过，及时地通过引导、教育，化解孩子们的心理矛盾，再回归到学业完全是可能的。如果这个"度"一旦过了，那就不是叛逆这么简单了。下一章节中我们将详细阐述何为"度"，这个"度"的衡量标准又是什么。

第五节　叛逆的度·两条底线三种表现

"防微杜渐，禁于未然。"

——《元史·张桢传》

上节所述的叛逆现象，绝大部分均可从孩子的言行举止、神情姿态中洞察得知，这是"术"的层面。

然而，无论"术"变化成何种表现形式，心理的也好，行为的也罢，从对青少年叛逆心理预测、预防的角度，最终脱离不了"道"的维度，即两条底线三种表现。

两条底线：

1. 脱离学校的监管；
2. 脱离家长的监管。

当孩子出现逃学时，那么，第一条底线已经被突破了。这时，孩子如同脱了缰的野马，从最初逃一节副课到逃正课；从逃任课老师的课到逃班主任的课；从逃半天的课到逃一天的课；从逃一天的课到逃几天的课……一步步挑战着学校、老师和家长的底线。当然，也有些许孩子不按套路出牌，一开始就是一连几天地逃。

孩子起初逃学时在外面玩，玩够了、玩嗨了，到了吃饭的时间，或是晚上，还是会回家的。不过长此以往，当逃学变为常态化时，家庭的氛围想要出现和谐的画面基本上是一种奢望了。大人们面对孩子的屡教不改，从刚开始耐着性子劝说，逐步变成或怄气、或冷战、或争吵、或对骂的情景，更甚是摔砸物品、动手厮打的情况也时有发生。这样的氛围，导致孩子随时都有冲动离家出走的可能。

还有一些家长，担心自己上班后，孩子会逃出去玩。结果把孩子锁在家里，认为这样就安然无事了，但这些做法往往事与愿违，孩子出现破窗、破门的姑且不论，严重的把家里物件变卖一通的也不足为奇。

家庭内忧外患的不断加剧，使孩子的归属感一点一点地被冷漠感、无助感所稀释，形成了孩子想离家出走的催化剂，加快了孩子往第二条底线冲刺的速度。

当孩子出现离家出走夜不归宿的现象时，就成功地突破了第二条底线。此时，不仅孩子的教育成本大大增加，由于脱离了学校和家庭的监管，孩子还具备了随时犯错、犯纪、犯罪的客观条件，如同飞机卸掉了雷达、船只没有了灯塔、汽车失去了导航一样，下一秒的情况完全都是未知的。

值得提醒的是那些自闭在家、主动或被动关在房间里的孩子，也属于这一类的范畴。因为绝大多数父母需要工作，想做到对孩子进行 24 小时的监管是有心无力的。大人们只是心理上有所慰藉，觉得孩子在家相对安全，但实际上绝不能忽视，比如在家割腕的、煤气中毒的等，所以孩子虽然在家，但形同在外一样。

那么，问题来了，当孩子突破这两条底线后，请问，他们能去哪里呢？社会上又有哪些地方能"关照"他们呢？在能"关照"他们的那些特定环境中，能正确树立价值观的导师又是否存在呢?

　　青春期的孩子,对社会意识一片模糊,三观尚未健全,正处在需要正确引导的学习模仿阶段。和幼儿时期牙牙学语、蹒跚走路一样,都需要一个良好的环境去感染和熏陶。

　　我们都知道,假如一个人从小是被野兽带大的,那么这个人将会丧失很多正常人具备的本能。而现在,这些涉世未深的青少年,"傻白甜"似的一头闯入禁地,在网吧、酒吧等场所流连忘返,遭受那些深居暗处的所谓的"社会导师",在自己的思想空白处疯狂作画,一定时间后,他们所表现出来的情感、意志、思维,自然会在相当程度上有很多的共性。

　　更严重的是当两条底线被孩子破防后,老师和家长根本没法知道此时此刻孩子究竟在具体干些什么。是在睡觉? 还是在抽烟、喝酒? 睡在哪儿? 抽谁的? 喝谁的? 会被下药吗? 喝醉了有人管吗? 又是怎么管的? 或是在和朋友玩网络游戏? 玩无聊了会不会去文个身? 去飙个车……在外面有没有吃的? 有的话吃的又是些什么? 吃完了、用完了会不会去行骗? 骗不到了会不会谋划一次偷窃? 或是一次抢劫? 偷抢失败被抓了会不会被毒打? 或是演变成混打,打红了眼会不会杀人? 如果偷抢成功了,会不会加大下次行动的力度,越陷越深……抑或发生不健康的性行为,会不会引起怀孕或是性病……

　　这里有着太多太多的不确定因素,毫不夸张地说突破了这两条底线,再不及时教育引导的话,后果是沉重而惨烈的。

　　因此,不仅不值得让孩子去冒险,大人们更不能抱着"前几次夜不归宿回来后也没事嘛! 不要紧,等他没钱了自然会回来"的侥幸心理。除非你在接到110、120的来电得知孩子手断了、脚废了、怀孕了等消息后还能淡定自如。

三种表现：

1. 无法沟通；

2. 不愿沟通；

3. 没有沟通机会了，人"消失"了。

无法沟通，这里的意思是无论无法沟通的具体形式是争吵还是别的，至少孩子主观上是愿意沟通的，只是因为观点的不同或理念的不对而导致的争吵，无法达到和谐沟通状态的一种表现形式。

而第二种的不愿沟通，是孩子主观上已经不情愿沟通了，连吵都懒得吵了，已是筋疲力尽、封闭自己内心的状态了。

第三种表现是没有沟通机会，这里要分为两种情况。第一种是孩子主动或被动地逃避、躲避，不给任何人沟通的机会。比如离家出走、电话不接等。还有一种呢，就是真的没有沟通机会了，像新闻上那些动不动就跳楼的、跳河的、走极端路线的，就是属于这一类。

其实，进入青春期的孩子，对很多事物都有探索欲，心理生活也很丰富，特别想找人倾诉，只是苦于别人都无法理解他，或理念不同，或观点矛盾。而他们往往又没有足够的耐心去主动寻找到一个可以理解自己的知己，所以渐渐将自己的内心封闭起来，封闭到一定程度，还是得不到理解和释放的话，必然就会出现问题，要么到混日子的朋友那里寻找安慰，要么在虚拟的网络游戏中发泄自己。

为此，面对大人们，他们其实感到非常孤独和寂寞。大人们呢，一方面不肯承认孩子已经长大，不愿意接受这种失控感；

一方面是无法把控好孩子成长阶段的心理动向，往往出现"暴力沟通"，这正是造成亲子关系急剧恶化的主要原因。

沟通，是"正知基地"首要推崇解决问题的方式。无效的沟通并不能说明是沟通本身的问题，根本原因是沟通主导人的方法、方式过于单一，且有"暴力沟通"的倾向，如"按我说的办就好。""我吃的盐都比你吃的饭多，听我的没错。""我早就和你说了，现在搞成这样，你自己看着办吧。"等。

这些用自己的经验去代替孩子的体验的做法，对于青少年来说，除了让他们感到啰唆和厌恶，几乎起不到任何正面作用，就像大人们让孩子不要打架，但最终还是打了；告诉孩子酒喝醉了会很难受，但孩子还是会醉一样。人只有醉过一次，身体机能体会到那种"我发誓再也不喝酒了"的痛苦感，才能产生"情感记忆"。

三种表现，都是与沟通有关。沟通是一把钥匙还是一把锁，全在沟通主导人的一念之间。同一句话在不同的时机、情境或是不同的人讲，孩子的感受是有天壤之别的。

我们要使孩子能蜕变成有责任、有担当、有学习动力并懂得感恩的人，必须引导其价值观；引导其价值观，则要在和睦共处的氛围中进行；而建立和睦共处氛围的关键，是源于能与孩子之间彼此顺畅沟通；而顺畅沟通的第一步，则是开启孩子的心门。

那么，怎样才能开启孩子的心门、走进他们的内心呢？我们先看看下面这段话：

"亲爱的孩子，尽管我们之前素未谋面，但我却非常了解你，怎么？不信，那好吧，请给我一分钟的时间。"

"首先，你需要别人喜欢你和欣赏你，但你通常对自己要求苛刻。你有许多可以成为你优势的能力没有发挥出来，同时你也有一些缺点，不过只要你愿意，一般都可以克服它们。

嗯……你与异性交往有些困难，哪怕你的内心已经十分焦躁不安，外表上会让自己显得很淡定从容。

你倾向于让自己的生活有所改变和变得丰富多彩，在遇到约束和限制时你会感到不满。但有时候，你会强烈地怀疑自己是不是做出了正确的决定或正确的事情。

你很自豪自己是一个独立思考的人，如果没有令人满意的证据，你是不会接受别人的观点与说法的。并且，你认为对他人过度坦率是不明智的。

有时候你很外向，比较容易亲近，也乐于与人交往，但有时候你却很内向，比较小心谨慎，而且沉默寡言。

你有很多梦想，可遗憾的是，其中有一些看起来相当不切实际。你说，是不是这样啊？"

现在，如果你就是这位听者，是不是也感同身受呢？如果没有，那请你从第二段再读一次。

现在呢，是不是觉得文字所描述的与你的情况惊人地一致，不用目瞪口呆，更不要拍案称奇，这不是什么偶然巧合，也并非什么鬼使神差，这是一个简单的心理学效应——"巴纳姆效应"，即人很容易相信并接受一个笼统的、广泛的人格描述。并认为它特别适合自己且准确地揭示了自己的人格特点，有些人甚至认为描述中所说的就是自己，即使内容十分空洞。而恰恰是"巴纳姆效应"，成了开启孩子心门的药引子。所有的孩子，在我们第一次见面谈话中，无不惊叹老师的料事如神，两者之间的心理距离也会被立刻拉近。此时，再结合孩子所出现的问题、过程中微表情的变化以及躯体的反应，适当地延展、沟通内容，与孩子来一段推心置腹的谈话也就容易多了。

沟通就是生产力。

语言的力量往往能化腐朽为神奇，化消极为积极。而这一切，都在于我们如何"转念"。

一次，我经过"正知基地"走廊时，从大堂传来张老师的声音："你看你，怎么带队的，都超时两分钟了，下次一定要注意啊，知道吗？"

原来是张老师正在给孩子们总结今天的卫生情况，并对第一天上任的邱组长给予了建议。

"知道了！"邱组长回答道。

铿锵中略带沙哑还是暴露了邱组长的委屈，尽管她极力掩饰着。

考虑到此次的超时是邱组长首次带队，且并非消极态度所致。因此我决定为新组长赋能，为组员们提提士气。"嗯，是啊！张老师说得没错。超时了，说明大家的工作效率还有上升的空间，只要大家齐心协力，我相信假以时日，一定能在规定的时间内完成任务。不过，现在还是先让我们来为自己庆祝一下吧！在新组长的带领下，咱们提前了1分钟完成任务。"我上前说完后带头鼓起掌来。

组员们听我这么一说，都一脸茫然地互视着，纷纷议论道："呃！不对啊，怎么变提前了呢？""是啊，这是咋回事儿啊？"邱组长更是一头雾水，和组员们一起向我投来了期待谜底的眼神。

"是啊，怎么就提前了呢？这个事情如果张老师知道了估计也得要表扬你们啊！"

"哎呀！郑老师您就别卖关子了，到底是什么事情啊？快和我们说说吧！"同学们都迫不及待道。

"好好好！我现在就告诉大家，因为咱们在邱组长的带领下，比上一任组长第一天带队时提前了1分钟完成卫生工作，你们说，这难道不值得我们庆祝一下吗？"

"哈哈！太好啦！我们超过上一任组长啦……太好啦！"

组员们的表情瞬间转忧为喜，双双牵着手跳了起来。邱组长头上的乌云也散开了，信心满满地自告奋勇道："我们会不断努力，争取下次一定在规定的时间内完成任务。"

你看，同一个事件，不一样的话语，体现在孩子身上的是两种截然不同的心理感受。

如何根据合适的时机、氛围、场景，进行恰当的语言交流并解决问题，而非把问题搞得更糟，应该是每个心理老师的一种价值体现。

还有一次国学课，孩子们正聚精会神地读着《道德经》。书声琅琅，洋洋盈耳。突然，一只小麻雀从窗外闯了进来，忽上忽下地飞着，叽叽喳喳地叫着。这下可好，全班的注意力一下就集中在它身上了。

"快看，鸟儿！""这是什么鸟儿？""这鸟儿不会把屎拉在我们头上吧？"孩子们七嘴八舌地打乱了整齐有序的朗读。

组长见状，赶紧维持秩序道："快读书，一只小鸟有什么好看的！"

同学们在不情愿中拿起了课本，可心还是跟着小麻雀飞来飞去。有几位同学甚至不顾组长的提醒，正制造着"武器"要攻击小鸟，就在他们用搓成球状的纸团准备向小鸟砸去时，我大步跨进教室，自问自答道："咦！小鸟为什么要飞进我们的教室呢？嗯，对，肯定是被同学们动情的读书声吸引住了，它也不甘寂寞，要和我们比一比谁的声音更大呢！"

孩子们马上共情地说："对，郑老师，我要和小鸟比一比！""我也要比！""我也要……"

随即，读书的声音更整齐、更大了。

同一个课堂，两种氛围，看似简单，实则不然。小鸟本是课堂的干扰者，却变成了学习的资源。

生活中，处处皆学习，处处皆教育。对事，我们找到积极的因素去面对；对人，我们用乐观的心态去看待。只有这样，才能产生正能量的沟通内容，才会有和睦共处的氛围。

两条底线三种表现，就像是汽车中的油表对油量进行监测，当汽油有耗尽的危险时给你警告，提醒你及时加油一样，让我们知道孩子叛逆的"度"处在哪个刻度，从而达到及时修正的目的。

第六节　令人惋惜的花季雨季

"凡事预则立，不预则废。"

——《礼记·中庸》

在"正知基地"，曾经发生过 3 名孩子连适应期都没到就被家长接走了，甚至有 1 名孩子连宿舍都没进就走了。

小旭，一名来自柳州的孩子。那天他与爸爸一同驱车来到"正知基地"，他们下车时我心中不由感叹道：他长得真帅！身高有一米八以上，一身笔挺的休闲装，文质彬彬的，如果不是提前从他爸爸那儿得知他才 15 岁，我还以为是他爸爸公司里的实习小助理呢。

由于当天小旭爸爸有急事需马上返程，我与同事兵分两路展开工作以节省时间。我与小旭爸爸在一楼办理手续，同事则带着小旭到三楼教室做"破冰疏导"工作。

办理手续的过程中，我见缝插针地做着小旭的信息收集工作。在小旭爸爸的描述里，小旭是"读书无用论"的忠实支持者，天天想着赚钱，而且是想赚大钱，赚钱的欲望不断膨胀致使他最终辍学。辍学后，在一家酒吧做服务生至今已两月有余。服务生小旭凭借自己出众的颜值和不错的口才，没多久就有了自己的客户群体。捧场的人多了，酒水的销量自然也是噌噌地往上涨。酒吧老板见状高兴得合不拢嘴，对小旭另眼相看，说："想喝多少酒，尽管喝就是，我给你签单的权利。"酒吧老板的大方"放权"，无疑让涉世未深的小旭倍感有面儿。

　　酒吧的工作常常要忙到凌晨三四点钟。父子俩一个白天忙，一个黑夜忙，能见面交流的时间就剩各自上下班时碰面的那几分钟。小旭爸爸见小旭天天宿醉，夜夜笙歌，毫无底线地喝酒，喝得麻木不仁，回家倒头就睡。和他的交流形式也从刚开始的好言相劝变成了破口大骂，甚至想到了一些极端的惩罚方法。

　　小旭不想每天醒来整装待发上班时，要碰见火冒三丈的爸爸，终于心一横，又向社会踏进了一小步，下班后不回家了，直接就住酒吧里。这之后小旭更加肆无忌惮地大喝特喝起来，反正不用担心喝多了怎么回家这码事儿，醉了吐了就在包间的沙发上过一夜，等第二天醒了，接着又继续喝……

　　不一会儿，手续办完了，小旭爸爸也急忙返程了。我心里回想着小旭爸爸对小旭的描述，隐隐觉得，这孩子的辍学没那么简单。

　　我带着疑虑来到男生宿舍，问："怎么样？与邹老师聊得还顺利吗？"

　　"嗯！"

　　"郑老师好！"组长说着。

　　"郑老师好！"小旭学着组长说道。

　　我点头示意后与他们相视而坐。我用崇拜的眼神看着小旭问道，"听说，你想挣钱？"

　　"是的。"小旭毫不避讳地答道，脸上现出得意的表情。

　　"而且是想挣大钱！"我加重语气说道。

　　"嗯！"小旭回应了一个重重的鼻音。

　　"那，多少钱才叫大呢？"我小心翼翼地请教。

　　我试图把这个"大"进行量化，而小旭接下来的回答却出乎我的意料。

"上万元！"小旭响亮地说道。那神情让人感觉已然是一副霸道总裁的模样。

小旭的回答只有"上"和"万"的范畴，没有具体的数字。我当时的原计划是想与小旭继续把"上万"进行深入具体化。比如上万是几万？3万、5万还是几十万、上百万？是一天多少万还是一个月或一年多少万等，但考虑到小旭对钱的认知程度显然还处于一个概念的换算比中，就算说出了具体的数字意义也不大。因此，我不再对"上万是几万"的问题深入下去，直接跳过，推进下面这关键性的问题。

"哦！那挣到了'上万'的钱以后，准备拿这个钱来做什么呢？"

此话一出，小旭整个人赫然呆愣地"卡"在了那里。

这个问题，其本质是关乎一个人是否有驾驭金钱和承载金钱能力的问题，即当一个人在听到或得到的金钱数额超出自己的实际规划能力时，会出现一定时间的不知所措状态。反之，一个人的驾驭和承载金钱的能力与金钱数额所匹配时，此状态不会出现。

比如问一个3岁小孩"你有1块钱你准备干什么呀？"小孩会很高兴并不假思索地说："我要去买棒棒糖啊！"如果3岁小孩听到"你有100块钱你准备干什么呀？"他就会和小旭的场景一样，呆愣地"卡"住了。再比如问一个大学毕业进入社会已工作几年的青年"如果你现在有10万元，你准备干什么呢？"他会很爽快地回答"我要首付一套房！"抑或"我要买一辆车！"等。当我们把问题里的金额提高至500万元时，回答者往往就会"卡"在那里。区别是，卡的时间的长短不同而已，有些人卡几秒，有些人会卡很久。

　　见小旭迟迟没有回过神来，我的疑惑也解开了一半。不过小旭想赚大钱背后的真正隐情，还有待相处后再搞清楚。

　　然而，就在我思忖着如何对小旭进行下一步的干预方案时，意想不到的事情发生了，我接到了小旭爸爸要把小旭接走的电话。并且，当电话里传来"麻烦开一下大门"时，才意识到小旭的爸爸和他的伯伯已经都到"基地"门口了。

　　顿时，一种不妙的感觉在我大脑闪现，其实，在他们办手续时，我还特意将"基地"的教务管理告知小旭爸爸，"孩子处在适应期阶段，家长是绝对不能来打扰的，一来是'基地'正常的教务流程会受到干扰，二来是孩子没有进入转变期时，见面不仅没有任何意义，反而会增加孩子的情绪波动。"小旭来基地连24个小时都还没到，怎么就……

　　"唉！……真不好意思，郑老师，又来打扰你了。"小旭爸爸抢在我开口前满脸焦虑地说："派出所让我务必今天把孩子接回去，协助调查一些事情，看来只有把事情处理完，我们再联系了。"

　　"哦！这……什么情况啊？"我关切地问道。见小旭爸爸支吾着语不成句，我只好安慰着说："好吧！你先接孩子回去协助调查，后续有什么情况，我们再联系，你们路上小心开车，注意安全！"

　　半个月后，小旭爸爸来电了，令人感到惋惜的是小旭已经不能来"基地"了，他被关押在"少管所"，事由是涉嫌贩毒……电话里，小旭爸爸老泪纵横地重复着说："郑老师，是我害了孩子……是我害了孩子啊……"

　　小旭爸爸以及大多数认识小旭的亲人、朋友、同学们都认为小旭贩毒的动机是因为想钱想疯了，为了赚大钱才去贩毒的。但我坚信，小旭是涉世未深，是因为很享受"我能赚大钱"这样的虚名，而非真的要去贩毒，只是被人利用了他想赚钱的欲望并与毒品联系在了一起，教唆诱导所致。

第二个是来自贺州的16岁女孩小婷。想到这个女孩，首先映入脑海的，是她微微上扬的嘴角旁，那颗具有标志性的"好吃痣"。

小婷能动能静，活跃时好似不拘小节的梁山好汉，说话做事都带着风。沉默时散发着一股书香门第大家闺秀的冷气质，举手投足间优雅平静，反差之大令同学们在相处时常常来不及转换角色。

小婷的适应能力特别强，内务和军事队列课程仅在一周内就达到非常熟练的程度，一些比她先来的老生都得向她请教。

作为"基地"最快被评为"训练标兵"的学员，她在获奖感言中这样说道："在家时我是女王，公主都不想当。'基地'的这些内务啊、卫生啊，我之前从来也没有做过。来到'基地'后，我看着同学们都在做，也就不知不觉地跟着做了，不做反而有点不自在。我也很奇怪为什么会这样？至于你们说我做得好，我其实也挺莫名其妙的……不过今天得到这个'训练标兵'的荣誉，我还是很开心的，谢谢大家！"

小婷作为出类拔萃的一个典型，主要与两大方面有关：一是受正向、积极的"从众效应"影响，潜移默化地改变着；二是得益于小婷自身禀赋予以的超强的动手能力、协调能力和模仿能力。"基地"所有的孩子都有着属于自己特有的天资禀赋，在后面的章节中会有所阐述。

如果小婷能一直在"从众效应"中不断蜕变，直到明确自己的学习目标重返校园，她将是不可多得的操作型人才，可谁也没料到，本可提前结束适应期，迎来转变期的小婷，会被她爸爸妈妈接走了。

在一次科技课上，小婷正操纵着"无人机"翱翔在"正知基地"的湖面上，突然间肚子疼痛难忍，说想见见邹老师。邹老师为小婷倒了一杯热水，询问了饮食和病史，看看是不是吃坏肚子或是有过急性阑尾炎之类的疾病。排除这些因素后，邹老师继续循循善诱，直到小婷讲述了自己骇人听闻的遭遇并提出了一些关于发生性关系后所担心的问题时，事情有了端倪……

小婷肚子痛、骇人听闻的遭遇以及担心发生性关系后的问题，这三个信息叠加在一起，如同一颗重磅炸弹一样，使人不得不去做一个十分不情愿的假设。

"基地"在第一时间与小婷的父母进行了交流，并把这个假设一并告知。电话的那头，小婷妈妈听着听着已泣不成声，剩下小婷爸爸的呵斥和埋怨，"早就提醒你了，看严点看严点……""几个月不回家，你都不急的……""他妈的，我现在就去找那个畜生……"

在与小婷父母的意见达成一致后，我与同事带小婷来到医院进行全面检查。尽管小婷父母做好了充分的心理准备，但在得知结果时，还是如雷轰顶，晴天霹雳……

4小时后，撕心裂肺、伤痛欲绝的小婷父母来桂林接小婷回去了……

第三个是来"基地"不到60分钟的小张，也就是那个连宿舍都没来得及进的孩子。

那天15点30分，一辆白色轿车从"基地"大门长驱直入，在教学楼前停下，就在进门的前10分钟，小张爸爸发来信息特别交代要提前安排好"门禁"，不能让孩子有跳车逃跑的机会。为安全起见，挂掉电话后我与同事就一直在大院等候着。

"你是郑老师吧？"小张爸爸询问道。

"是的。"我答道。

车门打开的瞬间，零落的烟灰争先恐后地随着气流飞了出来。后排座椅上，蜷曲着的正是小张。估计是姿势定格了太久，身子僵硬了的缘故，舒展了好一会儿，他才缓缓地挪下了车。

"来吧，赶紧到里面休息一下吧！"我对小张父子俩说道。

到了接洽室，小张也完全舒缓过来了。眼前的他个子不高，只有130厘米左右，一个大脑袋立在他精瘦的身板上，枯黄的头发朝后乱支着，脖子上一道道的条形黑色物质，正被小张搓成米粒状。

小张爸爸从一进屋就不停地来回踱步，嘴里吸的烟没断过。为了追儿子已经30多个小时没睡觉了，全靠一支接一支地抽着烟支撑到"基地"。这不，又一支烟马上就要燃到过滤棉了，小张爸爸赶紧从前胸口袋的烟盒里熟练地取出一支，对准即将熄灭的火星，急忙吸了几下，深吸一口后，说出了惊心动魄的一夜。

原来，就在来"基地"的前一天晚上，小张同10名伙伴，计划在本地偷车然后开到异地销赃。那天晚上，他们一共偷了6辆摩托车，准备连夜从梧州市开往广东省中山市进行销赃，他们一伙要南下的消息让小张爸爸知道了。

在小张他们出发没多久，小张的爸爸就开着小车一路追。由于只知道孩子们是去往广东中山方向，具体是哪一条路并不清楚，所以小张爸爸不敢开得太快，生怕自己和他们出城的路不一样开到他们前面去了，只能一边追一边询问路边的商贩，多问，多排查，在确定小张他们已经出城了，才提速追上去。

小张爸爸打听得知他们一路飞快地飙着车，狂吼乱叫地唱着歌，时不时地还翘几下摩托车的车头，路过之处，百米开外还能听得到发动机的轰鸣声，全然一副不可一世的猖狂景象。

这伙人当中，年龄最大的 17 岁，年龄最小的就是小张，才12 岁。有几个是当地比较有名的混混，势力很大。他们主要的经济来源是收保护费，偷车销赃等，因年龄的问题当地部门是屡抓屡放，屡放屡抓。

功夫不负有心人，小张爸爸在追赶了数小时后，终于在一个加油站追到了他们。小张爸爸下了车二话没说就冲了过去，在一群人惊讶的眼神中，利索地把小张带走了。

然后，就出现了上述来"基地"的那一幕。实际上，那天小张爸爸激动地讲了很久，感觉像是一部激烈又紧张的电影片段，远比我现在叙述得要精彩。

听完小张爸爸的诉说，时间来到了 16 点 05 分，想着小张父子俩还没吃饭，刚好那天面点课上孩子们做了很多包子、馒头、花卷，蒸好了当次日的早餐吃的。我拿了四五个馒头、花卷过来。小张父子俩都没来得及洗手，拿起就往嘴里送。

就在这时，我的电话响了，来电地区显示是梧州，"喂，你好！我是郑老师。"

"你好，郑老师，我是梧州派出所的阳警官。"

"阳警官你好！"

"我想问一下你那边有一个叫张××的孩子吗？"

"张××？不好意思，没有。"

"没有？嗯，应该是今天去你们那里的。"

"今天？"

说着，我望向小张爸爸，这时小张爸爸也惊讶地看向我。

我试探地问道:"冒昧问一下,您孩子是叫张××吗?"

小张爸爸"嗯"了一声,这极不自然的声音,我想,电话那头的阳警官也应该听到了。

"麻烦郑老师转告一下,让他接听我们的电话,最好马上把孩子带回来协助调查。"阳警官说道。

"好的。"我应声道。

没过几秒钟,小张爸爸放在桌面上的手机屏幕亮了,没有声音,也没有震动。他缓缓拿起手机,凝视着屏幕,久久不按下接听键。当手机再次亮起时,小张爸爸看了一眼身旁的小张,朝门口走去了,"喂,你好……哦,阳警官你好……"

孩子的第一次叛逆行为,往往是带着好奇、侥幸、寻找刺激的心理完成的,甚至有些孩子在完成后曾表现出悔过的"刹车"现象。但随着时间的推移,成为"惯犯"后,就会好逸恶劳、自暴自弃、同流合污、执迷不悟,具有反社会意识顽固化、需要结构的畸形化、叛逆行为的自动化的心理特征。

因此,在孩子的叛逆指引路上,务必分秒必争。

当然,和所有的部门、单位或机构一样,我们难免也存在局限性,至少不是每一位孩子都可以来到"正知基地"华丽地转身,就如同这世上没有后悔药一样。

许多来到"正知基地"的孩子都找到了其归属感,明确了目标拥有了自发的动力,这固然很让人为之鼓舞。但一些严重的问题,还是得需要社会各界的力量才能去挽救。

这是事实,也是"正知"的无奈。

第七节 什么样的土壤容易长出"问题少年"

"蓬生麻中,不扶而直;白沙在涅,与之俱黑。"

——《荀子·劝学》

本节的探讨,我由一个问题引出,请问,你的家庭是"问题"家庭吗?

如果家庭中存在着以下不可逆的情景,无疑,对孩子的影响是深远的,伤害是致命的。

(一)离异

父母离异是孩子心灵健康的杀手。

民政部官网近日发布了 2023 年一季度民政统计数据,数据显示今年一季度婚姻登记数量为 214.7 万对,离婚登记数量为 64.1 万对。与 2022 年第一季度相比,这两项数据分别增加了 4 万对和 12.7 万对。离婚率的逐年上升,引起了大家的极大关注。

更让人忧心的是,在对 100 名少年犯进行的抽样检查中发现,有 60% 的少年犯来自离异家庭。而这个百分比在未来可能还会不断增加。

在"正知基地",我时常会接到一些家长这样的请求,"郑老师,最近还得麻烦你多多关注一下孩子的情绪,我担心我和他爸准备离婚的事他接受不了……""郑老师,我现在很困惑,但我实在没法在这个家待下去了……你一定要做好孩子的思想工作。""郑老师，我和孩子妈妈在教育孩子的问题上存在很多分歧，现在二宝还小，我不想他重蹈大宝的覆辙，所以想来想去还是决定办理离婚，大宝那边麻烦你一定帮忙做一做心理安抚工作……"

任何一个孩子，都希望自己拥有一个幸福美满的家庭，在充满快乐的氛围中成长，能够得到温暖的亲情，得到父爱母爱的滋养。然而，这些却是孩子主观不能控制的。家庭的破裂，孩子只能客观地接受和被动地适应，适应下来的就变得强大，适应不来的就崩溃了。

为什么说父母离异是孩子心灵健康的杀手呢？下面就来看看离异家庭将会给孩子带来什么样的心理问题：

1. 抑郁孤独

有的孩子会为了父母之间的关系而感到担忧，不过，更多的孩子会被父母忽视或者成为出气筒。长期处在这样的环境中，孩子必然会出现心理问题，最常见的就是产生抑郁症。

2. 自卑脆弱

青少年心智没有成熟，缺乏自身调理能力，看到其他的同学或者朋友们快乐的时候就会感到自卑，特别是看到其他同学与父母的温馨画面时，一联想到自己就更加重了自卑感。

3. 易躁易怒

离异家庭中，父母绝大多数都经过了长期的冷战、暴力。孩子耳濡目染，认为成人的关系处理方式就是要么暴力、要么冷战，有样学样导致自己出现易躁易怒的情绪，同时攻击性也会更加强，容易出现反社会人格倾向。

4. 敏感自闭

当遭受同学们"没爹""没娘""野种"等等的嘲笑时，孩子就算有苦闷的心情，也压根儿找不到发泄的地方，更没什么心思和其他朋友们接触、玩耍，甚至会对周围的亲朋好友们产生戒备的症状。性格特征也会逐渐变得敏感和自闭，即使遇到身边朋友们的关心，他们也会不自觉地想歪，容易出现社交恐惧倾向。

以上的这些现象，都是离异家庭非常容易出现的。一些内心强大的孩子，还可以靠自己的自愈能力慢慢走出阴影。但现实生活中，大多数单亲家庭的情况比我们想象中更加糟糕。各方面的数据表明，更多的孩子因此造成永久性的心灵创伤而影响其一生。

在"正知基地"，有一个14岁的男孩小涛，他是众多孩子中缺失父爱时间最长的一个。在一次心理课上他说："听妈妈讲，在我即将要出生时，我爸就跟我妈离婚了……办理离婚手续的那天，民政局的阿姨看着我妈顶着一个大肚子取号排队，赶紧搀扶到一边坐下，替我妈取了号，然后倒了一杯水递给我妈，并不断地询问我爸妈是否确定真的要办理离婚……"无法想象，在离婚协议上按下手印的那一刻，小涛妈妈的内心将承受着多大的痛苦。

之后，小涛出生了。由于长期没有得到父爱的庇护，从小到大都是在同学的讥笑中度过，经常被嘲笑是"野种"。而每次家长会上这位"神秘爸爸"的一次次失约，更让同学们确信小涛是"野种"无疑。

我尝试让小涛对父亲的心理画像移情到我身上，虽不能为他的过去弥补缺失，至少可以赋予小涛对未来学习、生活一股坚定的信念。

而在小涛身上，也凸显了一般孩子少有的强大的自愈能力。一次小涛与妈妈通电话时，长叹一声："你总是让我乐观一点，让我想开一点，但你知不知道，如果我不乐观、我想不开的话，我想我根本活不到现在了！"

幸福的家庭都是相似的，不幸的家庭各有各的不同。准备离异的人，常常会出现这样的观点"真没到分开的那一步，谁都不想分开。"对此，我表示深深地理解。同时，我们也必须承认，因离婚而客观带来的最大的不幸，最终还是落在了孩子身上。

如果父母在本该照顾孩子的时候缺席，孩子就很难对他人建立起信任，他会觉得父母都信不过，还能信谁呢？

正如著名心理学家阿德勒所说："幸福的童年治愈一生，而不幸的童年需要一生来治愈。"

（二）家庭暴力

什么是家庭暴力？

我们先来看看它的定义。家庭暴力简称家暴，是指发生在家庭成员之间的以殴打、捆绑、禁闭、残害、辱骂或者其他手段对家庭成员从身体、精神、性等方面进行伤害和摧残的行为。就具体所造成的伤害来说，可以分为两大方面，即身体伤害和精神伤害。

身体伤害，主要是殴打或体罚直接造成身体受伤或者受损，甚至出现致人死亡的恶性结果。这种现象对社会危害极大，影响非常恶劣，是法律明令禁止的行为。对青少年最直接的影响就是有样学样，导致青少年有严重的暴力倾向和反社会人格。

而精神伤害，则比身体伤害要隐蔽很多，有不轻易被发现或是发现时状态已经较严重的特征。并且，它所造成的伤害就长远来看，比身体伤害要持久和严重得多，所产生的阴影甚至可以伴随其一生。

一方面，精神伤害可造成孩子发育、发展的迟滞和障碍，影响孩子未来的发展潜力，并有很大可能造成孩子未来的抑郁症和精神分裂等心理疾病，更严重的会直接或者间接造成自杀的后果。另一方面，精神伤害还会通过代际传递[1]传播给下一代。

14岁男孩小董，来基地前已经休学在家长达9个月有余。休学的原因有两个，肚子痛和腿软。家长面对小董理直气壮的"疼疼疼！"也摸不着任何头绪。只好带着小董奔波于各大医院，该做的检查都做了个遍，却查不出个所以然来。不得已，最后去了脑科医院和精神卫生中心，这次终于有了结果，并且两家单位的诊断结果是一致的，小董有焦虑障碍。

小董的肚子痛和腿软有时是同时出现，有时是单个出现。出现的时间不定，主要是小董说得算，他说此时痛，此时就痛；他说此时不痛了，那就不痛了。

肚子一痛呢，就无法下床，会像和尚一样跌坐在床上，不过两手不是合十，而是交叉捂着肚子。

令人诧异的是，这种连床都无法下的疼痛，小董却面无表情。准确地说是小董的面部与身体，没有出现与疼痛相关联的任何表情与症状，如锁眉、咧嘴、溢汗、密集吞咽、脸色苍白等都没有出现。从表面上看，和没痛一样，正常得很，但小董就是无法下床。

更让人捉摸不透的是，小董在肚子不痛时还是下不了床，说是"腿软"。"腿软"出现的时间也没有定数，和肚子痛一样，全凭小董心情。所幸的是，小董在大小便时还是可以像小矮人一样蹲着挪动着去厕所的。

直到小董来"正知基地"一个月后的一次心理课上，神秘的面纱终于被揭开了。小董的父亲脾气不好且常年酗酒，借着酒劲动不动就对小董拳脚相加。一次小董又要面临被父亲施暴时，突然蹲在地上捂着肚子说自己肚子痛、腿软。小董父亲这时虽充满疑惑，不知儿子是被吓得痉挛了还是急中生智所为，但出于本能最终还是停止了暴力行为。

　　此事件发生于小董休学前大半年的时段。之后，小董从父亲的表情和举止中习得了这门"绝技"。有事没事隔三岔五地说自己肚子痛，似乎在提醒父亲不要对自己施暴一样。

　　此刻，我们且不论这情形是好是坏，总之，在这样的家庭氛围中，孩子无疑成为最大的牺牲者。

　　对于孩子而言，没有得到大人们一丁点儿的鼓励，尚且还能自顾自。但如果没有鼓励，还加以暴力，那真是雪上加霜。

　　这就要求家长们必须冷静地问问自己有没有从内心深处去认可自己的孩子，有没有去信任孩子！

　　我在这里并非空谈理论，因为我发现来"正知基地"的很多孩子，可以打开心扉变得快乐、自信且找到目标，都是源于"基地"认可他、信任他这服良药。

　　我们不妨用数字来做一个模拟参照。假设 10 为孩子的最高段位，那么大多数孩子处于的段位是 6~8。由于出现了各种叛逆现象，导致段位慢慢降至 5 以下，或 3~5，或 1~3，严重的降至 -1、-3 段位的也存在。然后，孩子们就来到"正知基地"了。当孩子来"正知基地"后，凭自己的努力通过各项考核，能与父母通电话，或是见面的时候，父母往往难免会以孩子叛逆前 6~8 的段位去做参照，而忽略了孩子在基地 -3 到 0、0 到 1、1 到 3 的成长，总觉得孩子不够好，这无疑使孩子和父母双方都有落差感。

其实在生活中，类似的情景天天都在上演。比如当大人们让孩子做一些力所能及的家务活时，孩子去做了，却没有得到大人们的认可，反而遭到嫌弃。不是"这地扫得也太慢了吧！"就是"洗个碗怎么放那么多洗洁精啊！"甚至在孩子收拾房间时站在一旁，"哎哟喂！这个东西怎么能在这里呢，应该放在那里嘛……"

长此以往，要培养一个"习得性无助"【2】的孩子，没有比这更好的办法了。

如果大人们不用自己的"权力"去指挥，如果孩子和我们仅仅只是有着血缘关系的朋友，或是假想成别人家的孩子，我想我们在同一事件的对待上，一定会给予孩子充分的尊重。可是，一回到自己的孩子身上就不会去尊重。

孩子做家务也好，学习也罢。做不做、学不学是态度问题；做得行不行、学得好不好是能力问题。态度如果是端正的话，能力是可以慢慢培养的。

在上述做家务的情景中，如果我们换成"嗯！不错嘛！孩子，我相信你会一天比一天棒的！"效果将会大有不同。孩子在前一句中感知到了被认可，在后一句中感知到了被信任。这样的好处是，即使这次做得确实不尽如人意（准确地说是不尽如你意），那也促进了下次的积累。因为一个良好习惯养成的基础和条件，离不开大量的、持续的有意识行为的积累。例如，小时候，孩子可能需要很强的自控力才能做到每晚去刷牙，并且刚开始时往往把牙膏都吃完了，牙还没刷干净。但随着这一行为的次数越来越多，孩子就很少去考虑它该不该刷了，已然成为一种习惯了，甚至觉得睡觉前、起床后不刷牙会很不舒服。

因此，远离暴力，多鼓励，长此以往，换来的将是孩子的"习得性积极""习得性自信"而非"习得性无助"。

（三）溺爱

溺爱，是一种施爱者自我感觉良好的"爱"。

社会学专家将大人们对孩子的溺爱称之为"甜蜜毒品"，意思是表面上香甜可口，但其实就像毒品一样，对孩子的成长百害而无一利。

你如果想象不出溺爱的威力有多大，那么，看看现在人们常说的"巨婴"就明白了，那是溺爱的代表作。从某种意义上来说溺子如弑子。

关于溺爱，有些大人分不清什么是溺爱，更不了解自己家里有没有溺爱。虽然在道理层面都明白放纵的"爱"是可怕的，是为人父母的一种渎职，是害了孩子、毁了家庭、影响社会的，但在言行上往往又不自觉地深陷其中。

那么现在，我把生活中常见的溺爱方式与大家分享一下。虽然不同的家庭有不同的溺爱方式，但归纳起来无非以下几种：

1. 待遇特殊，小小年纪便享受了家庭的最高待遇，使孩子形成唯我独尊的意识；

2. 过分关注，形成核心，全家人围着转，掌声、赞誉之声不断，使孩子难以适应外界一点儿挫折的环境；

3. 过分满足，要什么给什么，造成孩子只知道索取，不懂得珍惜；

4. 包办代替，过多帮助，造成孩子独立性差且不知感恩；

5. 当面袒护，护短纵容，造成孩子性格扭曲；

6.弱化孩子能力，剥夺孩子独立权，为了绝对安全，父母不让孩子走出家门，也不许孩子和别的同学玩。更有甚者，使孩子成了"小尾巴"，时刻不能离开父母或老人一步，搂抱着睡，偎依着坐，驮在背上走，含在嘴里怕化，吐出来怕飞。这样的孩子会变得胆小懦弱，丧失自信。

这些方式都是因"爱"而生，这种"爱"越深，其危害越大。

那么，我们应该怎么做，才能算得上不溺爱呢？才能避免孩子成为"巨婴"呢？

本章第一节中讲到"言传不如身教，身教不如境教"，环境的力量是不容小觑的。家庭中，父母如果存在某些客观因素，无法把家打造成一个多功能的"境"，那么最好最便捷的方式，是帮助孩子去寻找"境"，寻找各种值得让孩子去历练的"境"，并积极参与其中，专业的事交给专业的"境"。

比如，各类型的精品营地教育，各类专业性强的研学路线，军事的、财商的、心理的、艺术的、运动的、科技的、竞技的等等，以及高质量的亲子类活动同样也是很好的选择。

在这些"境"中，做多于讲，行胜于言。孩子不仅能知其然，也能知其所以然。

在这些"境"中，并非只是看上去的过过苦日子，干点苦活、累活、脏活，实则是激发孩子直面挫折、困难时的坚强品质和心理素质。

在这些"境"中，孩子的天性被针对性释放，在孩子打开格局、充实眼界、团体协作、人际交往等方面都具有自我超越的实际意义。

当孩子们在这些"境"中，能正视困难不抱怨之时，自然会明白父母的良苦用心。

除此以外，要避免孩子成为"巨婴"，还需特别重视一个关键点，此关键点是所有大人们的必修课——"适当的介入"与"适时的退出"。

适当的介入，顾名思义，就是在合适的时机恰当地介入。

那什么时机才叫合适，怎么介入才叫恰当呢？如果大家对此问题把握不了一个"度"，那我可以给大家分享一个非常简单的方法，即从"规避不当的介入"开始学起。比如，切莫出现孩子已是小学生了，还在用幼儿园的方法，帮其穿衣，给其喂饭等；孩子已经上初中了，还在用小学生的对策，如拿玩具当奖励等；孩子到高中甚至大学了，却依然还当成小学生对待。纵观那些高中学校的门口，帮孩子系鞋带的、背书包的、更夸张的还有喂水的……这些无微不至的包办代替的介入比比皆是。

这些都是我们首先要学会规避的。否则这些孩子要变成名副其实的"巨婴"，就差等着成年而已。

在诸多已经成年孩子的家长的来电中，印象最深的是一位有自杀倾向的母亲。电话里，她说自己实在是心力交瘁了，这么多年，凭一己之力难改定局。她的丈夫和公公婆婆成功把孩子养成了掌上明珠，再也下不来地了……这孩子现在要钱，无论多少，必须即时到账，一分钟都不愿意等，不然就大发雷霆……

26 岁的女儿已经两年多没出门了，全靠吃外卖活着。由于情绪长期异常，医院诊断有非常严重的社交恐惧症和抑郁症……

痛心的是，这位想自杀的母亲迟迟没有实施自杀的原因是担心自己死后女儿怎么办。

"巨婴"告诉了我们一个再浅显不过的道理，没有任何一个人能照顾另一个人一辈子。

正所谓大爱无情，为人父母，最难的不是给予多少爱，而是要懂得适时的退出，3 岁退出餐桌，孩子才能学会自己吃饭；5 岁退出浴室，孩子才能明白身体界限；8 岁退出房间，孩子才能懂得尊重隐私；10 岁退出厨房，孩子才能学会独立生活……

在"正知基地"，孩子们一切都得要靠自己。行动上，从刷牙的姿势到生活用品的摆放，从扫地的流程到拖地的技巧，从洗衣的方法到叠被子的诀窍，从洗碗的笨拙到厨艺的高超，从鞋带的花式绑法到馒头包子的奇特造型……思想上，从自私的推脱到责任的担当，从随性的撒谎到原则的坚守，从随意的放弃到坚定的继续，从惯性的逃避到勇敢的面对……

唯有适当的介入，孩子的劲才知道往哪儿使；唯有适时的退出，才有机会目睹孩子们的风采。

14 岁的小超因自己学到了一道新菜而兴奋得睡不着觉，15 岁的小思会为了通过考核最难关的"引体向上"不断突破自己，他们为了上晚会可以对着吉他死磕，也会为了追赶逝去的青春恶补文化课……

为什么孩子们到了"正知基地"就变得能自主自立了呢？倒不是"正知基地"有多么神奇，只是遵循了适当介入和适时退出的底线。

一些挫折、痛苦，适当的介入，让孩子们自己去经历、去磨炼。

一些困难、障碍，适时的退出，让孩子们自己去解决、去挑战。

事实表明，不是孩子们不可以，也不是他们不行，只是他们的成就感，被大人们剥夺了，他们的喜悦感，被大人们包办了。更糟糕的是，大人们的溺爱让孩子相信自己不行，必须依赖大人。

其实，每个孩子，都拥有调节自己不断趋向成熟并产生积极的建设性变化的巨大潜能，潜能一旦被激发，它自发性地会懂得发挥或调适，并促进孩子自身的成熟或成长，而不是包办、代替地进行解释和指导。

否则，轻则造成孩子的依赖性，重则使他们丧失独立思考和独立作业的能力。

溺爱是反人性的，作为教育者或监护人，对于孩子都应该本着以不教而教，授人以渔的原则。我们不要忘了，小时候教孩子走路，其目的是让他以后更好地自己去步丈天涯；教孩子拿筷子，其目的是让他以后更好地自己去享受美食；教孩子识字，其目的是让他以后更好地自己去阅读人生；教孩子做饭，其目的是父母不在身边时，不至于有饿死的风险……同理，成年人亦是，比如，教练教我们开车，其目的是让我们以后更好地自己去纵横驰骋；公司对我们的培训，其目的是使我们以后更好地去实现自我价值……

当然，孩子们也很期待，大人们能给予一些灵感，让他们自己去发现，给予一些空间，让他们自己去成长……

（四）不统一

当你拥有1块手表时，能明确知道此时的时间。但当你拥有两块不同的表时，你再也无法断定哪只表的时间是正确的了。

这就是著名的"时钟效应"。

这个常识定律告诫我们每个人都不能同时挑选两种不同的

行为准则或价值观，否则他的工作和生活必将陷入混乱。

例如，一名士兵，如果在同一时间，听到了两位首长的两个不同指令，即一个向左转，一个向右转，那么这名士兵一定会尴尬得不知所措，处境是难以想象的痛苦。

在当今绝大多数的家庭里，孩子无时无刻不在面对着"两块表"。妈妈说"保持安静是乖儿子"，爸爸却说"男孩子要调皮一些"。这些无意间的对立或冲突，正蚕食着孩子的主观意识，让孩子活生生地陷入了"时钟效应"当中。

基地有一个叫小林的14岁男孩，遭受到的"时钟效应"更严重。小林身处在一个三代同堂[3]的家庭，导致小林时常要面对"3块表""4块表"……

小林的家庭中，父母双方的教育观念尚且还在磨合，更别说是三代人的思想碰撞了。因此小林在面对大人们的意见和建议时，往往感到十分懊恼和纠结，对事物的判断和选择迟迟不能决定，导致小林有严重的"选择恐惧症"。

在一次与小林下象棋时，领教到了他的"选择恐惧症"的严重程度。小林在每走一步棋之前，都会抓头挠脑、举棋不定，可以说是全程无欢乐，一直陷入坐立不安、心火烦躁之中。此状态并不是小林不懂象棋规则，也不是他处在累棋之危所致，而是从开局走第一步棋时就伴随着了。小林对此也感到无可奈何，并且他说随着年龄越大，这样的情况似乎越发严重起来，比如去学校，会因为交通工具（坐公交车、骑单车）的选择犹豫不决而迟到。去游玩，会因为服装的搭配（T恤、衬衫）纠结不已而爽约。

不忍心看着小林这么痛苦下去，那天我主动"和棋"了，尽管我们双方的棋子连楚河汉界也没过。象棋的结束，使小林的心情顿时舒缓很多。借小林精神放松之际，我"棋"止"话"起，与小林聊起家常来。正是那次的聊天，对小林后续的干预方案起到了决定性的作用。

小林与我说起了很多他小时候的痛苦。例如，放学回家后，爸爸对他说："写完作业就可以看电视了。"妈妈却说："看完了电视记得写作业哦！"小林觉得好像谁都没错，但就是不知道如何执行。再如，妈妈说："袜子和内裤不要放洗衣机洗，要分开用手洗哦！"爸爸却说："都扔进洗衣机吧，记得要加消毒液啊！"类似这样的情景每天都在上演，着实让小林苦不堪言。

请问一下正在看本书的你，又会认同谁的观点呢？是小林爸爸的？还是小林妈妈的？假如你就是小林，你会和小林一样感到纠结吗？

请你带着对这些问题的思考，我们一起来客观分析一下。首先，小林从学校回到家后，无期限地看电视和写作业都是不可能的。假设，看电视和写作业的时长分别是1个小时，那么这个先后顺序真的有那么重要吗？还是说违背了什么原则性的问题吗？

爸爸认为先写完作业再看电视，这样的好处是，小林没有后顾之忧，可以轻松愉悦地看电视。可是，这样做同样也存在着它的弊端。小林为了不错过电视开播的时间，可能会急急忙忙、马马虎虎地把作业写完，久而久之会养成敷衍了事的习惯。

妈妈认为看完电视再写作业，这样小林就可以安心地写作业了。可这样的弊端是，小林常常还没有从电视情景中转换过来，还沉浸在精彩的画面或是遐想下一集的剧情之中，导致久久进入不了学习的状态。

其次，再说说这个"内裤""袜子"的问题。妈妈的观点是从让小林养成良好的生活习惯出发而考虑的，毕竟孩子以后的路还很长。在之后的求学、工作、出差时，不可能处处都有洗衣机，有也不会是私家洗衣机，或认为就算是私家洗衣机也要分开洗。

而爸爸则认为妈妈所顾虑的，研发人员早已经想到了，并推出了各类型的消毒系列产品。既然市场上已经有了解决方案，为何还要搞得那么麻烦呢？更何况是自家的洗衣机。

你看，公说公有理，婆说婆有理。看似合情又合理，却忽略了一个关键而实质的问题——执行。即问题的实际解决人、执行人——小林，面对父母的观点，既做不了决定，更执行不了，这样的情景，使得爸爸、妈妈、孩子三方都很揪心。

大人们的育儿观念，常常在战术上充斥着矛盾，战略上不统一。如同齿轮没有卡对位，运转不了。老子《道德经》所言："有道无术，术尚可求也，有术无道，止于术。"这句话告诉人们，道用于解决原理问题，术是解决技术问题；道是思想，术是方法，道术合二为一，才是正道。

因此，大人们在对孩子的教育问题上，战术上可以是多样化的，战略上则必须统一。大人们可以私底下，先把各自的教育观念以及对事物的看法、做法的底线和原则捋清楚，先卡对位，达成战略上的"统一政策"，让各"齿轮"——家庭各成员得以运转。

战术上，可以随着生活的继续、事情的发生及时探讨，探讨中不断出台新的底线和原则，又进一步巩固和完善战略上的"统一政策"。

当对未来的事物，有了一个前置的探讨机制时，大人们可以对各种事物进行预判，方案达成共识后再出台。这样做的好处是会大大减少甚至杜绝"时钟效应"出现的现象，能确保问题的执行人——孩子顺利实施，不耽误时间，更不至于给孩子制造出一个犹豫不决的后遗症来。

生活在继续，就一定会出现矛盾。客观地说，生活是解决各种矛盾过程的总称。怕就怕的是父母层面刚磨合得还不错，这时老人家又在后面"使绊子"，这也是最难解开的结，有的甚至是死结、无解，清官都难断。

该统一的事不统一（底线和原则的统一）；该统一时不统一（统一的时机和场合）。随着时间的沉淀，孩子的心机也在沉淀。

由于大人们的意见长期得不到统一，孩子都是看在眼里，受在心里，记在脑里。通过大人们对一些事情所发表的言论，给出的意见，孩子会进行分门别类，哪些事爸爸喜欢，哪些事妈妈爱好，哪些事爷爷能为我出头，哪些事奶奶可帮我兜底，哪些事外公言听计从，哪些事外婆百依百顺……

当大人们的习性被孩子摸得一清二楚后，孩子要练就一番察言观色、善于伪装、撒谎成性的"好"本领，绝非难事。就拿"要钱"这事儿来说，孩子知道对谁用什么理由可以要得多，对谁用什么借口容易得手，就连问谁要的先后顺序、时间卡点、场合氛围都是精心设计过的。

"正知基地"有一个14岁男孩小刘，用"连环计"成功"骗"取了家人们共计7000多元钱。事情的经过是这样的。首先，小刘在自己生日前夕，向最豪气的爸爸提出自己的生日礼物自己选的要求。小刘爸爸在听完儿子所说的礼物是名牌运动鞋并询问了费用后，二话没说直接把钱转给了小刘。第二天，小刘穿上了新鞋子，拍了照片和视频发给爸爸，让爸爸放心自己是真实购买，钱没有乱花。

然后，小刘如法炮制接连向奶奶、外婆、妈妈等亲人索要。

钱到手后，再把发给爸爸的照片和视频，复制粘贴逐一发给他们看。

直到小刘向他小姨索要钱时，东窗事发了。小姨在转钱给小刘之前，多了一个心眼，向小刘的妈妈进行了求证。结果，这一求证，使得小刘的套路大白于天下。家人们知道后气不过，决定彻查到底。不查不知道，一查吓一跳，小刘发给他爸爸的照片和视频中的鞋子，竟然穿的是同学的。恍然大悟之后，大人们对小刘今后"要钱"这码事儿，都统一口径是坚决不给了。

大人们的不给并不代表小刘的不花了，被断了"财路"的小刘，倒逼着向所谓的"外面的人"要。如果要不到，就骗，骗不到就偷。如果要到了，那"外面的人"此时就成了比亲爹亲娘还亲的"亲人"了。

很多青少年奢侈消费、亲情淡漠的叛逆现象就是这么一步一步造成的。

（五）有效陪伴的缺失

如果说"子欲养而亲不待"，是人一生中最大的遗憾。那人生中最大的愧疚，无疑是在孩子的成长中没能有效地陪伴。

现在的我们比之前任何一个时代都忙。农耕时代忙，再忙就在家门口，一亩地就是一辈子；工业时代忙，也不过两三公里的距离，一个班就是一辈子；信息时代，我们在蓝天白云中穿梭，钢筋水泥中飞驰，动动手指就可以在繁华的生活中找寻着自我价值，似乎我们生活在最美好的时代，却没有富余的时间去享受天伦。

多久没有和孩子一起去游公园？多久没有放下应酬陪孩子好好吃一顿饭？多久没有静音手机倾听一会儿孩子的心声？

"爸爸，陪我一起玩吧！"

"别烦我，没看我正忙着吗？"

"妈妈，给我讲个故事吧！"

"乖，宝贝，妈妈上班辛苦一天了，你自己玩吧。"

"哎呀，弟弟（妹妹）又搞事情了。"

"怎么回事，你这哥哥（姐姐）是怎么当的？"

……

这些话，听起来是不是很熟悉，是不是经常上演在我们的家庭中。那些可怜的没有及时得到有效陪伴的孩子，注意，是有效陪伴，最终只好把求助的目光投向了电视、电脑、手机这些有画面有声音的"电子保姆"。

著名心理学家哈罗在 1930 年做了一个关于恒河猴的实验，这种猴子 94% 的基因与人类相同。

首先，哈罗和助手设计了两只假的母猴子，一只是铁丝编成的，另一只全身裹着厚厚的海绵，我们暂且称它们为"铁妈妈"和"布妈妈"。

然后，哈罗在两个妈妈的胸前都挂了一个奶瓶，并将刚出生的幼猴放进笼子里，观察幼猴究竟是喜欢"布妈妈"还是"铁妈妈"。

一个有趣的现象发生了，幼猴在两个妈妈之间来回蹒跚了一会儿，很快，就和"布妈妈"难舍难分了。即便把奶瓶只放在"铁妈妈"身上，幼猴也不愿意在"铁妈妈"身边多待，只有感觉饿时才跑去吃奶，吃完奶又马上回到"布妈妈"的怀里依偎着。在之后 5 个月的时间里，幼猴和"布妈妈"相处的时间远远超过了"铁妈妈"。

哈罗团队对此的解释为幼猴对母猴的依恋并不只是因为母

猴能给它奶喝，更重要的原因是母猴能给幼猴以柔和的感觉。

接下来，哈罗团队对幼猴进行了安全感方面的测试。他们在房间里放了一些令幼猴害怕的玩具熊。幼猴看到后，惊恐万分飞快地奔向"布妈妈"寻求安慰和保护，直到逐渐定下心来。如果把"布妈妈"拿走，只剩下"铁妈妈"，幼猴则没有跑去寻求庇护，而是独自承受着恐惧。可见，"布妈妈"还能给予幼猴以安全感。

后来，哈罗团队给"布妈妈"也做了很多差异化，一个增添了越来越多的母性特征，另一个则不然。比如，同样的两个"布妈妈"，在其中一个的体内装上取暖器，这个"布妈妈"的体温就升高了，在晚上不会那么冰冷。这时，幼猴就会去找温暖的"布妈妈"，不会去找没有安装取暖器的"布妈妈"。再比如，把其中一个"布妈妈"设计成能摇动的，那么对幼猴的吸引力就更大了。简言之，赋予"布妈妈"的母性特征越丰富，幼猴就越喜欢它。

当然，可以肯定的是，"布妈妈"的母性特征再丰富，也不能同真的母猴相比。实验证明，即使是在"布妈妈"身边长大的幼猴，在成年之后，也有着不同程度的行为上的偏差，类似人类精神疾患的行为。

可见，早期亲子关系远远不是"有奶便是娘"那么简单。父母在喂养孩子的过程中，给予孩子的不仅是食物，也包括他们的爱抚、赞许和陪伴。

事实上，这些道理父母们并不是不明白，只不过在绝大多数家庭中，都存在着一个社会矛盾问题。即给了陪伴，没法工作；努力工作，又疏于陪伴。这个社会矛盾如今已不知不觉形成了一个零和博弈的局面。

那我们是不是就这样眼睁睁地看着博弈不管呢？从某种角度说，家家都有本难念的经，要有一个适合的方案去解决各家的不同，可以说是难于登天。

但如果我们要的不是个体问题的具体解决方案，而是一种适用于此类问题的思维方法。要使这样的社会矛盾得以缓解，我想也并不是没有这个可能。

首先，大人们在坚守有效陪伴的底线和原则上要学会降维。然后，引导孩子们通过事物学会感恩。在大人的降维与孩子的感恩双向作用下，父母、孩子双方的心态会逐渐趋向平衡状态。这个状态双方完全是可以在日常生活交流中感应得到的，感应越多，越趋向平衡；越趋向平衡，说明陪伴越有效。

那什么是父母降维呢？通俗地说，就是不要以成人的维度与孩子相处或要求孩子。千万不要粗糙地理解为是降低身段去做孩子的奴隶。

我们知道，孩子的生长是一个阶段性的、动态的且有一定规律性的发展过程，需要我们去分清界限的同时更要因人而异地对待，就拿阶段性来说，孩子在婴幼儿时期，父母是保姆；在少儿时期，父母是老师；在青少年时期，父母更像是朋友。

因人而异，在任何时候都是解决具体问题的一条定律。特别是现在比比皆是的二胎、三胎的家庭里，孩子们年龄差距很大，哥哥姐姐是青少年了，弟弟妹妹才刚出生或是幼儿。面对他们，父母就得要转换角色来沟通和相处。用对待哥哥姐姐的方法方式去对待弟弟妹妹，后者理解不了；用对待弟弟妹妹的方法方式去哄哥哥姐姐，已经不奏效了。

我们从一些父母的抱怨中，同样可以看到没有因人而异对待孩子而带来的诸多烦恼。比如，"都是自己的孩子，为什么哥哥这么听话,妹妹却三天两头地搞事?""大的那个几乎都没怎么管,学习、生活样样自己打理,小的这个让我操碎了心!""小的这个倒是挺心疼我的,大的那个太放肆了,三天两头不回家。"

面对这样的抱怨,我想说的是"为什么哥哥听的话,妹妹就一定要听呢?"你所说的话中,我想哥哥也一定有不听的部分,而妹妹也一定有听你话的时候。听与不听,完全是当时的因素对谁有利而决定的。比如,你要兄妹俩陪你去逛街,妹妹的意愿度一定大于哥哥,但你要去帮哥哥买他喜欢的东西,如手机、衣服等,我想哥哥会变得非常主动。

所以,我们必须客观认知到孩子们面对你某个观点时,他们会出现达成共识的时候,也一定会有各自不同想法的时候。总之,当我们欣然认可每个孩子都是一个独立个体时,解决此类问题的头绪就找到了。

关于父母降维,还有很多是体现在对孩子"好"这方面的。上面说到面对青春期的孩子父母应该像个朋友,这里的"朋友"是需要我们降维到像孩子的朋友,并非把孩子像自己的朋友一样相处。

而生活中,父母难免会以自己的主观逻辑,认为自己对孩子"好",就是孩子所需要的"好"。这个"好",往往是以成人世界的物质标准来衡量的。这是父母长期在社会工作中所产生的惯性思维,比如,父母整天在公司没日没夜地工作,目的就是希望能给孩子创造更好的物质环境,这样才能送孩子上更好的学校,给孩子买更多的资料,准备更先进的学习设备……这错了吗?这没错,甚至没有任何一点儿是不对的。

可为什么父母们这样含辛茹苦,孩子们却还不领情呢?为什么孩子们还会觉得父母根本不关心自己、不在意自己,感受不到父母对自己的爱呢？

这都是源于父母没有做到真正降维，因为我发现，对于在"正知基地"的孩子们，大人们一个温暖的拥抱、一个肯定的微笑、一次善意的提醒、一份无条件的信任、一句充满理解的鼓励、一回身心愉悦的郊游……这些无形的力量，无论是从保鲜度还是有效度来看，都强过于一袋零食、一箱牛奶或是一件衣服等等这样的物质提供。

父母的降维，它是一种深度的自我学习，更是一种很好地避免"功能性文盲"【4】的经历。父母在这段经历中，顺带着就给予了孩子"有效的"陪伴了。

说完父母的降维，我们再来谈一谈孩子的感恩。感恩是什么？感恩实则是一种态度，一种积极向上的思考和谦卑的态度，它是自发性的行为。当一个人懂得感恩时，便会将感恩化作一种充满爱意的行动，实践于生活中。

一个不懂感恩的人，生活中不仅很孤独，还很遭人恨。感恩的反面常常与"忘恩负义""恩将仇报""以怨报德"等词语联系在一起。对孩子而言，则是"狼心狗肺""白眼狼"等等。或许是这些词汇太过于刺耳和难以启齿，所以人们干脆以"不懂感恩"代替。

而"不懂感恩"，与之前章节中所提到的打架、网瘾、早恋等现象一样，是个结果，并非原因。追究"不懂感恩"的真正原因是什么，才是我们的首要任务。

所幸的是，众多案例已表明，孩子的"不良情绪"是"不懂感恩"的源头。我们如何引导孩子在现实当中、事实面前，先正面地认清自己，学会去接纳、理解、消化家庭所带来的客观矛盾产生的负面情绪，是解决"不懂感恩"问题的关键所在。

即人在生长环境无法改变的情况下，学会调适自己、强大自己。

当然，在我们对孩子的"不良情绪"开展引导工作之前，需先分清一点，尽管孩子"不懂感恩"的源头是孩子的"不良情绪"，但这不代表孩子所有"不良情绪"的出现，一定是"不懂感恩"的表现。

我们不能否认，孩子在遇到困难或是面临压力时，所出现的悲伤、失望、挫败、苦恼、无奈等消极情绪都是健康的、恰当的感受。在引导孩子们的过程中我们发现，这些消极情绪的出现或是发泄的过程，其本身正是在帮助孩子处理不开心情绪的过程。比如，孩子在气愤时摔物品，摔了之后觉得有些后悔和内疚，这些情绪和行为都是合理的。但如果因为气愤而一直摔个不停，摔了还不解气，那就要另当别论了。

每个孩子接纳、理解、消化不良情绪的方式都是不同的，上述中孩子用消极情绪发泄处理不开心情绪的形式属于被动后置型。如果可以，我更愿意激发孩子自身积极的情绪去处理不开心的问题。这种主动前置型的处理形式，更有利于让孩子形成主观能动性。

例如有的孩子喜欢绘画，在绘画中他们的内心渐渐恢复平静，从而使很多负面情绪分散在一笔一画当中；有的孩子喜欢唱歌，歌声使他忘乎所以，旋律在头、口、胸腔当中自由共鸣，驱散坏情绪；有的孩子喜欢阅读，遨游在知识的海洋，充实自己的思想；有的孩子喜欢运动，全身的细胞都在活跃，身心得以释放；此外，带孩子们到野外拓展拉练，在山顶上眺望呐喊，去田野里农耕、河里嬉戏抑或是安静地在日记本里抒发感想、痛快地与人倾诉……这些都是很好的接纳、理解、消化情绪的方式。

每用一次积极的因素去影响并展示不开心情绪，内心就会在阵痛过后立刻强大一圈，如化茧成蝶一般不断蜕变。

一个人在成长的过程中，如果自身并没有觉悟到、理解到，或是体会到"感恩"，那么这个人到任何一个家庭做儿女，都会出现淡漠之情、嫌弃之心的，区别只是嫌弃的点不一样而已。例如，到有父母陪伴的家庭，会嫌父母没钱；到挥金如土的豪门，又会嫌父母没有陪伴；做了"官二代"，永远在嫌父母的官小；去了工薪家庭，又嫌父母没官没权……你品，你细品一下，是不是这样！

从进化论的角度，人类是趋向不断进步的，一代胜过一代是所有生命体的共同愿望。既然孩子无法选择父母是整个自然界的规律，那么后代就必须学会适应社会的一切，包括自己的家庭。因此，当"不良情绪"客观降临时，唯有不断强大自己的内心，才能有办法化解不断产生的负面情绪。

有效的陪伴，是父母与孩子需求之间的一种平衡。在家庭中，造成陪伴的无效，无外乎是"父母降维"和"孩子感恩"两大问题的失衡。

我们为人父母，应该深信，"人之初，性本善"，每个孩子的感恩之心天生有之。我们用榜样的力量去影响、去传递。同时，我们为人儿女，应该深知，天下没有哪个父母是希望自己孩子不好的。父母的爱，是世界上最不必怀疑的情感，它不分高低贵贱、贫富雅俗。

每一个人都生长于"家庭"的土壤中。而家中最好的土壤，莫过于大事商量，小事原谅，不争对错，不翻旧账。

本节注解：

【1】代际传递：指父母的一些特征继续传递给子女的现象，子女在各方面与父母越相似，代际传递效应就越强，反之越弱。

这不仅仅是心理学上的现象，除了气质特征、行为举止、态度观念、依恋模式、教育方法、婚姻模式等，父母的财富水平、社会地位、教育水平、事业成就等也存在代际传递的现象。

提到"代际传递"，大家可能会更多想到负面的影响，比如从小被父母家暴的人，长大了更可能家暴自己的孩子。

实际上，"代际传递"是一个中性的词语，父母对孩子会有一些不好的影响，同时也会将很多积极的东西，传递给孩子。

【2】习得性无助：指一个人经历了失败和挫折后，面对问题时产生的无能为力的心理状态和行为。

【3】三代同堂：三代同堂家庭所存在的形式一般为：

孩子＋爸爸／妈妈＋爷爷／奶奶；孩子＋爸爸／妈妈＋外公／外婆。

【4】功能性文盲：不同于传统的不识字的"文盲"，他们虽然受过良好的教育，但在现代科技常识方面，却往往如"文盲"般贫乏，尤其是随着知识经济的到来，各种富有科学技术含量的新产品大量涌进日常生活，这种"功能性文盲"将会越来越多。比如电脑虽然已日益普及，但大学里某些文科教授甚至可能完全不懂电脑，正因为此，许多教育学家都提出了"终身教育"的概念。

简而言之就是这个人虽然会读会写，但是不能利用读写能力去适应变化了。

不识字的文盲越来越少，跟不上现代科技发展的"新文盲"却在增加。

终身教育是解决功能性文盲的一个很好的方法。个人更应该重视终身学习，不断提高自己获取新知识、新技术的能力。

第八节 惩罚就一定要打吗

"小惩而大诫，此小人之福也。"

——《周易·系辞下》

"郑老师，孩子在你们那里会不会被打？"这个问题是每一位家长都会问到的。

我的回答是："为什么要打呢？"

这时，有些家长似乎更担心了，"不打怎么行？""不打能成才吗？"

每每此时，我不免纳闷，努力地寻思着答案，这有必然的联系吗？抑或是在绝大多数人的认知里，已经固化为"如果孩子不听话就要受到惩罚，而惩罚的方式只有打"。所以针对孩子"你不听话，我就打你"的逻辑就自然而然、冠冕堂皇地成立了。

从教育者的角度来看，如果孩子凡遇错就打，显然是一种教育无能的表现。往严重里说是一种黔驴技穷的发泄行为也不为过。

《孙子兵法》之谋攻篇中讲道："上兵伐谋，其次伐交，其次伐兵，其下攻城。"意思是说对敌人能不战而屈人之兵，是最好的战争手段，故为"上兵"。

况且，"正知基地"的孩子们还不是我们的"敌人"。面对孩子们，"正知基地"的老师们如果无法用"谋略"来取胜的话，那么只能说明一个问题，我们需要学习、进修的时候已经到了。

站在家长的角度，"打"至少有三方面的考虑。即：担心、希望和顾虑。

家长的担心，主要是担心出现恶意、蓄意地拳打脚踢，或使用棍棒等器具，损害到孩子身体健康的殴打行为。这样的"打"常常带有侮辱性质，会让被打者心理健康方面也会受到严重的损害。

另一方面呢，家长又希望用非上述所指的"殴打"，对孩子进行适度的、合理的、合情的，形成一种震慑力的"打"。让孩子有所敬畏，从而达到教育的目的。可以说，这样的"打"出发点是好的，从理论上来讲更是完美的。而实际上，这样的"打"它只能暂时抑制孩子的某种不良行为，并不能从根本上消除。所以生活中我们常常看到大部分孩子被惩罚后会趁着惩罚者不在场时故技重演，甚至伴有更强的攻击性和挑衅性。

另一方面，家长所顾虑的"打"是同学之间的"打"。生怕孩子刚到一个陌生的环境会被老同学欺负。

根据众多新生到"正知基地"的现场氛围来看，我倒是认为这个顾虑可以反过来，不是我偏袒老同学，而是新同学刚到基地一般都是带着不良情绪的，没地方出气就拿老同学出气。而老同学看着这一幕，回想自己曾也有过此类行为，反倒安慰起新同学来："不用这个样子，这里没有你想象得那么可怕，我刚来时比你刁蛮多了，现在不是好好地站在你面前吗？"

当然，老同学偶尔也会遇到像小颖那样蛮不讲理、脾气暴如雷霆的新同学。为避免冲突，我告诉小颖说："你真想打，周三下午满足你（基地专门开设的格斗实战课程）。"由于时间上的缓冲，给予了一个不良情绪消化的空间。等真要上场"干"起来时，孩子们往往多了一份认真，少了一些痞气。因此，同学之间的"打",能引导其作为自身释放不良情绪的一个出口,在人身安全得以保障的前提下来一场酣畅淋漓的"友谊赛",并不失为一个良策。

如果单纯从惩罚与"打"之间的联系来说,惩罚不等于"打",但不"打"并不代表不需要惩罚。否则,没有惩罚的教育,将变成一种虚弱的、脆弱的教育,一种隔靴搔痒、不负责任的教育。

惩罚作为教育当中的一种手段,要敢于跳出人们的思维定式,"打"的前提必须保护好孩子的心灵,遵循一定的原则进行设计和执行,达到既有大人们所希望的"震慑力",又避免了暴力,成为对孩子具有教育意义的惩罚方式。

当然,如果你坚定认为"我用打骂来管教我的孩子,你看他现在是多么好!"这样的观点非常适用的话,那么此章节你可以不用往下看了。

我听到过很多家长的无奈之语"打也打过了,骂也骂过了,我什么方法都用尽了,孩子却越变越坏了!"

因此,我奉劝这些家长,一定要另辟蹊径。使用暴力、酷刑或是仇恨的方法是无法真正感化一个孩子的。再者,如果"打"真的有用,那也没有必要千里迢迢来到"正知基地"了,直接在家里找几个人打就完事了,一次解决不了,那就两次、三次……

惩罚,应该以人为本,"不战而屈人之兵"。在"惩罚"实施前、实施中以及实施后,我们应遵循如下原则。

第一,排查动机,知悉孩子是否想通过犯错引起大人或老师的关注抑或是别的什么等等;第二,惩罚的原因必须讲清楚;第三,根据故意和过失,初犯和屡犯进行分类惩罚;第四,惩罚趣味化或游戏化；第五，要考虑孩子的个性特点，比如对内向、自尊心过强的孩子可采取间接迂回的惩罚方式，必要时可进行隐性惩罚（如事发时的一个眼神，事后的单独谈话等等），对性格外向、开朗的孩子可采取选择性的惩罚，像罚站军姿、罚背诵、罚值日、罚跑步等，让其自选其一，把主动权交给孩子；第六，这也是最容易被忽略的一条，允许将功补过。

这六条原则，在实际的设计和运用中，可以以一条为主干进行设计，也可以相互交错配合或衍生。总之，其前提必须保护好孩子的心灵。

"正知基地"有一把"戒尺"，摆放在阅读室靠墙的一张桌子上，戒尺的上方挂着一幅字"心平风浪静，志远海天宽"。

一次，小郅上面点课时，偷偷藏了几个包子准备拿回宿舍吃，不想却被逮到个正着。我让小郅在戒尺前站军姿，静看字10分钟。然后让他拿着"戒尺"向拿包子的手自己打自己3下。

你要问痛吗，那是一定的！但孩子的心灵不会受到伤害，心理不会留下阴影。并且我告诉他"打你手的要是别人，力度会让你更痛。"孩子深信不疑（原则二）。

小恶不惩必生大恶（原则三）。如果我任由其继续发展，拿第二次、第三次或更多次，直至影响到其他同学也为之效仿时，然后邀请小郅到会议室，召集所有师生对其进行批判（事实上这是绝大多数学校的做法），把"罪人"的头衔烙印在他心里，这看似公平、公正的方法会对小郅产生很坏的影响，反正我已经被你们认为是这样了，干脆破罐子破摔。

造成孩子心灵创伤的惩罚得不偿失，结果不难想象，孩子将会练就更高明的偷术，公然来与你一决高下。

14岁的小杰到"正知基地"的第一天，"郑老师，我看这里的同学都是'毛毛头'，我这发型昨天才花 298 块染的，你看能不能不剪了，我想留着。"

"好，留着，这么贵的发型，这么好看的颜色，剪了多可惜。留着！"说完，我用坚定的眼神回应着小杰难以置信的表情。

可是 48 小时不到，换我用难以置信的表情看着小杰坚定的眼神，"报告，郑老师，我想把头发剪了。"

问其原因，小杰说："没有时间吹头发。"

我妥协道："哦！你刚来，还不习惯基地的作息时间，慢是很正常的。嗯……这样吧！我多给你 5 分钟的洗漱时间，你再适应一下看看。够了吗？"

面对我的妥协，小杰不为所动。

"怎么了？延长 5 分钟还不够吗？"我询问道。

片刻，小杰支支吾吾说出实情，"郑老师，还是算了吧！不用给我加时间，头发我还是剪了吧，我穿了这身迷彩服再看我这发型，怎么看怎么像个'汉奸'。"

你看，这孩子为了"民族气节"连 298 块钱的发型都不要了。我不让他剪去的话，倒还成罪人了。

当我们与孩子在心理上产生共鸣，情绪、情感上产生共情，找到属于孩子特有的共同点（原则五），就能很轻易地拉近与孩子之间的关系。孩子呢，也能够更容易接受你的观点和好意。心理学上把这个现象称之为"自己人效应"。

因此，为了更好地使孩子成为我们的朋友，更快地融入基地的生活，我们应该充分去利用好"自己人效应"。怎么可能还会用"打"这种排斥性的方法使孩子们与我们产生敌对呢？

现在，我经常还会遇到特别认真地告诉我要"打"的家长，"郑老师，这孩子实在是难管教，不听话你就给我打，我没有意见的，麻烦你了！"我只能安慰道："既然孩子都来了，说明你的方法是无效的，但我还是很感谢你对我的信任。"

大人们通常试图用暴力去制止孩子的那些有害行为，心理学告诉我们"通过鼓励和强化那些不同于不受欢迎行为的行为，那么，许多不受欢迎的行为就能被抑制"。这句话有点儿绕，我举个例子吧。比如，与其因为孩子到处乱跑而打他，不如在他安静地坐着的时候去表扬他。这样，比起惩罚孩子的不良表现来说，对孩子良好行为的强化常常是一种更好的长期策略。

让我感到欣慰的是很多家长也开始渐渐地认同这些观点，并愿意做出改变，只是还未真正踏出那一步，难免会有些担心，这都是正常的。"郑老师，你的理念我认同，但他闹脾气不吃饭怎么办？""我也觉得'打'总不是个办法，毕竟孩子都那么大了，但是郑老师，那么多调皮的孩子在'正知基地'你怎么管呢？"

此问题颇具代表性。我想，就孩子要不要管、如何管的问题深入探讨一下是非常有必要的。

首先，对于孩子的管理，"正知"遵循"有所为有所不为"的原则。例如，当一个小孩子过马路时，这就属于要管的，必须"有所为"。当这个孩子穿过马路来到一个大草坪上愉快奔跑时，就属于不必管的，必须"有所不为"。

但往往我们却看到，很多大人们因担心孩子摔跤，会拼命地紧追其后大声阻止。如果这个孩子摔倒了，大人们又呵斥"不许哭，谁让你不听话。"之类的话。

面对这样的情景，我的看法是，跑就让孩子尽情地跑嘛，哭就让孩子尽情地哭嘛。这都要管的话，谁不逆反呢？

因此，就上述家长所担心的问题，恕我直言，为什么要管呢？是因为要满足个人对权利的欲望吗？还是说家长这一"尊贵"的身份需要时常用对孩子进行管制这样的手段来提醒吗？

孩子不吃饭，绝大多数情况下，说明还没饿够。孩子多，不正好志趣相投的人以群分吗？这些，需要管吗？

再者，难道孩子不吃饭是因为他没有被打的缘故吗？青春期的孩子大多都十几岁了，完全可以平等地沟通嘛，一定非要动手不可？即使你认为他这样的行为是多么地伤害了你，那仅仅是你认为，就像你认为孩子不会和你平等地沟通，并不能代表孩子不能平等地沟通，至少，他可以和他认为能与之平等的人进行沟通，就好像你看他在家时沉默寡言，但与同学在一起时却夸夸其谈。

在"正知基地"，很多地方不需要管照样可以管得很好，正如《道德经》中所言："我无为而民自化，我好静而民自正，我无事而民自富，我无欲而民自朴。"

管与不管之间，在事情发生之前、制度设计之初就可知晓了。比如，"来吧孩子们！今天下午我们自由活动！"我想孩子们是不会拒绝的。当我对一个爱好下棋的孩子说："你不能下象棋，你去打篮球。"如果孩子不喜欢，他完全可以拒绝我。他的不服从是表明他个人的意愿，并没有打扰或妨碍他人。

如果我一再坚持让他打篮球，对孩子来说就是一种惩罚，一种内心的折磨，更无形中多了一筐子的事要管。这时，如果可以对调的话，他宁愿被你打一顿，也要换回下象棋。

但如果我说："来吧孩子们！今天是我们基地举行篮球大赛的日子！让我们预祝大赛圆满成功！"，那么所有的孩子必须参与其中，原本那些不太喜欢篮球的孩子，即使作为啦啦队的一员，也不会感到不适。

再比如，"孩子们，恭喜你们来到了艺术课堂，请选出你的兴趣课吧！"这时，我没有任何理由去干涉他们的选择。如果我让选钢琴的去学画画，让选茶艺的去跳舞，那我真的是闲得慌了，这不是没事找事管吗？

但遇到佳节时，"嗨，孩子们，今年的元宵晚会，需要大家排练一支舞蹈作为我们的压轴节目。"我想那些选音乐和画画的孩子们，会十分高兴地参与其中。

这些都是可以与孩子们产生同理心的策略，以不管而管、无为而为的做法。

啰唆了这么多，就是希望大家能搞清楚管与不管的界限。否则，将会滋生出后续很多需要惩罚的事儿。

毕竟，在管理上所使用的同理心策略能预防很多错误的发生。错误减少了，自然无意义的惩罚就少了。

本章节的题目是《惩罚就一定要打吗》，着重点看似在讨论打这个问题，实则是惩罚。而惩罚的目的是什么呢？是让当事人有所教训，不再犯错。

那么，关键点来了。如果要使受罚者有所教训，不再犯错，不是更应该要使用同理心策略才对吗（原则五）？

但是，绝大多数的人所使用的惩罚方式并没有同理心，其过程还给孩子带去了恐惧，因为他们试图用恐惧感迫使孩子记住此次的教训。

我并不希望要用恐惧的代价去换回孩子的醒悟，那样即使孩子在短时间内能改过自新，但会在未来人生的长路中产生"一朝被蛇咬，十年怕井绳"的心理阴影，这同样也不是惩罚的最终目的。

那些通过制造恐惧压制去惩罚所收到的效果好像是快，但使多少被罚的孩子因元气大损而一辈子没有活力、多少孩子因反抗而性格越来越烈,这些都是无法估量的。

比如,惩罚的时效性就是孩子们所经常面临的恐惧之一,时效性的第一个方面,是等待惩罚的过程。惩罚虽然让人害怕,但等待惩罚的过程更让人惶恐不安。只要错事没有解决,精神上的担忧和惶恐就会一直存在,一方面是犯错者主观造成的,这时思想斗争会非常激烈,心想还不如勇于承认,当下解决来得痛快。这个过程越长,造成的心理症结就越大。另一方面是客观被动造成的,比如"等你老爸回来有你好看的。"

时效性的第二个方面是惩罚结果的跨度。"你这个错误这么严重,还想国庆节买新手机!"当国庆节到了,孩子高兴地嚷嚷着去买的时候,大人提醒他上个月犯的错误时,他除了生气、失望,我想就是后悔改正错误了。因为上个月的事情早就过去了,他不觉得和国庆节的手机有什么关系,觉得自己很冤枉,一点不觉得自己不对,却觉得那个不给买手机的决定非常可恨,甚至感觉有永无出头的无助。这显然违背了惩罚原则的第六条。

我们保证不了自己一辈子不犯错。我们能做的是见微知著地预防、高效对症地解决,而这个解决的过程本身就是传递孩子能否提高对错误认知的最好教程。

从教育心理学角度看,惩罚应该代表着一种智慧。只有当惩罚具有负强化意义时,才能最大限度凸显惩罚的教育价值,例如,服刑人员在服刑期间表现好就减少刑期,而减少刑期又达到增强其继续表现好的动机或目的,这种减刑就属于负强化。

一次晚自习课,内容是军歌歌词抄写。13岁的小圳,字迹龙飞凤舞,潦草不明,显然是不合乎标准的。如果我说:"小圳,你将这首歌的歌词抄写5遍。"这就属于典型的惩罚。这样做虽然小圳抄写了 5 遍，却不见得会用心记住歌词中每个字的字形特点，也发挥不了潜能，因为小圳可能仅仅是迫于我的压力而敷衍地抄了 5 遍。

如果想让这个惩罚具有"负强化"的意义，那么就应该采取虚实结合的策略，具体的做法至少有两种：一是做"加法"，"小圳，你这歌词抄写内容太过潦草，我罚你重写，你先写 5 遍给我看看，如果写得好，就可以了，否则就还要罚你再写 5 遍，甚至更多（原则四、五）。"可以预计，在一般情况下，小圳为了避免让自己重写 10 遍或是更多遍，一定会将歌词认真地重写 5 遍。

二是做"减法"，"小圳，你这歌词抄写内容太过潦草，我准备罚你重写 10 遍。不过，你先写 5 遍给我看看。如果写得好，就不用继续写后 5 遍了，否则就必须写 10 遍（原则四、五）。"可以预计，在一般情况下，小圳为了避免让自己重写 10 遍一定会将歌词认真地重写 5 遍。

这样的惩罚，不仅让他达到练字的效果，而且看着赏心悦目的字还会有一种成就感，心灵上是健康向上的。可见，同是重写 5 遍，后两种做法的效果一定比纯粹只罚小圳抄 5 遍的效果要好。

"正知基地"另一个男孩小成刚 12 岁，135 厘米的身高，瘦小得很，体重只有 25 千克。家里人说这孩子有习惯性的病态偷窃，就在来"正知基地"的前一周，小成入室偷盗，入室后居然在人家的床上睡着了，被主人回来后撞见并当场抓获。屋里被小成翻得乱七八糟，但没有丢失任何东西，小成身上也没有藏任何东西。问其原因，他就是想证明一下自己可不可以偷到东西。

这类孩子多半是因为缺乏爱，与众多缺乏爱的孩子一样，希望通过一些叛逆的方式去引起人们对他的关注。不同的是，小成选择的方式是"偷盗"。

面对这样的情况，需要我们用纠错的心态去让孩子感受爱，而不是让孩子去感知那些令人恐惧的惩罚。惩罚和纠错是两码事，因为小成"想偷"不是真正的动机，想被关注、渴望爱才是目的（原则一）。

我问小成他认为最有存在感的事情是什么？他告诉我是在别人的目睹下把锁打开。当我再追问小成打开之后呢？他说："那就再去打开一把。"

我在小成这匪夷所思的回答中找到了问题的本质和解决问题的关键。小成享受的实则是人们目睹他开锁的存在感，以及开锁成功后那一瞬间的成就感。当锁被打开的那一刻，整个过程带给小成的愉悦也随之结束了。他向世人展现了一个像魔术一般的节目。节目演完后，自己的激情和兴奋感依然存留，并还想演示下一个节目，而下一个节目，就是再开一把锁，仅此而已。

如果锁被小成打开后，并不是结束，而是开始，其目的是锁背后的物品，那这个性质就不一样了，就变成大人们所认为的偷盗了。大人们之所以会认定小成是小偷，一方面是"锁"这个物品本身的敏感程度所致，另一方面是开锁入室的行为使得他百口莫辩。

明白其背后的动机后，对症下药的方案自然也孕育而生了。我从网上购置了一整套"鲁班锁"，各种式样的都有。然后把对小成纠错的过程巧妙地变成一堂堂的"开锁课"（原则四）。"开锁课"是小成在"正知基地"最像上课的课，他全程聚精会神、潜心钻研。有时一堂课研究下来，小成可以解开两三把锁，有时一把锁要研究掉几堂课的时间……

当孩子们慢慢感知到惩罚和纠错的区别，当这些被趣味化、游戏化的惩罚方式使孩子们心悦诚服时，令人意想不到的事情发生了——出现了更多孩子踊跃"自首"的现象，"郑老师，我不小心把您的茶杯打碎了，一直都没敢承认！""郑老师，我和你说啊，我烟瘾犯了的时候真的很想去偷教官的烟！""上次那个跑步的事情，我是故意装病偷懒的……"

原来，错是我们永远发现不完的。惩罚，也是后置的。孩子们从原来的被人发现错，到现在自己主动来承认错，不禁让人感慨当孩子能坦然正视自己的错误时，不正是孩子最大的觉悟和我们该有的期盼吗？

拉封丹有这样一则寓言：南风和北风打赌，看谁能先让行人把大衣脱去。于是，南风用它温暖的风，轻而易举地使行人脱去了大衣，而北风使劲吹，反而使行人的大衣裹得更紧了。南风与北风的故事向我们说明了这样一个道理，做任何事情都要像南风那样，用温暖去感化他们，使他们自觉地敞开心扉，而不应该像北风那样使劲地吹，一味地逞强、逼迫，这样反而会使他们产生巨大的抗拒心理。

当恨和恐惧消除时，孩子便是善良的。

第九节 电话里的"试探"

"过而不能知，是不智也；知而不能改，是不勇也。"
——李觏《易论第九》

孩子们在"正知基地"会经过三个阶段，即适应期、转变期、巩固期。按教务流程，适应期是否结束，将取决于孩子与家人的首次通话表现。

孩子与家人的首次通话，除了要通过老师和教官的综合评估外，还需通过军事一和军事二的考核。可以说，孩子与家人的首次通话，是孩子通过自身努力而取得的，也是孩子能否进入转变期进行测验的一部分。

虽然这通电话代表不了孩子可以结业，但作为信息收集是非常重要的一环，意义非凡。

意义一：阶段性的认可

孩子们刚来"正知基地"时有哭闹的、自残的、扬言报复的……把父母吓得那是魂不守舍、提心吊胆……所以家长能按捺住内心的焦灼等到孩子的这通电话，是值得我们大家高兴的。"正知基地"的工作得以顺利展开，这和家长的信任与支持是密不可分的。

孩子们在得知能与家人通话时，往往是在通话前的几分钟。不事先告知，这是因为"正知基地"需要孩子最真实的情绪表达。正因如此，绝大多数的孩子往往在拨出电话号码之后，电话里的"嘟嘟声"和泪水并存。

拿"正知基地"的几个孩子接通父母的电话为例，小廖接通妈妈的电话便迫不及待地说："妈妈，下次我们见面的时候，我打军体拳给你看。"小白则不断地叮嘱爸爸说："爸爸，能来基地看我了，我要炒菜煮饭给你吃。"小炜说："奶奶您寄点零食给我，我想分享给同学们。"……孩子们有的泣不成声，有的分享着在"正知基地"的趣事久久不愿挂电话，有的挂了电话需要很长时间去平复心情，有的则更坚定了学习的目标……

电话里，孩子们是非常渴望得到家人们的认可和鼓励的，认可孩子从 0 到 1 的成绩，鼓励孩子去完成 1 到 2 到 3 的考核。如果这通电话家人继续翻着旧账，"你想想你原来的样子，现在知道错了没有？""看你现在还想玩手机游戏没有啊……"而忽略了对孩子点滴变化的认可，那么孩子只能演出你想要的样子。

巧的是，恰恰也是这类家长会经常担心如果孩子回去后没过多久又变回原来的样子怎么办。

这是无法改变的客观事实，孩子身处的家庭氛围不会因我们的意志而改变。所以，这个答案即使是家长非常不愿意听到的，也无法改变它存在的事实。

"正知"能做的唯有让孩子不断强大自己去适应各种环境、理解各种环境以及包容各种环境。

意义二：真伪度的测验

"正知基地"一直都是卧虎藏龙之地，很多孩子的演技不亚于那些"影帝"。

"我真的知道错了，你赶快来接我，我要回去读书。"小涛语出惊人。

这是小涛与妈妈的首次通话，那边一接通，小涛这边就"报喜"了，连"妈"都省了。我相信换作任何一位家长接听到这个喜讯，都会开心得下巴都要掉了。

就在我万分担心电话那头会回复"好的，孩子，明天我就去接你回来读书！"时，小涛妈妈睿智地说："不行哦，你原来就是不想读书，妈妈才找到一个不读书的地方，我费了好大的劲好不容易才找到了，你不能让妈妈的辛苦白费啊！"

"我真的想读书了，我想读书了啊！"小涛重复着。

"那你经过'基地'的考核了吗？"小涛妈妈巧妙地转移话题。

"考过两个了，还有 6 个。"小涛嘟着嘴答道。

"那恭喜你啊，继续加油！"小涛妈妈鼓励着说。

但小涛依然不依不饶继续重复说："我想读书……想读书……"

小涛妈妈打断他道："好啦好啦，我直说吧，你原来那个学校回不回得去还不一定呢！就算你想读书，我也需要时间帮你去打听打听啊！你也赶紧把'基地'剩下的考核争取都过了。"

"哦！"小涛不停地挠着头应着。

道高一尺魔高一丈，小涛妈妈得受到多少次小涛油嘴滑舌的蒙骗才能练就今天这身道行啊！当然，小涛在日后也没有让妈妈失望，根据自身的语言优势，结业后选择了播音主持这个专业继续前行在学业的正道上。

孩子在"正知基地"的成长阶段性表现，会在这通电话结束后泾渭分明，形成分水岭。要么延长适应期继续小心干预、求证，要么进入转变期参与目标建设。事实上，那些顺利进入转变期的孩子，往往不会在电话里想尽理由、找尽借口、吵着闹着要回去。

还有一个十分有趣的现象，那些次次在电话里哭得死去活来的孩子基本也是伪装的。有时他们装得太入戏都忘记了停止，从头哭到尾，生怕一停就露馅了。可当电话一挂，抽泣马上就没了，连缓冲都不用。而那些电话里不哭的，特别是第一次通电话不哭的、眼眶里都没湿的孩子也需要十分小心地对待。倒不是"基地"不愿意去相信孩子，而是，有结果的行动要比口头的保证更具说服力（下节中小怡的案例就是最好的说明）。

遗憾的是，一部分父母却在这些电话里因为左一句"妈妈，我知错了，我不玩手机了……"右一句"爸爸，我想通了，我要去读书……"而动摇了，认为孩子懂事了，蜕变了，这就给之后的"家长会"埋下了隐患。

更夸张的是，个别家长在电话里居然明确告知孩子"某月某日接你回家"。哦！我的天哪，因为孩子的一句话，就忘记了曾经为什么把孩子送来"基地"。这样的做法，只会让孩子觉得自己在"基地"改不改都没有关系，只要我说服爸妈带我回去就行。对其他同学也造成恶劣的影响，会认为他为什么在打完电话后，连考核都没有过，就可以离开了呢？这无形中给"基地"的教务工作带来了很大的阻力。

面对这样的家长，我只想说这样就相信孩子已经改好，从"基地"接回孩子的话，不是大人太善良，就是孩子太狡诈。

意义三：一对一教务方案定向的依据

一个人在对周边所有的一切都感到陌生时是无法有安全感的，就像开车进入一个陌生的城市会不自觉地警惕起来。

叛逆青少年在安全感没有储存的前提下是绝不会进入自我

改变程序中的，因此我们必须允许孩子有一个适应期的存在，在适应期中去一点一滴地帮助孩子建立其自身的安全感。环境的、人际的、行动的、思想的、生活的等等。

孩子的安全感在适应期时多么强烈，那么衔接转变期时的矫正工作就会多么顺畅和自然。同时，孩子在适应期当中的一切表现，都将作为下一阶段一对一教务方案定向的依据。

适应期的课程，一般情况下3到4个月完成是没有问题的。但有些家长却认为3到4个月的时间足以让孩子完成蜕变，返回学业了。

当然，我比任何人都希望如此，我更希望孩子像手机或是电脑那样刷一次机或更新一次系统就好了。但他却是一个有着独立思想的人，并且他的思想近期还有些叛逆。

我们明白养成一个习惯理论上需要21天，那么我们根据此理论来核算一下，在"基地"4个月120天的适应期里能养成多少个习惯？ $120 \div 21 \approx 6$。理论上，一个孩子在适应期可以养成6个习惯。

当然，这里指的是养成6个好习惯。为什么这么说呢？我们不要忘了，孩子是因为有不良习惯才来到"基地"的，那请问，在养成这6个好习惯之前，是不是先把坏习惯改掉？

假设这个孩子的坏习惯也是6个，那么养成6个好习惯的时间刚好用于去掉6个坏习惯。这么看来，即使没有多养成6个好习惯，能去掉6个坏习惯那也是有进步的。

需要我们重视的是如果你单纯地以为这些坏习惯代表着孩子的全部叛逆现象，那就大错特错了。这里的习惯是特指一个人的行为习惯[1]。

在孩子的叛逆思维中，还存在着诸多反社会、偏执的情绪和思想，这些三观的构建、心理症结的疏导比单纯行为上的习惯复杂得多，毕竟我们没法给孩子植入一块芯片，输入程序，然后就达到目的了。

正如本章第一节中所提及，在针对孩子整体蜕变的时间周期上，适应期是以孩子的行为矫正为主，心理疏导为辅；在孩子进入转变期后，则以心理疏导为主，文化摸底为辅；而进入巩固期时，重心则放在如何建立孩子的学习目标上。

因此，不是所有孩子都能在仅仅几个月中获得足够的进步，一些孩子需要 1 年甚至更长的干预周期，来矫正他们长期不良的非常顽固的错误认知和行为模式，比如那些已经在社会上可以通过不正当手段获取经济来源独立生活的，或是已经成为某些组织头目的孩子等等。甚至，有些患有严重心理障碍的孩子则可能需要更长时间的定期治疗来保持稳定性。

所以，这通电话，是孩子来"基地"后真正意义上的三方汇集。

孩子、家长、"基地"，在这通电话结束后，都将收获各自等候已久的果实。

本节注解：

【1】行为习惯：分为三大类，即生活行为（如早起早睡、洗澡洗衣、坚持运动、饮食规律等）；学习行为（如马虎、粗心、不专注、依赖性强等）；人际交往行为（如没礼貌、说粗口、社交恐惧、师生关系等）。

第十节 "家长会"的演技

"过而不改，是谓过矣。"

——《论语》

本章节开篇前，让我向能耐心等候、如约参与"家长会"的家长们致一声谢，谢谢你们！谢谢你们对"正知"的信任，孩子能得以不断蜕变，与你们的全力配合是密不可分的。

如果说孩子与家人们的首次通话是一道"开胃菜"，是孩子在"基地"的适应期与转变期的分界线，那么孩子与家长们的首次"家长会"，则是"拿手戏"。同时，也是能否可以提前进入巩固期的试金石。

在首次"家长会"来临前的日子里，大部分家长都会出现担忧、焦虑、不安等情绪。有些家长是首次与孩子分离这么长的时间，担心孩子适应不了；有些家长是睹物思人，想时刻看到孩子的一言一行；有些家长则是因人思人，说："我二宝、三宝在幼儿园，老师都时时拍视频给我们看，大宝在你们那儿，你们也可以拍视频嘛！"

家长的这些要求都是人之常情，属于正常范畴，完全可以理解。当然，也有令人难以理解的。比如个别家长因爱子心切提前进入了"家长会"。这些家长在明知孩子刚到"基地"不久，情绪处于极不稳定的状态，并不适合开"家长会"的情况下，却依然不顾"基地"的善意提醒，一味地强行与孩子见面。

最终，家长的思子之情是了却了，孩子却被惹得一顿焦虑、烦躁，给"基地"教务工作带来不小阻力不说，严重干扰了孩子的心境。

按"基地"常规的教务进度，孩子在与家长首次通话后，就临近厨艺课程考核，待厨艺考核通过后，就酌情安排"家长会"了，除非孩子没有通过考核或是孩子出现了严重的违纪行为导致"家长会"延后。

临近"家长会"前，"基地"会在"家长交流群"里分享两段文字。一段是建议，一段是流程。我们先来看看建议的内容：

孩子的蜕变离不开老师、教官的引导和教育，更离不开家长的支持和鼓励！

所以见面之后，建议家长：

1. 多鼓励和认可；

2. 当孩子问什么时候可以回去时不建议家长给出明确的时间，任何时候都要告诉孩子要通过自己的努力去争取；

3. 时光不会倒流，建议不要老算旧账，多引导孩子对未来进行规划，协助孩子设定目标；

4. 少讲多听，让孩子多发表，自己多倾听；

5. 先认同，再引导；

6. 像一位许久不见的老朋友一样相处。

此段建议，在家长参与"家长会"时，具有至少两点预防意义，一是预防家长看到孩子撒娇时出现动摇；二是预防家长听到孩子撒谎时心软。

另一段文字是"家长会"的见面流程：

1. 早上 10：30 左右到；

2. 家长与孩子单独沟通至 11：00；

3. 11：00 之后孩子去做饭菜，然后家长与老师沟通；

4. 12：00 家长与孩子、老师一起共进午餐；

5. 家长与孩子、老师一起沟通至 15：00；

6. 见面结束。孩子继续下午的课程。

如果家长上午的时间不合适，那么就安排下午：

1. 下午 16：30 左右到；

2. 家长与孩子单独沟通至 17：00；

3. 17：00 之后孩子去做饭菜，然后家长与老师沟通；

4. 18：00 家长与孩子、老师一起共进晚餐；

5. 家长与孩子、老师一起沟通至 19：30；

6. 见面结束。孩子继续晚上的课程。

"正知基地"实施的是军事化全封闭式管理。孩子与家人 4 个月左右未曾见面，如果规避措施不到位，那么"会见通信心理效应"[1]中消极的一面就会很容易地滋生出来。当一些家长在面对孩子出现的消极现象时一旦心软或动摇，那么辛苦几个月的适应期基本算是白费了，更有甚者来一句"好吧！宝贝，既然你说这里这么苦，那我们回去吧！"就彻底完蛋了。结果到家后一回过神儿来，突然一想不对啊！"宝贝，你说'基地'很苦，那你和我说说怎么个苦法？"

"嗯，不能睡到自然醒不是苦吗？""手机没得玩不是苦吗？""军姿站得我腰酸背痛不是苦吗？""洗个澡都要规定时间不是苦吗？""连妆都不能化、肯德基也没得吃不是苦吗？""引体向上拉得我手都快起茧子了不是苦吗？"等等！

如果正在阅读本书的家长也认为这是苦的话，那么请你把这本书扔掉，现在就扔掉，扔得越远越好，我们之间根本无法沟通，我只能不客气地说你让孩子的"阴谋"得逞了。不过话又说回来，这也不能怪孩子，也怪不了孩子。孩子没有到巩固期时，出现逃避、伪装现象实属正常。要解决"家长会"家长与孩子的"交锋"中处于被动的情况，唯一的办法就是家长也要一同成长。

孩子在"基地"的适应期，同时也是父母在家的成长期。这期间，并不是非得要父母一改之前与孩子的相处风格，但如果还是一如既往的话，不仅自身的焦虑、不安、担心会在"家长会"上卷土重来，甚至有些家长的不良情绪状态会比孩子来"基地"之前更糟糕。显然，这并不是我们所希望看到的。

面对家长的这种过度担忧，我常常会向家长提出自己的困惑，请问你的孩子来到"基地"，难道都比不上原来天天在外瞎混、夜不归宿或网瘾抑郁来得安全吗？如果说你是因孩子深陷泥潭无法自拔而把孩子送到"基地"，那我告诉你，不敢说孩子一来到"基地"就立刻会"上岸"，但至少可以肯定的是从孩子来到"基地"的那一刻起，将不会出现继续沦陷的情况。

还有一些家长发来的信息、打来的电话无不彰显着对孩子的关心，"我儿子在那能不能吃饱啊？""有没有闹情绪不吃饭啊？""孩子在家时从小到大都不穿保暖衣裤的，你们要督促他穿厚点哦！""我孩子在家都是通宵玩手机的，到'基地'没有手机玩了，晚上睡得着吗？""孩子性格比较偏，脾气比较大，你们要让着他一些啊！""我可不可以寄一些零食过去？""老师，我孩子有和同学聊天吗？""孩子在家经常不刷牙，你们要严格要求。"等等。

如果有一道选择题，需要把这些信息与三个家长群进行匹配：A幼儿园家长群；B小学生家长群；C中学生家长群。你会作何选择呢？

没错，这些家长把一个青少年成长基地当作是幼儿园了。这种过度为他人操心和受他人影响的心理情绪，在心理学上称之为"心理卷入程度过高"[2]。如果长期不自我控制的话，会导致心理问题或人际关系障碍。

此现象在父母身上尤为常见，一旦孩子有点不如自己所预期的，就搞得自己很郁闷。因此我常常建议这类家长可以借着孩子在"基地"成长的时间段里全身心地让自己好好放松放松、调整调整。孩子饿了自然会吃、冷了自然会穿、困了自然会睡……这些人与生俱来、不学自能、不教自会的事情，却成了当今父母最担心的问题。

在科技越来越发达的当下，大人们对孩子的关心却越发地超出了人类机体本能的下限了。大人们的这种"心理卷入程度过高"的操心、担心、关心、爱心……这些看似对孩子费了不少"心"的做法，不但没有促使孩子达到自己的期望值，反而常常被精明的孩子所利用，明明自己是条鱼儿，偏偏演得让你去担心他"不会游泳"，明明自己是条"龙"，偏偏演得像条"虫"。

所以，我们会看到这样的场景，一些孩子把首次的"家长会"当作自己故技重演的"片场"。想着"我赌一把，赌成功了我就可以回去了！"

小怡爸爸到"基地"参加首次"家长会"，在孩子去做饭时欣慰地对我说："郑老师，小怡刚才说她想学习文化知识了，让我把她的文化课本寄过来。"

"哦！"

"真是非常感谢你们的辛勤教导啊！"

"客气啦！"

"你看这孩子都想着要学文化课了，我是不是应该帮她找学校了啊？郑老师你觉得哪个学校比较好，可以推荐一下吗……"小怡爸爸迫不及待地说着。

"哦，这样吧！小怡爸爸，书呢，你可以先寄过来；学校呢，你也可以先访着。不过，小怡想上文化课的这个想法，不是今天从你口中得知，我确实还真不知道。"我说道。

"啊……郑老师你不知道啊？"小怡爸爸不可思议地看着我说。

"哦！小怡爸爸，真不好意思，我天天跟孩子们在一起，这么值得高兴的事我居然没有察觉到，是我工作上的疏忽。这样吧，既然孩子有读书的想法，我们一定大力支持！关于小怡文化课的摸底工作我马上安排，明天就进行，你看如何？"我建议道。

"好啊好啊！那太感谢了！"小怡爸爸如释重负地说道。

一个多月后，小怡爸爸给她来电说："小怡，现在怎么样了？你和爸爸详细说一下学习情况，我也好综合考虑一下是复读还是继续跟读？喂！小怡，在听吗？"

小怡沉默了一会儿，五味杂陈地说："爸……对不起！"

"怎么呢？孩子！别哭，什么情况？来，和爸爸说，慢慢说。"小怡爸爸安慰着。

"爸……对不起！我尝试了一个多月，真的……真的学不下去。"小怡说着说着就抽泣了起来。

"为什么呢？你要加油啊，你不要有什么思想负担，慢慢来，我相信你可以的。"小怡爸爸鼓励道。

"爸，对不起！真的对不起，原以为我跟您说我想读书了您就会接我走的。爸，对不起，我不应该骗您！"小怡哭着说。

"啊！这孩子……你……"

宁要诚实的谎言，不要虚假的坚持。

虽然小怡的文化课最终没能学进去，但这件事唤醒了孩子善良的天性，其内心涌现出的自责、愧疚的情绪形成的"情感记忆"对小怡来说是具有蜕变的积极意义的。

"正知"的生活，没有一天是无聊的，每天都有很多"功课"要做。不是这个装病出不了早操，就是那个捂着胸口说阑尾炎犯了不能跑步，当我说阑尾不是长在你捂的那个地方时，又灰头土脸地屁颠屁颠去跑步了。还有孩子偷拿红色的食用色素回到宿舍挤在自己的大便上，说我拉血了！然后第二天挤在嘴里说我吐血了！更有甚者，装咳嗽的、演失语的，还有说自己得艾滋病了的，目的就是不想训练。还有本章第七节中谈到的小董，就是淡定地肚子痛和腿软的那位，在家是隔三岔五肚子痛和腿发软，来了"基地"第一天是好的，第二天就"旧病复发"了并延续了一个多月。在这一个多月中，搀扶他的同学由开始的勤勤恳恳，渐渐地发现事情不对劲了，都说"这内心也太强大了，这都能装"。

在"基地"，永远有事情发生着。孩子们无时无刻不在试探着你的底线，但我们必须知道，孩子们又是可爱的，当他们碰钉子遇到困难时，随即采用撒谎的方式是孩子的自我保护本能。我们唯有做到宠辱不惊，才可金刚不坏。当然，这么做的目的不是让孩子与我们形成隔阂，这是相互了解的一种形式，就像孩子的多变性一样，如果他们有 36 变，我们必须有 72 变的本领，才能令他们感到有挑战性，才能走进他们的心里。

12 岁的小雨，首次"家长会"上要起了性子，"爸，我不想待在这里了，这里有人打我。"

"打你？谁打你？"小雨爸爸问道。

"好多，教官同学都打我！"小雨说着。

小雨爸爸听到前一句时还是很平静的，听到好多就不淡定了，对我兴师问罪起来，"郑老师，这是怎么回事啊？"

"噢，有这种事？好吧，既然你我都不是当事人，那我们请当事人把情况捋一捋。"我对小雨爸爸说完后望向小雨，"小雨，来，先说说同学吧，同学为什么打你啊？"我拍着胸脯打抱不平地说道。

"嗯……嗯……他们嫌我搞卫生慢，所以打我！"小雨低着头说道。

"哦，这样啊，那是怎么打的，你学着他们的样子在我身上打一下，打的位置和力度都得一样哦！"我说着。

小雨有些推脱，但在爸爸的鼓励下，还是伸出了食指和中指，像武侠片中的点穴大法一样，学着同学的样子在我的背上"打"（戳）了一下。

"好，那教官又为什么打你啊？"我问道。

"我在做俯卧撑的时候姿势不是很标准，所以他就打我！"小雨依然低着头说道。

"哦！好，那你是哪里不标准？教官又是怎么打你的？像刚才一样在我身上再示范一遍吧。"说完，我模仿小雨做俯卧撑的姿势等候着。

小雨脱下帽子，"啪"的一声，落在了我高高翘起的屁股上，还不忘学着教官的语气,"说了多少次了,还翘这么高!"

感谢小雨爸爸耐心看完这个演示,也感谢小雨没有添油加醋地去夸张事实。孩子很聪明,他知道如果继续撒谎演下去,势必会有更多的人参与进来(比如教官、同学们过来对质)。一个人的本能,是不会让自己处在敌众我寡的境地的,更何况还是心虚的状态。当时我就在想,如果小雨爸爸没有把他接走,这孩子往演艺方面好好培养一下还是不错的,如果接走了,我真不知道要成全一个孩子成为"问题少年",是否还有比肆意纵容他更好的办法。

那天,我把"正知"与孩子结缘的立场单独和小雨的爸爸又重温了一遍,告诉他"基地"的每一个孩子,何时到来,"正知"不强求;何时离开,"正知"不强留。中肯地告诉小雨爸爸孩子离开与否的决定权在于家长。并强调了刚才的示范说:"如果你觉得'基地'的纠错方式和教育形式不妥,我们真诚接纳你的意见或建议,同时,也接受你现在把孩子领走的决定。"我说完,小雨的爸爸紧紧握住我的手再没说什么。

最近,一对夫妻共同送孩子来到"基地",孩子撒泼不下车,好不容易下来了,父母又不忍心了,迟迟不愿离开,并且出现了明显的分离焦虑状态,我问孩子爸爸:"你在担心什么?"

孩子爸爸长吁一口气说道:"担心孩子会恨我们。郑老师,你让我缓一下,我在这多待一会儿,多感受一下。"

我沏了一壶茶,说道:"好的,你慢慢缓一缓,在你缓的时候可以思考一个问题,你是希望孩子现在喜欢你们以后恨你们呢,还是希望现在恨你们以后感激你们呢?"

"我宁愿他恨我,我也要阻止他衣来伸手、饭来张口、钱来就飘走的生活。"半晌后,孩子爸爸留下这句话毅然离开了。

其实，孩子与"正知"彼此的缘分，家长和"基地"相互的信任，在每每接到家长的咨询电话那一刻起，就已转化成一份责任。我建议每一位家长在做出决定之前，一定要到"基地"实地考察，亲自感受一下这里的氛围、环境以及教学理念。另一方面，也只有通过面谈，才能更真切地感受和具化出孩子的段位，并给予更符合实际的针对性意见，哪怕孩子最终并没有来到"正知"。

在众多家长中，有一位善良的母亲，小海的妈妈，"家长会"的第二天特意打来电话说："郑老师，小海说在'基地'没有袜子穿，没有鞋子穿，让我给他20块钱，说是买袜子买鞋子。"

哦！天哪！"基地"一不经营此类商品，二没有学员外出采购安排，要钱纯属无稽之谈。袜子、鞋子以及其他日常生活用品，都是自行登记领取，在结业时统一结算的，这些事情在家长和孩子第一天来"基地"时就已经告知了。但凡这位妈妈在"家长会"当天对孩子深究一下，或是与"基地"及时沟通，当面澄清，也不至于让这20元钱孤独地待在"基地"。不得不说，这都是大人们过度善良、盲目心软的结果。

当然，与孩子们的"演技"相比，我希望家长同样能做出榜样，如实向"基地"说明孩子的情况，避免错过孩子最佳的可塑时机。

一次心理课上，16岁男孩小明无意间的一句话着实让我懵了圈，"基地比精神病院好多了，就是不能玩手机，如果能玩手机那就完美了。"

原来，在小明来"基地"之前，被妈妈强制带去精神专科医院住了一个多月。不仅如此，他还在其他的脑科医院陆续住过。而小明妈妈对"基地"却隐瞒了孩子的这些经历。后来向其求证时，小明妈妈才解释说担心"基地"知道了此事不予接收，去精神病院是病急乱投医，当时不得已而为之，结果出院后孩子更叛逆了。

事已至此，埋怨没有任何意义。尽最大能力去帮助小明才是上策。考虑到小明在精神病院的经历对小明的认知有一定的影响，已然形成了图式[3]作用。因此"基地"为小明重新制定了一系列的针对性方案，渐渐地，小明的情况有所好转。

正当大伙都在为小明的好转感到高兴并有信心让"基地"成为小明重返校园的最后一站时，让人意外的是小明妈妈之前那些弄巧成拙、自以为是、丝毫不考虑孩子是否留下心灵创伤的做法在"基地"又上演了一次，小明妈妈突然心血来潮要接孩子回家，说是让他回去读书了……她不管小明是否达到了返校的条件，也不在乎孩子的情绪、感想，甚至孩子的目标是什么都还没有搞清楚。不顾"基地"的再三建议，小明妈妈依然在明知不可为而为之的情况下强行把小明接走了。结果，孩子刚回到家，就问妈妈要手机，说"我宁愿去精神病院玩手机也不去学校。"

一粒种子，春天发芽，秋天收获，这是自然规律。可偏偏在夏天正蓄力成长，刚冒出一个小果苞时，就被盲目地摘掉了。

为此，我感到很痛心、很遗憾，甚至还有一种茫然的挫败感。

但我坚信，更多的家长给予"正知"的是鼓励、理解、包容和支持。

最后，以一篇《随感》作为本章的结束，这是在 2021 年国庆节，已结业的孩子回"基地"看望我时有感而发所作。

青少年叛逆与超越

随　感

斗智斗勇莫斗气，防盗防骗拼演技；
若让孩子真心服，技高一筹压群雄；

喜怒哀乐各种品，悲欢离合均得尝；
若要孩子真心改，一身正气造情境；

知己知彼战不殆，寓教于乐需因材；
若使孩子真心爱，上善若水备德才；

正本清源金不换，厚德载物睿智还；
若想孩子真心悔，知行合一重头来。

本节注解：

【1】会见通信心理效应：指当事人在封闭式管理期间与亲属、朋友通信以及接受探视等产生积极或消极影响的现象，这里特指的对象为心机非常严重、价值观严重扭曲的个体。

此效应包括积极现象和消极现象。

积极现象表现为缓解消极心态、满足物质和精神需要、强化当事人积极改造的意识。

消极现象表现为通信、会见中传递的消极信息会造成当事人的心理负担，家人、朋友过多地寄钱、赠物，可能助长其享受心理；通信、会见中，少数家人、朋友与当事人之间相互传递各种理由、借口等消极信息，使其产生不认真进行改造的投机取巧心理。

【2】心理卷入程度过高：过度为他人操心和受他人影响的心理情绪，被称为"心理卷入程度过高"。

例如，在人际交往中，有人会过分地关心朋友的事情，朋友遇到困难了，他比朋友还忧心忡忡；朋友办事出现失误，他比朋友还内疚和自责。

心理卷入程度过高的人，很容易受到外界环境的影响，总是把自己和周围的环境联系在一起，导致情绪波动大，行为控制不当，进而出现心理问题或人际关系障碍。

【3】图式：是人脑中已有的知识经验的网络。另外，图式也表征特定概念、事物或事件的认知结构，它影响对相关信息的加工过程，用来组织、描述和解释我们经验的概念网络和命题网络。

认知心理学家认为，人们在认知过程中通过对同一类客体或活动的基本结构的信息进行抽象概括，在大脑中形成的框图便是图式，例如个人图式，指我们对某一特殊个体的认知结构。

图式的主要作用：

a.影响注意力的选择

个体知觉他人，往往与图式有关的信息处于注意力的中心。对认知对象的选择，认知者未必能注意到。

b.影响记忆

个体在社会知觉中记住的往往是对他有意义的或者是以前知道的东西。

c.影响自我知觉

个体会根据已有的自我图式加工有关自己的信息。自我图式是个体在以往经验基础上形成的对自己概括性的认识。

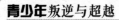

d. 影响个体知觉

个体知觉他人，看到的往往是他想看到的东西，即个体倾向于用图式解释知觉对象。

第二章

尊重禀赋的天性
发掘持恒的兴趣

"少成若天性，习惯如自然。"

——孔子

"夫设官分职，所以阐化宣风。故明主之任人，如巧匠之制木，直者以为辕，曲者以为轮，长者以为栋梁，短者以为栱角；无曲直长短，各有所施。

　　明主之任人亦由是也：智者取其谋，愚者取其力，勇者取其威，怯者取其慎，无智、愚、勇、怯，兼而用之。

　　故良匠无弃材，明主无弃士。不以一恶忘其善，勿以小瑕掩其功；割政分机，尽其所有。然则函牛之鼎，不可处以烹鸡；捕鼠之狸，不可使以搏兽；一钧之器，不能容以江汉之流；百石之车，不可满以斗筲之粟。何则？大非小之量，轻非重之宜。

　　今人智有短长，能有巨细，或蕴百而尚少，或统一而为多；有轻才者，不可委以重任，有小力者，不可赖以成职。委任责成，不劳而化，此设官之当也。斯二者治乱之源。"

——《贞观政要》

　　自古，术业有专攻，引用《贞观政要》的一个选段作为本章的开始，旨在让我们更好地认知到，人无全才，我们无须人云亦云地去追求所谓一时的流行而摒弃了自己的优势和长处。

　　人才的多样化是社会发展的客观趋向，国家所需如是，学校所教亦是，自身所学甚是。为了大家更直观地了解其意思，我把以上选段大意附录如下：

　　一个国家设立百官，分封职守，是用来阐明德义，教化万民的。所以圣明的君主任人选官，就好像能工巧匠制作木器一样，直的就用它做车辕，曲的就用它做车轮；长的就用它做栋梁，短的就用它做拱角；无论是曲的、直的、长的、短的，都能派上用场。

圣明的君主任用人才，和能工巧匠选用木料是同样的道理，智慧的人就采用他的谋略，愚笨的人就使用他的蛮力，勇敢的人就运用他的威武，胆小的人就利用他的谨慎，无论是聪明、愚笨、勇敢还是胆小的，都会全面考察来任用他。

所以，对于一个良好的工匠来说，没有无用之材；对于一个圣明的君主来说，没有无用的人。对于一个人，不能因为他做了一件坏事，就忘掉他所做过的好事；也不能因为他有一点小的过错，就抹杀掉他的功绩，应该根据不同的政务，分设不同的职能部门来管理，尽量发挥他们所具有的能力。不过，能装下一头牛的大鼎，就不适合用来煮鸡；狸猫只能捕鼠，就不用它去与猛兽搏斗；只能放三十斤东西的容器，不能让它去容纳长江和汉水；能装一百石粮食的车，如果你只放几斗粟米，那么它就不能装满。这么说来，大的东西不能用小的标准来衡量，轻的不能当成重的用。

今天，人与人的智慧各有长短，能力有大有小。有的人兼做很多事务还感觉少，有的人只承担一项事务却觉得很多。对于才能疏浅的人，不能让他担当重任；对于能力不大的人，不能把要求能力大的职务托付给他。如果委任的官员都能够胜任，不用过分操劳就能把国家治理好，那说明设官分职、任用人员是妥当的。

用人得当还是失当，这是国家大治或是动乱的根本原因。

还有一段关于李世民与众宰相的经典对话，同样彰显了人才各异、术业专攻的重要性。

贞观四年（公元 630 年）十二月，李世民举办了一场宴会，邀请了当时政事堂的所有宰相出席。

酒过三巡之后，李世民忽然用一种闲聊天的口吻对侍中王珪说："爱卿见识深远，而且口才又好，现在就请你从房玄龄开始，对在座诸位一一评鉴，最后也谈谈你自己，看看你的才能跟他们比起来如何？"

王珪略微沉吟，而后环视众人，有条不紊地说："孜孜奉国，知无不为，臣不如房玄龄；才兼文武，出将入相，臣不如李靖；撰写诏书和奏报事务，详明而公允，臣不如温彦博；处理繁杂和紧急之务，妥当而周到，臣不如戴胄；耻君不及尧舜，以谏争为己任，臣不如魏徵；至于激浊扬清、嫉恶好善，微臣与在座诸位比起来，也算是略有所长。"

李世民听得频频点头，深以为然。众人也大为叹服，承认王珪确实都说到点子上了。

实际上，李世民的这种做法就是今天管理学中所谓的"人才测评"。国家的建设发展和富饶强大关键在于人才，人才的基础在于教育，教育的本质在于因材施教。

要做到"因材施教"，首先就要充分了解孩子的天资禀赋，然后通过平时考察孩子的品质、询问他的志向、观察他的行为等途径综合分析，最后才能有的放矢地进行施教。

第一节 "正知"的一天

"天将降大任于是人也，必先苦其心志，劳其筋骨，饿其体肤，空乏其身，行拂乱其所为，所以动心忍性，曾益其所不能。"

——《孟子·告子下》

"正知"对外界来说，一直充满着神秘感。为了让大家充分了解孩子们蜕变的成因，以及对孩子在基地的学习、生活有一个立体式的感观，先来看看"正知"的一天，我认为是十分有必要的。

清晨6：40，起床。

"嘀……嘀……"

一声清脆的哨响划破清晨。

一群不平凡的孩子紧张而又充实的一天开启了！

宿舍里，孩子们如跳蚤般从被窝里腾空跃起，穿衣系裤、刷牙洗脸，整装叠被……都在与时间赛跑着。

只有起床困难户的新同学们此时正擦拭着口水，愕然地看着这一切……

6：50，早操。

"嘀……嘀……"

哨声就是命令。

孩子们迅速地向集合目的地——训练场跑去。

"立正！向右看齐，向前看，报数！"早已等候的教官声如洪钟、音调铿锵地发出指令。

"1、2、3、4、5、6……满伍！"

"全体都有，成早操队形散开！"

教官带领着大家，像往常一样，对颈、肩、胸、背、腰、膝、腿等身体各部位和关节进行晨跑前的热身运动。

"全体都有，两列，向右看齐，向前看，向右转，跑步走，1——2——3——4，123——4，1——2——3——4……"

伴随着大伙儿嘹亮的口号，队伍整齐地跑步行进着。

只见几名老生，自发地拿起跑道旁的轮胎斜挎在肩上负重前行。而那几名新生，和所有刚到基地时的老生一样，跑出两三百米后，就双手撑着膝盖气喘吁吁了。

不一会儿，汗水开始在孩子们的额头上密密麻麻地渗出，马上便凝聚成黄豆般大小、顺着发鬓滑下脸颊……

7：20，收操，内务整理。

收操回到宿舍后，各宿舍有的人声鼎沸，有的井井有条，有的慌乱一团……原来，组长们（亦兼宿舍长）正紧锣密鼓地统筹部署着一项重要任务——内务整理。

这项任务与"流动红旗"息息相关。

如果宿舍近日没有新生参与的话，争获"流动红旗"的荣誉，各宿舍是势均力敌、不分伯仲的。

如果宿舍有新生参与，那么组长要把这个"短板"以最快时间提升为"长板"，使整体战斗力得以发挥到最高水平，才能有望得红旗。

　　在"短板"变"长板"的过程中，组长带着"短板"观摩各组员的分工区域，不厌其烦地讲解和示范各区域的实操流程和标准（如牙刷、杯子、毛巾如何摆放，擦窗的顺序、拖地的姿势，被子的"豆腐块"叠放标准等等）；甚至牺牲午休的时间陪"短板"组员不断地模拟练习等等。

　　正是这段密集的相处，为日后更有默契的工作打下了坚实的基础。而组长对"短板"组员无微不至的照顾，也使得新生与组长之间的深厚感情得以萌芽（可在第三章第四节当中窥见一斑）。

　　一些结业许久的孩子，每每回"基地"看望时都感叹不已，"忘不了，我亲爱的组长；忘不了我们在这里生活的每一天，那一年我们朝夕相处，一起读书，一起训练，一起迎着困难而努力，一起为流动红旗而拼搏……"

　　7：40，检查卫生、厨艺早课。

　　"嘀……嘀……"

　　熟悉的哨声再次响起。

　　此时，孩子们无论是否已经做好内务卫生工作，都得放好手中的抹布和拖把，带上装备（帽子、腰带、水壶）赶往集合地点。

　　"组长出列，检查卫生！"

　　"是！"

　　组长们在教官的带领下穿梭于各个宿舍之间。组长中，一名专门负责记录，其余组长则分别对自己所对应的区域进行检查。有对应检查地面和屋顶的；检查门窗和墙面的；检查卫生间的；检查物品摆放的以及检查异味的等等。

组长们一边检查着、一边记录着，各司其职地展开着工作。"207 毛巾没有摆放好。""201 有异味，应该是鞋臭，201 的组长排查一下是谁的，利用午休的时间洗洗。""208 这床的被子上下没有对称。""211 镜子上有水渍……"

在组长们检查卫生的同时，被誉为"舌尖上的'正知'"的厨艺室里，上厨艺课的同学们也在紧张而有序地忙碌着，咕噜咕噜烧水的，咚咚咚咚切菜的，吧啦吧啦调料的，叮叮当当准备器皿的……

不一会儿，赫赫有名的"桂林米粉"出炉了，口味一绝的"正知"包子、馒头也揭锅了。除此之外，牛奶、燕麦、鸡蛋、花卷、炒面、炒粉以及各类的粥……均是"舌尖上的'正知'"出品。

8：05，饱吹饿唱[1]。

如果你要问军歌在什么时候唱声音最嘹亮、气势最磅礴？我告诉你，除了此时，还是此时。孩子们好像在用歌声告诉方圆十里的草树花鸟："我们开饭啦！"

8：10，早餐。

"开始！"

"感谢父母的养育之恩，感谢老师的辛勤教导，感谢农民伯伯的辛勤劳作，感谢同学的关心和帮助，感谢所有付出的人，你们辛苦了！"

这是一个"感恩词"的念诵仪式。除早餐外，每天的午餐、晚餐进餐前，也同样需要念诵。

新生开始念时会很羞涩，有的甚至觉得太土，是形式主义，可念了一段时间后，奇怪的事情发生了，孩子们碗里的饭粒不剩了，留在桌上的鸡、鸭骨头吃得干净了，连鱼刺也整齐地摆放在离自己最近的桌子边了……

这种语言的强大能量，正一朝一夕地感染着孩子们。这些现象的转变，不由让我想起一个著名实验。实验的目的一方面是测试语言的能量，一方面是警示社会，杜绝校园的语言暴力带给孩子的伤害。

首先，实验者在卖场里随机找了两株大小相近的绿植，将它们摆放到一所学校人来人往的大厅里。有专门负责的工作人员每天给它们浇水、施肥、晒太阳。为了防止被学生们破坏，还给它们装上了塑料保护套。

两株绿植的生长条件完全一样，唯一的区别是，摆放在左边的绿植上写着"这株植物被霸凌"，右边的绿植上写着"这株植物被褒奖"。实验为期30天。

这一个月里，学生们没事就来到大厅，他们在右边的绿植旁说着赞美、鼓励之词："你真漂亮！""快快长大吧"，还放好听的音乐给它听。

左边的绿植则饱受语言的"摧残"："你一点用处都没有""没人喜欢你""你长得一点都不绿"……

30天很快就到了，结果怎么样呢？

左边那株被群嘲的植物，叶子枯黄，形态萎靡，像是被霜打过的茄子一蹶不振；而右边饱受称赞的那株，却生机勃勃、朝气十足。

整个过程中，两株绿植没有受到任何触碰，造成这样的结果完全是语言的力量。

8：30，早读。

别人家的孩子都是坐着读，"正知"的孩子站着读也就罢了，还不好好地站。

"基地"综合楼的门口，有一个延伸出去的扇形平台，平台与大院之间由3层台阶连接。孩子们早读的地方，就是在这3层台阶之上。

"军姿定型，立正！"

随着教官的一声令下，全体孩子抬头挺胸、目视前方，双肩平展、收腹前倾，手臂自然下垂，手指收拢微微弯曲，拇指尖贴在食指第二节，中指贴在裤缝。乍一看，一副威武凛然的军姿；细一瞧，不得了，孩子们的脚跟居然悬空在台阶之外。

"子曰：'学而时习之，不亦说乎？有朋自远方来，不亦乐乎？人不知而不愠，不亦君子乎？'……"

8：50，早读问答。

早读的内容非常丰富，有《中国现代史》等历史主题；《道德经》《论语》等国学主题；《中华人民共和国刑法》《中华人民共和国民法典》等法律主题。

问答的问题是从当天早读的主题内容中总结出来的关键信息加工而来。

例如：在《中华人民共和国刑法》第十七条规定中已满多少周岁的人犯罪，应当负刑事责任；为什么古代圣贤都称呼"某子"，如孔子、老子、庄子、孟子、墨子……

孩子们热情洋溢地读着、全神贯注地听着、争先恐后地答着，全然不知军姿已悄无声息地升华了，尤其是驼背、耸肩、歪脖、斜视的孩子。

9：50，上午课程。

由于篇幅有限，故按一周的课程进行概述（后面的"下午课程""晚上课程"亦是）。

周一的上午是队列课程。

此课程每周两节（周一与周三）。

从站、跨、坐、蹲、走、跑、跳、转等基本姿势，到各种操练队形的散、合、变（如拳术队形、手语操队形、三大步伐的行进队形等），分别进行个人、小组、集体的交错学习与练习。这也是军事一考核的内容之一。

周二的上午是拳术套路课程。

上队列课时，休息时间是孩子们最渴望的。拳术课就大不一样了，让他们休息一会儿都不肯，生怕一休息就少学了一招半式。

训练场上，各位小小"宗师"们有模有样、一招一式，乐此不疲地比画着。比画完军体拳、比画擒敌拳，比画完擒敌拳、比画五步拳……训练场比画完还不过瘾，孩子们到宿舍里接着比画，甚至在面点课揉面时还不忘振振有词地"呵……哈……"

周四的上午是文体课程（考核课程之一）。

文体课上，孩子们跳着、唱着、舞着，一遍遍反复，一点点学习，一场场排练，一次次优化……

他们有时因舞蹈彩排出现一个小小失误而眉开眼笑，有时因学习唱歌时跑调而捧腹大笑，有时因懂得了手语操的某个动作意义相视而笑，有时也会制造些恶作剧引得大家哄堂大笑……

孩子们最活泼、欢乐、多巴胺最多、心门打开最彻底的时候莫过于此。

同时，基地的一对一心理课程，绝大部分会选择在此时与孩子们逐一进行。"基地"大多数孩子的心理都需要关注，特别是新来的孩子。如果孩子的内心有所束缚，就不可能绽放他的天性。

"一对一"心理咨询，是因为孩子们的情况各有不同。而选择在此时，并非去咨询室，是因为当他即将踏进咨询室时，心的门口，"提防"和"戒备"已经在站岗了。因此，到目前为止，孩子们的心理课程，"基地"没有一次是让孩子规规矩矩到心理咨询室、在凝重的空气中进行的。"正知"秉承着春风化雨、润物无声的咨询、引导理念，让孩子们感觉到上心理课只是一次普通的谈话，是润物无声的关键。正如老子所言："太上，不知有之；其次，亲而誉之；其次，畏之；其次，侮之。"这个理念，也导致个别家长在询问孩子"基地有没有给你上心理课"时，得到的答案容易让人产生误会，"不知道哦，好像是上了，好像又没上！"孩子含糊其辞地回复家长。

慎重地说，一堂心理课，如果孩子没有感觉到上了，这样的感觉，是对的。如果让孩子感觉到上了心理课，那么就如同一个演员让观众感觉到他在演戏一样，为啥？只有当一个演员的演技拙劣或无法把观众带入戏时，观众才发现他是在演戏。而事实上，那些让我们感悟颇深、意犹未尽的戏，往往是那些演技高超，让观众能身临其境但又感觉不到演员在演的戏。

因此，孩子们的心理课程，是以让孩子身在课中而又感觉不到在上课的心理课最佳。

类似这样悄无声息的做法，面对一些成年人同样奏效。例如，因职业原因导致腰酸背痛、浑身不爽，甚至有肩周炎、颈椎病等等的人，千万不要试图用"久坐不好，缺乏运动"等大道理去说服，这样的说服是没用的，但如果明确告诉他们去开荒种地是为了治他的职业病，他们肯定会说自己没病，搞不好还会讽刺你，什么年代了还开荒种地。

与其这样，还不如告诉他们是公司部门组织的拓展活动来得更有效，因为"拓展活动"在心理、感观上的持久性，足以能让他们在不知不觉当中自发地"熬"到职业病痊愈。如果再为活动安上一个类似"家庭农场""绿色亲子"的主题，以达到活动的延续性、稳定性的目的就更完美了。

一天，"基地"来了一个有自残行为、自杀倾向的15岁男孩小李。"来！把你的手腕翻过来看看，让我欣赏一下你的战绩。"我说。

小李朝我快速地翻了一下手腕，不屑地"哼！"了一声，接着一个大大的白眼，手又缩回去了。

"就这啊！好吧！既然你对死这么感兴趣，我们今天就聊聊怎么个死法最痛快！"我说道。

"啊？"小李愣了一下，好像没听明白。

"你这样的死法太慢，而且形式太单一。这样吧，我们先尝试一些多元化的死法，比如烧死、淹死、烫死或是上吊死，然后你喜欢哪个，再专门挑出来。"说完，我拿出手机在预拨界面上输入"120"，递到小李面前，继续说道："你是准备先拨了再尝试，还是先尝试了再拨？或是你尽管去尝试，我负责帮你拨？"

小李盯着手机屏幕上的"120"，目瞪口呆地听我说着，以为到了疯人院，这个老师居然教他怎么去死，心想我才没那么傻呢！你让我去死我就去死啊！很久以后小李告诉我，自己一辈子也忘不了这次谈话。

就上述情境，你觉得我是在上课吗？

如果一定要用一个事物来比喻给孩子们上心理课，我倒是觉得，一次次为孩子做心理疏导的过程，就像是一盘盘的象棋棋局一样。孩子第一天来到"基地"的表现，是第一盘棋局开启的第一步，为了不陷入僵局，我要继续往下走，然后再看看孩子怎么走，并且我很期待每个孩子的下一步棋。随着孩子一盘盘的棋局结束，一个个心理症结也随之打开。

当然，与孩子们下棋并不一定要分出胜负，而是要以"和棋"的结果为导向来设计棋路过程。

例如网瘾少年小张，刚来"正知"时告诉我他"想跑"，我二话没说领着他来到"基地"门口，打开大门让他跑，他却不跑了。因为在开门时，我下的"棋"是"我同意你想跑的想法，你答应我可以追的要求。"

另一个孩子小润，来"基地"的第二天烟瘾犯了，跟我说："我想抽烟"。

"好啊！"

我当场爽快地答应了他，并在次日午休前，把一包未拆封、品牌都是小润指定的烟送到他手里，这可把其他同学羡慕死了。

谁想，这包烟在当天晚上，小润又给还回来了。原因是小润有了烟之后，却发现没有火机。随即又问我要火机，我以"你当时只说要烟，并没说要火机"的一步"棋"与小润"和棋"了。

如果小润不甘心，继续把棋局往下走，比如一哭二闹三上吊，死缠烂打一定要我答应他的要求给他打火机，我想我还是会答应的，只是他收到的那只打火机是没气的而已。

面对这些"棋路"，孩子们往往先是一愣，待反应过来后，会很享受地加入这个过程中。一愣，是因为打破了孩子们的思维定式；享受，则是激发出了孩子的胜负欲。

这些"军"被"将"得"我服了"是孩子们对"棋路"最一致的感悟。

所以，我不喜欢上课，我喜欢和孩子们"下棋"，下到"和棋"为止。

对孩子们的这些随机、即时、无定式的一对一的心理疏导，正是我在"基地"最主要的工作。待这些点滴的咨询信息汇总成一个整体框架时，对症的方案也孕育而成了。

这与中医看病是类似的，如果头痛医头、脚痛医脚，不以人为本，不从整体出发，都是舍本逐末的。

周五的上午是劳动课程。

劳动课也称"大扫除"，所谓"一屋不扫，何以扫天下！"[2]"劳动最光荣"不应仅是当代青少年的一句口号。

劳动的人员组织与分工，每周会有所调整。有时老师、教官分组带队，有时按宿舍分配协作，有时新老同学搭班子进行……

综合楼这边，"擦拭组"的身影遍布在每个房间的门上、桌上、凳上、窗户上、镜子上……

厨艺室里，钢丝球在各种锅碗瓢盆上吱吱吱地来回洗刷着。

大院地上的落叶，正被硕大的竹扫把挥舞着，不一会儿就堆积成了一座座小山；农耕区那边，有刨地三尺、开荒拓土的，有播种施肥，提水浇菜的；也有四处寻觅，勘探鸡蛋的……训练场的顶棚很高，组长小蒋找来绳子和竹竿，将扫把和竹竿合着这么一绑，说没有条件创造条件也要上，架上3米的人字梯，在两名同学的保护下，爬上爬下地打扫着……

周六的上午是军事一模拟考核。

军事一模拟考核，是为每月 1 号的正式考核做准备的。

正式考核时，全体师生一起观摩，一起评判。没有通过者，将要再等一个月的时间。

时间上的跨度和评判的严格，使孩子们格外珍惜和重视每周末的模拟考核课程。

周日的上午是文体模拟考核。

文体模拟考核，是为每月 20 号的正式考核做准备的，它是孩子们才艺展示的平台之一。

除此外，"基地"还有很多的平台与机会供孩子充分展示，如节假日（国庆节、元旦节、春节、元宵节等）的晚会时，联谊单位领导或社会各界精英人士莅临指导时，以及慰问"福利院"、参观"博物馆""监狱"等等外联活动时。

再者，"正知基地"是中国音乐学院考级单位、全国青少年艺术人才综合素质等级测评单位，同时也是两家单位的"艺术后备人才输送基地"，为孩子在兴趣爱好以及特长的挖掘培养和演艺施展上，创造了得天独厚的优势。

值得重视的是，节目中的小品、相声都是孩子们自编自导自演的，这些节目不仅可以多维度、多视角地去深入了解孩子们在人际关系、统筹能力、创造力等方面的主观能动性，甚至对孩子们未来的专业规划和职业设想也能进一步地客观分析。

11：00，厨艺午课。

相比军事一（队列）的枯燥乏味、军事二（体能）的全身酸爽，厨艺课那真是太有滋味了。

"上厨艺课的同学出列！"

听到教官的指令后。1名组长携带着3名同学（2老1新），在众多羡慕的眼光中，飞速地离开训练场，向厨艺室扑去。

4名学员利索地围上围裙、戴上口罩和白色高帽，一副精干大厨的模样立马就显现出来了。

"今天我们的任务是酸辣鱼、黄豆炖猪脚、酸溜土豆丝、紫菜蛋花汤……"

厨艺老师一边激情满满地宣布着课程内容，一边有条不紊地调度着大家进入紧张的备菜环节。先是为新学员演示洗菜、切菜……然后叮嘱老学员把控煮饭、切菜的时间……菜准备得差不多时，对组长讲解着放料、放菜的顺序与分量等等。

大家听得都跃跃欲试。组长见油锅已热，老练地端上早已准备就绪的红辣椒末、蒜末、姜等配料往锅里一倒。

"哗……"第一个菜开炒啦！

过程中，老师讲解着翻炒的姿势、步骤，火候的大小、颜色的变化、气味的判断……

不一会儿，令人垂涎三尺的香味弥漫了整个厨艺室。

厨艺课，作为"基地"的考核课程之一，它是孩子们最能与"家"产生共鸣的课程。

一次，15岁女孩小邱，与3名同学辛辛苦苦忙碌了整整1个小时，终于大功告成。这是小邱经过20多天努力学习后的首次掌勺。看着热气腾腾的饭菜，小邱满心欢喜地期待着同学们狼吞虎咽的情景。

谁想，"这也太咸了吧！""怎么搞的，这是人吃的吗！""谁在搞恶作剧啊！"学员餐厅中突如其来的抱怨声犹如晴天霹雳，顿时让小邱的心情低落到了极点。

"这是怎么回事呢？我都是按流程做的呀！"小邱自言自

语，一个劲儿地想着到底是哪儿出了问题。

学员餐厅中，此起彼伏的抱怨声渐渐喧哗起来，一点没有消停的迹象，眼看就快要到炸锅的地步了。小邱突然火药味十足地喊道："你们喊什么喊，叫什么叫，如果你们觉得难吃就不要吃了，谁稀罕你们吃啊！"

顿时，餐厅鸦雀无声。大伙儿你看看我，我看看你，不知如何是好，都尴尬地愣在那儿。这饭是吃也不是，不吃也不是。

我倒是蛮高兴的，至少没有听到小邱爆粗口甩脏话。要是换作4个月前的她，这样的情形，她早就脏话连篇了。

这么干耗着也不是办法，天大的事也总得吃饭嘛！让大伙先把肚子的问题解决了再说。我往嘴里送了一口饭菜，边吃边对大家说道："嗯，嗯……我觉得这个味道不错嘛，平时我们一口菜一口饭，现在可以半口菜一口饭了，多好啊！小邱同学为咱们'基地'节约粮食，应该值得鼓励才对嘛，你们觉得咧？"

"对啊，对啊，就是嘛！郑老师所言极是啊！"

我的话迎来了平日里最爱挑刺的那几个"刺头"的应和。

"那你们还愣着干什么，还不赶紧吃啊！"

我把碗放在嘴边做了一个扒饭的动作示意着。

这帮唯恐天下不乱的孩子，关键时刻还是挺灵光的，立马心领神会地带头吃了起来。虽然吃饭的动作比平时夸张了不少，还有那个阴阳怪气拖得老长的"极"字，听上去让人也有些别扭，不过尴尬的气氛倒是瞬间烟消云散了，小邱也被逗乐了。

此时此景，我意识到，一次绝好的即时心理引导的机会就在眼前。

小邱这个心性偏强、脾气刁钻、从小到大都是欺负人的主，今天这一茬也确实糗大了。不过，从心理学的角度出发，小邱的精神是可嘉的，态度是端正的，这些都是值得我们去认可和保护的。能力，可以通过不断地努力学习而提高。如果此事处理不当，引导不对，伤了孩子的自尊，毁了孩子的自信，或是让孩子一看到锅啊铲啊就有阴影，导致小邱再也不想上厨艺课了，那就得不偿失了。

我让小邱盛好饭菜来到老师餐厅，说："坐，吃吧！多大点事儿！"我安慰道。

"谢谢您！郑老师。"小邱不好意思地说。

"谢我干吗，我说的是事实嘛！等会儿吃完了饭我就颁一个'最佳节约奖'给你。"我故作严肃地说道。

"不用了，郑老师！不管怎样，我还是要谢谢您！"小邱往嘴里扒拉了一口饭菜，执拗地说道。

小邱此刻已平复了刚才的局促，眉头已舒展开来。我顺势话锋一转说："其实呢，你也没必要谢我。小邱啊，郑老师问你，你觉不觉得刚才同学们说的那些话很熟悉呢？"我特意把"同学们说的那些话"放缓了语速，并悄悄话似的对她道出"很熟悉呢？"

3秒钟后，那颗挂在小邱眼角本可以风干的泪珠终于被挤落了下来，这一落就像水库开了闸似的，泪水随即喷涌而出。此时，小邱完全顾不了自己大小姐的形象，像一个小孩儿一样哇哇大哭起来，全然忘了嘴里还含着饭，这下搞得对面学员餐厅又骚动起来了，整得我反倒有些尴尬和不知所措。

就像水坝里的水到了警戒线一定要放闸一样，情绪同样也需要宣泄。那天，我一直陪着小邱，安抚她到达情绪的安全线。然后，她一扫而光了那碗大伙都觉得难以下咽的饭菜，并在当晚拨通了妈妈的电话说："妈，对不起！我以后再也不嫌弃您做的饭菜了……我要好好学……我……我要做饭给您吃……"

12：00，午餐。

早吃好，午吃饱。孩子们除了刚到"基地"时，生物钟没调过来，胃口不理想，蜻蜓点水似的吃饭之外，之后我倒没见过哪个孩子吃饭是低于4两饭的。

孩子们食欲大增令我非常开心，规律的作息，科学的饮食，合理的运动，就是一个排毒的过程。排完了身体的毒，再排思想的毒。

12：40，观看央视《今日说法》。

我们的法治教育普遍存在重形式轻内容、重口头轻行动、重灌输轻实践、重教书轻育人的现象。

叛逆期的孩子，所表现的叛逆行为稍不注意或稍加演变就会成为犯罪行为。除了每天所观看的《今日说法》外，基地会委托服刑人员或释放人员，不定期来为孩子们"现身说法"。后面章节中有详细介绍。

13：10，午休。

15：00，起床、内务整理。
"嘀……嘀……"
起床哨声响起。

不同于上午起床后需要出操，下午起床后马上进入内务整理。

组员们在充分反思上午的检查结果后，下午的整体质量往往要优于上午。可组长们也非等闲之辈，从看得到的桌面，检查至看不到的抽屉里，从床上用品检查到床板底部的灰尘……内务的检查，就像是一个找碴儿游戏，在一个良性的博弈机制当中，激发组长和组员们不断以高标准自我监督，从而内化了孩子们自发的内驱力。

随着检查出来的问题越来越不一样，说明组长们的态度越来越严谨，同时也反映了组员们完成内务工作的质量越来越高。

15：20，下午课程。

同上午课程一样，我按一周进行概述：

周一的下午是体能课程。

此课程每周两节（周一和周五）。

课程内容有俯卧撑、仰卧起坐、深蹲、跳绳、蛙跳、引体向上、3公里跑、5公里跑、负重7公里拉练、篮球、羽毛球、乒乓球等项目。

体能课程的正式考核时间和军事一考核时间一样，也是在每月1号，军事一考核结束后就是体能考核，故孩子们把体能考核称之为"军事二"考核。

在"军事二"考核中，如果孩子能一次性通过所有的项目，将荣获"体能之星"称号并颁发奖状。

周二的下午是拳术分解课程。

对军体拳、擒敌拳、五步拳等拳术，分别进行每一招式的讲解，并配合实战演练以及如何应对和破解对方招式的示范等。

男孩们特别想学一招制敌的"杀手锏"，女孩们则对能更好保护自己的"防狼术"特别感兴趣。

周三的下午是格斗实战课。

实战采用三局制，每局净打两分钟，中间休息 1 分钟。教官作为裁判，宣读完比赛规则后，精彩的实战开始了……

禁击部位：后脑、颈部、裆部。

得分部位：头部、胸部、躯干。

禁用方法：

1. 用头、肘、膝、脚、腿和反关节的动作进攻对方。

2. 摔法或有意砸压对方。

可用方法：

除禁用方法外的各种武术流派的招法。

实战的意义是让孩子们在技不如人当中磨炼斗志，在点到为止之间修炼格局。实战，更是一种以培养个人武德为首要目的的切磋学习形式。

世人常说："德才兼备是正品，有德无才是次品，无德无才是废品，有才无德是危险品。"

司马光也在《资治通鉴》里分析智伯无德而亡时写道："才德全尽谓之圣人，才德兼亡谓之愚人，德胜才谓之君子，才胜德谓之小人。"

让我们回过头看看，曾经食用油行业的"地沟油"事件、奶粉行业的"三聚氰胺"事件等等，你能说这些人没有学识没有才能吗？他们既有学识又有才能，但他们缺"德"，最终成了危险的小人。

周四的下午是文体课程。

下午的文体课程，主要以老带新和小组式的互动观摩学习形式，对上午文体课所学内容以及若干细节进行验收和纠正，如手语操的姿势是否到位、舞蹈与音乐节奏是否匹配等等。

　　特别是那些普通话不太标准的孩子，如果不加以正音，唱军歌时常常会在同学之间闹出很多笑话。

　　周六的下午是体能模拟考核。

　　这是一个燃脂的下午。每个孩子，在刚知晓体能考核的要求标准时，都觉得这简直不是人干的。这话我非常认同。

　　因篇幅有限，这里简要说明各项目的及格标准，优秀和良好的标准就不一一说明了。

　　首先是 60 秒项目，一分钟内，俯卧撑和仰卧起坐，均为男≥ 40 个、女≥ 30 个为及格；深蹲，男≥ 50 个、女≥ 40 个为及格；跳绳，男女一样，都是≥ 120 为及格；引体向上，男≥ 8 个、女≥ 3 个为及格。然后是 30 米蛙跳，男≤ 30 秒、女≤ 35 秒为及格。最后是 3 公里和 5 公里长跑，3 公里长跑，男≤ 15 分钟、女≤ 17 分钟为及格；5 公里长跑，男≤ 28 分钟、女≤ 30 分钟为及格。每个项目中间休息 3 分钟。3 公里和 5 公里则分别安排在上下午进行。

　　周日的下午是拓展活动和运动比赛。

　　拔河、篮球、乒乓球、羽毛球、象棋、大跳绳……

　　人声鼎沸的拔河最激烈，龙腾虎跃的篮球最激情，囧态频出的大跳绳最活跃，挠头抓耳的象棋最揪心……

　　17：00，厨艺晚课。

　　厨艺课的晚餐与午餐相比，除菜品不同外，其他的并无差异。因此，我用这个板块，分享一个有趣的现象——孩子挑食的问题。

　　一些食物，如苦瓜、五花肉等，大多数孩子在家时连看都不想多看一眼，更别说让他尝一尝了。往往是宁愿饿着肚子也不愿妥协，甚至有些孩子看了一眼后，发现不是自己喜欢吃的菜立马甩头就走，挑得很啊！

来"正知"后，这些情况"莫名其妙"地没有了。当初那些令孩子们挑得很的食物却变成了美味佳肴，吃得津津有味。

这到底是怎么回事呢？

后经证实，不是"基地"没得挑的原因，也不是孩子饥不择食，是孩子们来"基地"后发现没有挑的对象了。

原来，这些孩子在家时，真正挑的不是食，而是人。只有当孩子进到厨房里，真正做了，体验了，经历了，感受了，觉得难了，才能体会和理解到了一片片菜叶子、一块块生肉从食物到菜肴的不容易。

去年11月份时，14岁的小蓉怀揣着兴奋的心情进入厨艺室。在小蓉的首次厨艺课上，还收获了一堂"政治课"。哦！不，准确地说应该是一堂"数学课"。

"冷啊，这菜洗得我太冷了！"小蓉捧着一颗大白菜一片一片地掰开洗着，一边嘀嘀咕咕地说个不停。直到快下课了还在絮絮叨叨，"这实在是太冷了，我可不可以等到夏天再来上啊？"

"不要啰唆啦！现在离一年中最冷的日子还有两个月呢。你才来了一天，就嚷嚷成这样，怎么不想想你都多大了？"一同上课的组长终于忍不住说了起来。

小蓉闻声戛然而止，一会儿又漫不经心地说："我才14岁啊，怎么啦？这有什么关系吗？"

"这还没关系啊！关系可大了去啦！你14岁，你妈就洗了14个冬天的菜，不算春天、夏天、秋天，按冬天占全年四分之一的时间来算，大约91天，乘以14年，等于多少天？你自己算一下看看，然后一天就算洗两餐的菜，你再乘以个2看看！"

组长像说单口相声一样，给小蓉出了一道数学题，全然不理会小蓉的轻佻。

呃！这道数学题咋听上去这么熟悉呢？哦！记起来了，这位组长给小蓉出的这道题，正是这位组长还未当组长时，我出给他的。可奇怪的是，组长把这道题复述给了小蓉后，最后还补了一句说："算出来了吗？算出来了就再乘以一个2。"心想那就是5096顿餐啊，确定有这么多吗？细问后令我恍然大悟，"郑老师，放心，只少不多，吃了饭难道不用洗锅洗碗洗筷的吗？"

是啊！"温故"的目的，不正是为了"知新"的孕育而生吗？

相信当小蓉算出这2548顿餐饭的洗菜次数时，不，是5096顿餐，也一定会和这位组长一样，不会去抱怨水冷，而是更能体会身在福中不知福的滋味。

18：00，晚餐。

这个板块中，我与大家分享一下另一个考核课程——面点与烘焙。

此课程在每周一、三、五15：00~17：00进行，我们早餐吃的异形馒头、巨型包子、梯田花卷，还有"基地生日会"的多口味生日蛋糕、鲍汁华夫饼、蛋挞、满罐珍珠奶茶、超薄披萨、酸萝卜、水果拼盘、七彩蔬菜沙拉（混搭）、饺子、酥面片……都产自此课程。

孩子们说"只有你想不到的，没有我做不出的。"

19：00，观看《新闻联播》。

每天19：00雷打不动地组织孩子们观看《新闻联播》，全球摘要、国家大事、政治时事，家事国事天下事，事事关心。

19：30，晚上课程。

照例，我按一周进行概述：

周一是纪录片：

题材丰富的纪录片（如天文、地理、人文、美食、自然、传记、战争等），对孩子们的教育意义至少有四：一、培养对事物的敏锐观察力；二、促进对生活的深刻感悟；三、提升对社会的深度洞察力；四、增添对人生的理性思考。

周二的晚上是辩论赛。

每周二晚上，都会上演一番唇枪舌剑的激战。

孩子们想辩什么都可以，讲亲情、友情、爱情；谈三观、人性、道德；说时事、舆论、热点；议金钱、物质、精神；论历史、当下、前途……该讲的或不该讲的，只要孩子愿讲，"基地"照单全收。

孩子们想怎么辩都可以，脑洞大开地夸夸其谈、成熟稳重地反唇相讥、面红耳赤地口沫横飞、天马行空地巧舌如簧、妙语连珠地对答如流……哪怕是跳着、跑着、翻着跟斗辩，只要孩子们爽，"基地"全力配合。

一直以来，作为洞悉孩子内心和引导孩子转念的最佳平台，辩论赛功不可没。

周三的晚上是法制课程。

法制课上，孩子们在目睹诸多惨痛的案例以及老师的解析后如梦初醒。

原来，自己曾经历的很多事，早已游走在法律底线的边缘。甚至有些事都已经越过了底线，达到了案件的立案标准，只是因某些客观原因而逃过一劫，如年龄问题等。

心有余悸中，不免庆幸自己来到"正知"，也更深刻地体会到父母的良苦用心。

周四的晚上是中医养生课程。

此课程有两大主要内容，分别是穴位功效的理论和穴位的按摩推拿技术。

理论讲述约占课堂的1/3的时间，然后紧接着是技术实操练习。

实操练习按小组分配进行。孩子们3~5人一组，每组中由一名学员作为"教具"，其余学员对着"教具"的头部、手部、腿部进行练习。每10分钟后，组员们顺时针换一个部位继续练习。每每此时，孩子们都争抢着第一个做"教具"，好缓解一天训练的酸爽。

穴位的按摩推拿，能起到消除疲劳、促进气血运行，提高孩子们机体免疫能力等作用，特别是那些有网瘾的孩子，对其眼睛更具有保健与治疗的指导性意义（本章第六节中有所阐述）。

此课程还有一个意外的收获，即孩子们在平日里羞于开口但又渴望了解的生理健康和性教育问题，也会大胆地在中医课上向老师询问。比如"老师，消灭我的青春痘有什么良策吗？""老师，我的脚气很多年了，有办法吗？""老师您能解释一下人为什么会'梦遗'吗？"……

虽然这些问题与中医课的主要内容不太沾边，但不可否认，没有哪一个课程比中医课作为孩子们获取生理健康和性健康知识更适合的媒介了，它巧妙地形成了一个天然屏障和缓冲地带。

周五的晚上是音乐课程（考核课程之一）。

音乐课，在孩子们通过厨艺课考核后进行。音乐课有声乐和器乐（吉他、架子鼓、电钢琴等）供孩子们选择。

艺术，是人类最好的情绪治愈，包括音乐、绘画、舞蹈、雕刻、文学创作等。

从心理学上看，所有的艺术形式中，音乐是最擅于抒发情感、最能拨动人心弦，使人产生心流[3]的艺术形式（第三章第七节中，详细阐述了音乐在心理治疗中的重要意义）。

周六的晚上是看电影。

观看电影的具体时间是在晚上央视"天气预报"播报结束之后。

周日的晚上是写周记和行政教研例会。

周记的主题每周各不相同，有新闻时事、经历感想、同学趣事、老师教诲、节日氛围、家庭成长、事件感悟等。

周记是孩子们从记忆中提炼出与当周主题相对应的情景，是把孩子们的独特见解用文字记录下来的一种表现形式，既是对回忆中的情景与情绪的复盘，同时也是当下的感触与感想的总结。

周记所反映出的思维认知和归因倾向，是我们客观了解孩子的行为、人格、动机、情绪、态度等很好的途径。

周记写完后，孩子们会逐一到讲台上朗读。此举意义有三：一是为孩子们以后朗诵做相关的指导与建议（如发音是否标准、站姿是否稳健、表情是否到位等）；二是为孩子们以后的写作打基础（如结构是否合理、语句是否通顺、用词是否恰当等）；三是为孩子们的心理素质提供锻炼平台，特别是有社交恐惧症和怯场心理的孩子。

行政教研例会全称为"正知基地行政管理教学研究会议"，每周一次，一次两场。

第一场会议全体同仁参与，主要围绕孩子们各方面信息的汇总、分析、求证以及出现的问题、解决进度和下周教学任务、目标等等展开工作（工作大纲可见附录一）。第二场由组长们参与，主要围绕组长的榜样力量展开工作（第三章第四小节中有详细论述）。

21：00，洗澡洗衣。

依实际情况，洗澡洗衣有时会酌情安排在 17：20 进行（如体能课或是夏季时）。

关于洗衣，有一段"正知"早期时的小插曲。一次我巡逻至 208 宿舍门口时，巧遇 16 岁的小明坐在床边卖力地洗着衣服，心想小伙不错啊！待我走近一瞧，只见一件体能服 T 恤，在一指甲盖水深的盆里，被小明反复地踩躏着，盆中的水漆黑如墨。

"你在干嘛？"我问道。

"我在洗衣服！"小明答道。

"你洗衣服不过清水吗？"我继续问道。

"我在过着。"小明继续答道。

"你确定？"我决定最后一问。

"确定！"小明坚定地回答。

从那儿以后，我毅然决然把我小女儿在幼儿园所学的部分知识加入"基地"的内务课程之中，比如"洗衣的正确方法""洗手的七大步骤"以及如何正确刷牙、刷鞋等。

21：40，集合，晾衣。

21：50，小结。

全体师生一起复盘一天的学习与生活。优秀的予以奖励，不足的予以勉励，灰心的予以激励。

千比万比不如与自己比，今天的自己比昨天好，明天的自己比今天好。做好自己，自己做好，此生无憾矣！

22：00，熄灯，就寝。

一群不平凡的孩子，酣然度过了"正知"平凡的一天。

一个好的"境"，会把孩子们安排得生活像乐园，学习像游戏。因为，寓教于乐的过程，享受的不仅是老师，受益的更是学员。

本节注解：

【1】饱吹饿唱：吹奏乐器的人，必须得吃饱喝足了，吹奏起来才底气十足，所以要饱吹；歌唱需要肺活量很大，如果吃得过饱，腹隔膜的振动伸缩受限制，肺活量受影响，歌唱效果不佳，所以要饿唱。

不管是"饱吹"还是"饿唱"，都是职业特点的需要，在运气发声方面是很有科学性的。

此环节早、午、晚餐前进行。

【2】一屋不扫，何以扫天下：指连一间屋子都不打扫，怎么能够治理天下呢？引申义：琐碎的事情不做好，怎能干好一番大事业？

这句话其真正的原文是："一室之不治，何以天下家国为？"——《习惯说》刘蓉（清）、《后汉书》中第五十六章《陈王列传》，在《孟子》中也有记载。

东汉太傅陈蕃，15岁时曾经独处一个庭院习读诗书。

一天，其父的一位老朋友薛勤来看他，看到院里杂草丛生、秽物满地，就对陈蕃说："孺子何不洒扫以待宾客？"陈蕃当即回答，"大丈夫处世，当扫除天下，安事一室乎！"

这回答让薛勤暗自吃惊，知道此人虽年少却胸怀大志。感悟之余，劝道，"一屋不扫，何以扫天下？"以激励他从小事、从身边事做起。

没想到，千年以前的两句对话，竟成了后人教子育人的名言，用以激励他人从小事、从身边事做起。

【3】心流：指的是当人们沉浸在当下着手的某件事情或某个目标中时，全神贯注、全情投入并享受其中而体验到的一种心理状态。

通常在此状态时，不愿被打扰，也称抗拒中断。是一种将个人精力完全投注在某种活动上的感觉。

心流产生的同时会有高度的兴奋及充实感。因为太过沉浸于手上的事情，而因此忘记了吃饭，忘记了时间的流逝，甚至感觉不到自己的存在，我们常常用"忘我"这个词来形象地形容这种状态。

生活中，很多时候我们在做自己非常喜欢、有挑战并且擅长的事情的时候，就很容易体验到心流。

除音乐外其他可能带来心流的活动：1.棋类活动；2.对抗竞技；3.舞蹈；4.攀岩；5.编程；6.绘画；7.玩游戏；8.阅读；9.认真专注地进行任意一种活动。

第二节　"打"下来的"江山"

> "以力服人者，非心服也力不赡也；以德服人者，心悦诚服也。"
>
> ——《孟子》

大家是否有看到过电影、电视剧里这样的情节——一群市井恶霸在街上挨家挨户收保护费？很难想象，这是一个年仅14岁男孩小君的日常写照。除了收保护费，小君和他的那些伙伴们打架、偷盗也是家常便饭，抽烟、喝酒、文身、飙车那就更不用说了。

小君父母在外省打拼事业，得知小君的近况后心急如焚。小君父母不忍心眼睁睁地看着儿子不断地堕落，变成混世魔王；更不希望他在颓废迷茫中了此一生。当机立断要帮小君换一个环境。

小君来到"基地"那天，整个人像梦游一样，先是半梦半醒地下了车，到接洽室后软绵绵地瘫在座位上，有一搭没一搭地敷衍着问话，不一会儿，昏昏欲睡的他居然打起呼噜来。这倒是有些反常，一不闹二不哭的。这是真不当回事儿，还是没睡够啊？我连忙摇了摇快进入梦乡的小君，说："来！我们去宿舍睡！"

小君一听还有床给他，顶着困意跟我走了。

一路上，小君的蓝色人字拖鞋"哒哒"响个不停，两只胳膊配合着这响声儿牛里牛气地甩着，一股放荡不羁的痞气绝对是本色出演。一件印花短袖衬衫像披风一样，只扣了一个扣子挂在身上。肚子上若隐若现的"蜈蚣"（一条近 20 厘米的刀疤），彰显着他曾经历的血雨腥风……

小君东张西望地在这儿瞧一下，在那儿瞄一下，萎靡不屑的眼神中，透露着一种惯性的警惕。突然，小君在宿舍门口停了下来，眯着眼歪着脑袋瓜儿发起了愣，冒出一句："我 ×，老子平常早上 7 点才睡觉，他妈的这里居然 6：40 要起床了？"

天啊！这脾气暴得也是没谁了。

原来，小君是瞄到了宿舍门上的那张"时间作息表"。的确，对于一个夜生活丰富的带头大哥来说，应该没有比要早起更令人绝望的了。

我停顿了会儿，慢条斯理地对小君说："你刚来，不习惯很正常。如果你明天起不来就不要起了。放心吧！不要急，慢慢适应。"

"放心？适应？还慢慢？真的假的？"小君质疑道。

"骗你干吗！不适应怎么行，一定要适应的。"我说道。

"那……那我睡到下午也可以？"小君进一步求证着。

"哦，下午几点啊？"我顺着小君的问题问道。被我这么一问，反倒是小君一时无语了。我指着宿舍里的一张床对小君继续说道："要不现在就睡会儿？"

小君眼睛瞪得老大，继续无语中……

似乎我的回答并不是他的预设。按常理不应该是"小君，你这样的想法不好，是不对的……""小君，你这样睡到天昏地暗怎么行……""小君，你知不知道作息不规律对身体是有很大害处的……"之类的劝说才对吗？

"看吧，老子现在也说不清楚几点，什么时候醒就什么时候起吧。"小君缓了一会儿神说。

"我看你这么困，你确定不现在睡一会儿？"这回换我进一步求证着。

"睡什么睡？我现在都不熟悉这里。"小君一脸不耐烦地说。

这个理由对于一个桀骜不驯、嚣张跋扈的人来说难免有些牵强。不过，小君说这话时，眼神中闪过一丝无助。日后，就安全感的需求方面，予以小君更多满足应该是没错的。

"哦，好！那我们……继续熟悉熟悉。"说完，我带着小君往"物资领取处"走去。

10分钟后，待我和小君拎着大包小包的生活以及床上用品回到宿舍时，教官和组长早已等候着小君，为其上"正知"第一课了，即自我介绍、课程安排、作息讲解、学员守则、室友见面等。

就在我转身离开之际，小君又急忙求证道："郑老师，郑老师，我真不用早起？真能睡到下午？"

我刚想对小君说"如果不信，可以问问这位组长"时，一旁的教官先开口说道："放心吧，'基地'希望每一个孩子都能找到属于自己的节奏去慢慢适应。"

小君听教官也这么说，似乎也没啥顾虑了。这颗"定心丸"总算是吃下去了。但令人诧异的是第二天的早操集合小君居然出现在了队列之中。要知道，此时可是早上 6：50 啊。难道这小子通宵都没睡吗？

借着灯光，我打量起小君来。他低着头站着，衣服照旧敞开，眼皮也想奋力睁开，奈何被厚厚的眼屎粘着，嘴角的白色印痕似乎在告诉我们他的美梦还在继续……这么看，不像是通宵没睡的样子啊。

正在我费解之时，接下来的情况让我更为惊讶，他居然跟随着大家的步伐出操了。

小君的步伐越来越沉重，速度越来越缓慢，直到被队伍超了3圈后，才喘着大气跑到我面前，说："郑老师，我……可不可以……休息一下，实在是跑……不动了。"

"可以，你在内圈里走，不要占用跑道影响其他同学。"我指着内圈的范围说着。

小君在内圈里走着，走了一会儿后，又跟着跑一段，然后又走一会儿，又咬牙跑一段，终于在疲惫不堪中坚持完成了出操。

客观地说，小君还是有一定原则性和自控力的，并没有像大多数新生刚来时找各种的理由借口偷懒或逃避训练。并且，在小君内心中，隐约感觉到一种强烈的胜负欲在支撑着他继续往前跑。

带着对小君意外出操的疑惑，出完操后，我第一时间前往宿舍了解情况。我刚进宿舍门，谁想就对上了小君的冷眼，坐在床沿边的他不等我开口，就咬牙切齿地说："郑老师，你可以，算你狠。"

这话让我更疑惑了。我先是一愣，紧接着问道："嗯……怎么呢？是我哪里得罪你了吗？"

此问一出，小君猛一下从床沿边蹦了起来吼道："没有，你没得罪我，是我傻，是我上你的当了。"

"上当，不会吧！我什么时候骗你了？"我望着他气愤的眼神一脸无辜地说道。

"哼！没骗，你是没骗，但也和骗差不多了。"小君拿着枕头往床上使劲一砸，继续狂吼着。

"好吧！那你说说我是怎么骗你的，请告诉我！"我以退为进地说。

"好！是你让我说的啊！这他妈是个什么鬼地方啊？早上哨声一响，宿舍里的人都像疯了一样上蹿下跳、一惊一乍地闹得整个房间不得安宁。什么床板响啊、说话声啊、冲水声啊、走路声啊……还有什么桶啊、盆啊、杯啊发出的各种噪音，你还说可以让我睡到下午，我看我能睡到上午都难！"面对这样的控诉，我一时也束手无策，"哦，原来是这样啊！那你想怎么办呢？"我真诚地征求小君的意见。

"哼，怎么办？"小君没好气地回道。

"要不，我让他们小声点，不要吵到你？"我小心建议着。

"那是吵吗？那根本就是吓，吓到我了知不知道啊？"小君又吼了起来。

"好吧，那我们再想想……"

"嘀……嘀……"

我正想着还有什么更好的办法时，集合的哨声在此时响起了。组长见机，识趣地拉着小君集合去了。

就这样，一个混迹街头、带着一票人收保护费、帮人看场子的小霸王意外地出了来"基地"后的第一个早操。虽然小君还是有些气不过，内心也很痛苦和挣扎。

试问，谁的人生蜕变不是从痛苦、挣扎中开始的呢？

在往后的日子里，逐渐适应的小君，也开始慢慢展露出真性情，分享了很多埋藏内心深处的往事。这些往事，又一次验证了一个常识性的道理——任何一个叛逆现象都不是无缘无故地产生的。

　　小君说自己从小在一个暴力的家庭氛围中长大，常常是一言不合就被父亲毒打一顿，打得最狠时，被父亲吊在树上打，甚至被父亲把头按在装满水的盆里……

　　后来，随着小君年龄的增长，身材也高过了父亲，这才渐渐地免于被毒打。可是，童年的阴影让小君的安全感荡然无存。遇到矛盾冲突时，往往有先发制人的防范心理，并且会不由自主地以暴力的形式去解决。对小君而言，已然形成了家庭暴力的代际传递。

　　正是小君先发制人的防范心理，在同伙看来那就是敢为人先的号召力，加上小君血气方刚、说一不二的性格特点，辍学后混迹社会不过一年时间，就有了不少的拥护者，正向着"大哥"级人物的方向迅猛发展。在小君的认知里，道德离他很远，最便捷的方式莫过于以其人之道还治其人之身。因此，针对小君，"暴治"显然是行不通的，必须"德治"。一次不行，那就数次。

　　在"基地"诸多课程中，小君对格斗课程尤为感兴趣。每周三下午的格斗实战模拟，他是最活跃的一个。在格斗对抗中，让人觉得小君有一种一个人曾受到过多大的屈辱就有多大欲望去雪耻的冲劲。每每课程结束后，小君常常会缠着教官对自己的格斗姿势进行纠正，对很多格斗技巧询问得也非常详细，如"这个直拳是这样吗？""这样闪躲对吗？""我怎么才能把对手最快地放倒？"之类的问题。

　　直到有一次，小君在自己打完实战后，一改往日认真观看其他同学实战的常态，连教官的现场指导也无心关注，独自一人坐在一边玩弄着衣角，沉默不语。

　　见状后，我本能地走过去一探究竟。就在我快走到他身边时，他猛一下站了起来，略带激动地低声说道："郑老师，我明白了，我终于明白了！"

"明白了？你明白啥了？"

"我……好像明白什么叫'以德服人'了。"小君两眼放着光，神情严肃地说。

"哟，还有让我们小君服气的人吗？"说着我向小君挥了挥手，示意他到一旁人少的地方，"来，和郑老师说说是什么情况啊？"

"郑老师，是这样的，刚才我和小松在格斗时，我很明显地感觉到他好像是在故意让着我。"小君说。

"让着你？这不是看不起你吗？他这么嚣张吗？"我说道。

"不，不是这个意思，郑老师，一个人看不看得起我，我还是有分辨能力的。"小君越发认真地说道。

"哦！那你具体说说看是咋回事？"我询问着。

"是这样的，刚刚我和小松对打的时候，有时他明明可以打到我，却没有打着我；有时就算打着我了，力度也有所保留，特别是在第三局的时候，他好像还在教我似的，因为我能感受到和小松打完后，我学到了很多实战经验。"小君说道。

"噢，是这样啊！嗯，那……然后呢？"我说。

"嗯……然后……然后我就有一种不知怎么形容的感觉，这算是'以德服人'吗？"小君挠着头说。

"那……你服吗？"

"我服啊！"

或许小君和小松并不完全清楚自己的这些行为和感悟是一个人内在品德的特质，但各自的行为却实实在在地影响着彼此的成长。

如此看来，比小君大两岁的小松，已经渐渐懂得如何更好地控制自己的情绪了，不需要以打败小君而来炫耀自己。

小松的这一改变，具化为与小君格斗中的"喂招"[1]行为。这一行为又正面影响了小君，让小君不需要被打得头破血流才明白"以暴制暴兮，不知其非矣"的道理，而是真真切切感受到了"德"，认知到了暴力不是解决问题的唯一办法，使其心服口服，发人深省。

所谓修身，莫过如此。

本节注解：

【1】喂招：语出金庸《笑傲江湖》，意思是指师傅陪着徒弟练习招式时，师傅不断佯攻并令徒弟接招，以此来检测徒弟的招式是否有进步并且锻炼徒弟的应变能力，以求获得更大的进步。

另外也指同门师兄弟之间切磋武艺。

第三节　文身的启示

> "身体发肤，受之父母，不敢毁伤，孝之始也。立身行道，扬名于后世，以显父母，孝之终也。夫孝，始于事亲，中于事君，终于立身。"
>
> ——《孝经·开宗明义章》

在"基地"，有这样一个适应期最长的孩子，其他同学 3 到 4 个月就能完全适应了，甚至有些都可以完成 3 项考核课程了。16 岁的小苏，却足足用了近 6 个月的时间。曾一度让我觉得这个男孩儿的内心不是被锁上的，而是被焊死的。

小苏来到"基地"那会儿，正值冬天。早上出操时，天还是漆黑一片，同学们井然有序地照常进行着，小苏却躲在宿舍里不敢出来，直到天亮了才恢复正常活动。到了晚上需要上厕所时，小苏会非常紧张，担心下水道会钻出一只手把他给拖下去。对"基地"的作训服（迷彩服）也很排斥，不愿意穿，整齐地叠放在收纳箱里。在吃饭时，小苏一定要带着水壶并把壶盖打开才开始进食，说是生怕自己吃饭时会被噎死……

小苏种种反常的迹象令同学们匪夷所思。还有一个让人摸不着头脑的是小苏全身布满了各式各样的文身，这与那些怪异的想法和行为之间，是否又存在着必然的联系呢？

在我苦苦寻思解决方案未果之时，一次无心插柳之举，终于得以确认了小苏心理症结的起因，并使其成功转念，找到了方向，明确了目标，最终回归了学业。

"基地"大院的一棵树下，有一张石桌，石桌的桌面上，嵌入了一块陶瓷材质的象棋棋盘。以象棋作为媒介对孩子们进行心理课程是我常用的方法之一，它常常会有意想不到的收获和效果。不过，小苏的收获却是在另一个媒介中得到的——大自然。

那天，我与小苏约定下象棋，三盘定胜负。在第二盘开局不久，一缕阳光从天而降在棋盘上散开。"啊！再不出来，人都快发霉了。"小苏豁然感叹道。

这是在历经了快一个月的春雨连绵后，大地万物迎来了太阳公公首次的垂青。借着天公的美意和小苏此时的心境，索性，今天就不下棋了，换一个情境。

我和小苏离开了"基地"的生活区，漫步于外围的"正知"湖上。湖里的鱼儿时不时地吐个泡泡引得涟漪荡漾，路两旁树上的鸟儿你追我赶地来回嬉戏着……

我们迎着阵阵微风惬意地走着，随意地聊着。一路上，小苏的心情异常地兴奋，一改原来一问一答的沉默风格，忘我地滔滔不绝地说了起来。

小苏说了很多原来在学校与同学们的趣事，还提到自己喜欢的老师是谁谁谁，讨厌的课程是哪些哪些，拿手的游戏是什么什么……

突然，在小苏的夸夸其谈中，无意间提及的一句话让我瞬间警觉起来，"郑老师，您知道吗？没来'基地'之前，我爸经常说我再这样就送我到封闭式学校去……谁想我现在真的来了……"

我怀着一种拨云见日、豁然开朗的激动心情，不顾精心营造的聊天氛围可能会被破坏的风险，打断他道："嗯……等等，小苏，郑老师问你，你小的时候，是否有听到过类似'你再不听话，就让警察叔叔把你抓走'这样的话？"

"有啊，郑老师，您怎么知道的？以前我爸爸送我去学校的路上，遇到警察叔叔的车停在路边时，我爸爸就指着警车对我说'你看，警察叔叔又出来抓坏人了，你要听话哦，不然就把你抓走'。"小苏压低了嗓子，学着他爸爸的样子说。

"哦！嗯……那你再小一点的时候，有没有听到过'不要再哭啦，不然大灰狼就来啦'或是'不要吵啦，再吵就把你带到医院打针去'这些话？"我进一步问道。

"对对对！郑老师您太神啦！还有说什么'丢你去森林不要你啦'，什么'鬼会把你带走'之类的。不过鬼啊、狼啊我还没见过，警察和医生我倒是见到了，还有……"

上述的情景，在生活中其实非常普遍。大人们常常用警察啊鬼啊之类的吓唬孩子，最初的目的是管教孩子，这是毋庸置疑的。可一旦用多了，便成为狼来了的故事，起不到任何效果。

这样的方法方式，一方面，随着孩子的年龄不断增长，认知逐渐成熟，善意的谎言会不攻自破。

另一方面则可怜了那些被此类管教方法造成内心阴影的孩子，这些孩子不仅有各种类型的"恐惧症"[1]，还伴有防卫过当心理。久而久之，所引发的综合病症就更多，比如妄想症、精神分裂症、人格障碍等。

这里我用"防卫过当心理"举个例子。防卫心理本是人类在遗传过程中的一种合理的遗传积累，比如，我们祖先的生存环境很危险，处处是毒蛇猛兽，有防卫心理的人，看见毒蛇撒腿就跑；而没有防卫心理的人，看见毒蛇觉得很可爱，还大胆地上去抚摸，结果被咬死了。活着的人呢，继续繁衍了后代，后代中没有防卫心理的人又被毒蛇猛兽咬死了，所以防卫心理就这么一代代遗传积累下来到今天。

那么，防卫过当是什么意思呢？它是指防卫心理过分地放大，本来不危险的东西，却觉得很危险。比如看到老虎，我们都觉得好危险啊，会想办法快点逃跑远离它，这是正常的防卫心理。而看到猫，大家一般都不会逃跑，但是有个别人会想猫不是跟老虎属于同一科吗？说不定老虎和猫商量好，躲在周围想等我放松警惕再来算计我，于是，他也逃跑了，这就是防卫过当心理。

如果说小苏因天还没亮不敢出早操算是正常的话，那么小苏上厕所担心下水道里会伸出手把自己给拖下去、吃饭害怕被噎死，就属于防卫过当心理了。

针对有防卫过当心理的孩子，心理医生无法从逻辑上让孩子相信他们防卫过当，因为没有一个心理医生能跟他们说你想的这件事百分之百不会发生，但如果把这种极小概率的事件跟普通人说，告诉他下水道里会有只手伸出来，上厕所你要小心哦。他八成会说："一边去，你头被门夹了吗？没时间跟你开玩笑。"

然而，小苏却被这样的心理症结搞得很痛苦，不仅一回到家就会胡思乱想，在学校还要遭到同学们的讥笑。对特定的人、事、物有着无法控制的恐惧感。

所以我们不难理解当小苏来到"基地"时，就像见到警察叔叔和医生护士一样充满了恐惧、不安、焦虑，形成了前置屏障，导致不能像其他同学一样顺利融入集体，因为在小苏来"基地"之前，小苏的爸爸已经人为地使"基地"在小苏的主观意识中恐惧化了。

当清楚小苏心理症结的成因后，我决定与小苏再游"正知"湖，开启小苏的"系统脱敏"[2]之路。

这天骄阳似火，知了的鸣叫声指引我们到了湖边一棵大树荫底下。坐下后我拿出笔和纸，递到小苏手里，"来，小苏，今天我们一起回忆一下从小到大什么事情是你最担心的、最怕的？包括来基地之后所出现的担心和害怕也写下来。"

小苏向远方仰望了一会儿，又俯视了一会湖面，紧接着深吸了一口气，缓缓呼出后，时而奋笔疾书，时而搁笔凝思，写了又划掉……

听着一旁笔和纸"沙沙"的摩擦声，我闭目养神起来，心中第一块石头总算是落下了。当小苏在写下这些"担心"和"害怕"时，脑海里会再次回忆，必然就会再次害怕，但能自己掌控害怕的意识写下来的这个过程，本身已代表着第一步的胜利。

虽然小苏的恐惧程度并没有像某些精神障碍那样严重，但只要一想到或被刺激到就会出现失去理智、无法自拔的情形。由于小苏的恐惧是多样性复合型的，如环境恐惧、妄想恐惧、社交恐惧、特定恐惧等，若不及时进行干预的话，对自身的学习和生活将会造成巨大的影响。

接下来的日子里，我与小苏拿着他写满"担心"和"害怕"的那张纸，按照轻重缓急的顺序一件件陪着小苏去验证，验证它们的结果是否会发生？如要发生，需具备什么样的条件？构成这些条件的因素又是什么？

首先，"基地"是小苏目前常驻的环境，我向小苏科普"基地"里的一草一木、一花一树、一砖一瓦、一人一事……直到

 青少年叛逆与超越

小苏对"基地"的熟悉度就像一本活的"正知百科全书"一样。

　　然后，我们来到一个开发区，这里有已竣工售卖的楼盘，有半成品的二期工程，也有正在挖地基的三期工程。我们参观了精装的样板间，观摩了准备布局各种管道的毛坯房，以及让小苏害怕得不敢上的卫生间下水道的原始面貌。小苏可以清晰地看到里里外外的一切，我打趣让他计算一下一只手要从下水道里伸出来，那这个胳膊得有多长？

　　我们到部队，目睹了军人的日常生活。小苏发现部队的训练远比"基地"的要辛苦得多，也深刻明白了军人的使命，打消了从小就认为"穿制服的就是抓人的"错误念头，知道了军人是维护世界和平、祖国安定、社会和谐的正义之师。其间，一位老班长还给我们讲解了很多关于军队服装的演变和意义的有趣故事。值得高兴的是，当天从部队回来后，小苏非常自豪地穿上了尘封已久的作训服……

　　当纸上的"担心"与"害怕"在不断地验证和探讨中，一件件尘埃落定、画上句号时，小苏也在不知不觉中走出恐惧的阴影，逐渐阳光自信起来，就像人们在观看魔术师在表演"人体分身"时，不自觉地或心跳加速、或屏住呼吸、或尖叫、或不由自主地蒙住眼睛，这些都是恐惧的心理和行为的表现。然而，当人们知道魔术的真相时，一般都会对恐惧感消除，换来的是理性的分析和思考。

　　小苏内心的逐渐强大，也为解开另一个尘封已久的疑惑提供了条件。在一次"生日会"的间隙，我终于对小苏开口了，"小苏啊，你身上的文身都快文满全身了，我见每个都不同，挺别致的。"

　　"是啊，郑老师，您也喜欢吗？每个都是我自己画的，有的还是我自己文的咧！"小苏比画着自己身上的各种图案说着。

"自己设计自己文，我见过。但自己设计这么多文身文在身上的我倒是第一次见。"我说道。

"是吗？嘿嘿！郑老师这您就不知道了吧。以前我心里害怕时，发现画画可以缓解情绪，画着画着就忘记害怕了，然后就干脆把画文在身上，想着若是以后有害怕的事出现，就直接看一看文身，就不怕了，多好呀！"小苏兴奋地说道。

"要不，你也帮郑老师设计一个？"我学着小苏的样子，在自己身上比画着说道。

"真的假的？小问题，不过我设计好了您敢文吗？很痛的哟！"小苏激将道。

"你不设计好，怎么知道我敢不敢文？给你两天的时间，后天我找你要。"我反激将道。

好家伙！这一激，两天的工夫，小苏足足设计了七八个。每个都栩栩如生，令我难以取舍。就连我特邀来的"参谋长"秦老师也惊叹小苏的设计不简单，有灵气。秦老师拿着其中两幅作品端详了许久，问道："小苏，你学画画多长时间了啊？"

"哦，算起来有七八年了吧，不过，我都是自己瞎学的。秦老师，您也觉得还不错吗？"小苏自恋地说道。

"嗯，画得确实不错！多少有点我当年的风范！"秦老师也不甘示弱。

"哦？秦老师小时候也喜欢画画？"小苏连说带跳地蹦到秦老师身边。

"是啊，我小时候不仅喜欢画画，也像你一样喜欢画文身，依稀记得还有几个和你这风格有点儿类似。想看看吗？"秦老师共情地说。

"好啊！好啊！秦老师，您等着，我去拿纸和笔，等我啊！很快回来的！等我啊！秦老师！"小苏高喊着奔走了。

如此亢奋的小苏，我还是头一次见到。看着小苏风一样离去的背影，脑海中不禁浮现出一句话，"当上帝关了这扇门，一定会为你打开一扇窗。"一个人的得与失，是守恒的，在一个地方失去了一些，就一定会在另一个地方找回一些。

当小苏再返回时，与秦老师已是一幅笃定好学、潜心研思、心无旁骛、亲密无间的师生学术交流景象了。

一棵树，阳光照射的那一面往往非常茂盛，另一面则不然。长此以往，将会影响主干，使之倾斜。如果叛逆是一棵树的阴影面，那么帮助一棵已经倾斜的小树苗最好的办法，就是让这棵树的阴影面对着充足的阳光，静待花开即可。

"正知"，正是那一缕阳光。

本节注解：

【1】恐惧症：是对某种物体或某种环境的一种无理性的、不适当的恐惧感。一旦面对这种物体或环境时，恐惧症患者就会产生一种极端的恐惧感，以致会千方百计地躲避这种物体或环境，因为他害怕自己无法逃脱。

恐惧症的发生主要有两个因素，一个是对某事某物的控制力毫无信心；一个是先天特质。这里与一般恐惧情绪有关的，主要是前者。

【2】系统脱敏：由交互抑制发展起来的一种心理治疗法，又称交互抑制法，常常是用来治疗恐惧症和其他焦虑症状的有效疗法，是由美国学者沃尔帕创立和发展的。

人不能同时既松弛又紧张，在松弛时本来可引起焦虑的刺激就会失去作用，即对此刺激脱敏了。它采用层级放松的方式，鼓励患者逐渐接近所害怕的事物，直到消除对该刺激的恐惧感，它的治疗原理是对抗条件反射，通过循序渐进的过程逐步消除焦虑、恐惧状态及其他恐惧反应的行为疗法。

第四节　把"瘾"留下，让"网"转移

"一年之计，莫如树谷；十年之计，莫如树木；终身之计，莫如树人。"

——管仲

网瘾，网络成瘾症的简称。

近年来大家对它是谈之色变，无不让家长和学校的老师伤透了脑筋。学校明文规定禁止学生带手机入校，可孩子们的对策是千奇百怪，防不胜防。很多家长更是不知砸了多少个手机，但孩子像变魔术一样，大人们越砸就变得越多；学校越禁，孩子们就越有激情与老师斗智斗勇。

有媒体曾在社交网络上发起"使用手机时长和健康隐患"网络调查，引起超过 40 万网友的关注。结果显示 74% 的网友表示自己是手机不离手、65% 的网友离开手机会产生焦虑感。换言之，目前超七成网友已经成为"手机病"患者。

更严重的是，这种机不离手的网瘾状态，除了严重侵占孩子们正常学习、生活的时间，还会造成诸多的健康隐患。如对眼睛、颈椎和大拇指腱鞘造成的直接损伤以及引起睡眠、内分泌和肥胖等问题，更严重的甚至会导致精神障碍。

难道这就是所有"网瘾"孩子的最终归属吗？难道就没有一种方法能解决孩子沉迷于游戏的现状吗？

接下来，让我们对众人们都谈之色变的"网瘾"，客观地、透彻地分析一下。

首先，从"网瘾"字面上理解，这里的"网"，特指互联网以及移动互联网中的各种软件、游戏、视频、图文等信息。"瘾"，指的是人的中枢神经经常受到刺激而形成的习惯性或依赖性，泛指浓厚的兴趣。随着智能手机的普及，我们常常所说的"网瘾"，绝大部分泛指手机网络游戏成瘾。

然后，在与大家探讨如何远离"网瘾""手机病"之前，让我们先放空一下大脑，用5分钟的时间，一起回想一下自己的童年时光。

在我们的记忆深处，是不是有过和小伙伴玩耍，如捉迷藏、跳皮筋、丢沙包、打篮球、打乒乓球等，因太过投入而忘了吃饭的时间，父母催促了多次才依依不舍离开的情景；是不是有过全神贯注、屏息凝视着一群蚂蚁，看着它们搬食物回家不知不觉直到天黑，却忘了自己要回家的时候；是不是有过一到江河里游泳，就不想上岸的场景；是不是有过对一首特别中意的歌不厌其烦地唱，唱到听的人都快吐了，而你却依然深深陶醉其中的时候；抑或是为了学会骑单车，纵然是摔得全身万紫千红也要爬起来的那份激情；甚至为了占一个秋千整节课心不在焉，惦记着下课铃声一响到底是抄哪条近路的那个状态……

这些情景和状态，都是由于我们对这些事物有了浓厚的兴趣，到达了上瘾的程度所致。换言之是对一件事物全神贯注、聚精会神到了废寝忘食、念念不忘的程度。

日常生活中，由于"瘾"带给大家的感观大多都是负面的，比如，因摄入某些化学物质而引起的毒瘾、天天酗酒的酒瘾、烟不离手的烟瘾……所以，这些思维定式让人们一提到"瘾"，就觉得是贬义的、不好的。

这样的极端认知，往往容易忽略了"瘾"所包含的积极的一面，例如，任何伟大的科学家、艺术家都是有"瘾"的人，如果他们对自己研究的科研领域没有浓厚的兴趣，如果他们对自己的兴趣不执着，没有达到"台下十年功"的忘我境界，那他们是不会成功的。他们的"瘾"的载体是正面的，是积极的。

最后，大家对"瘾"的感观，如果仍无法中肯地正视它，那么我们来看看以下三个情境。

情景描述：

妈妈完成晚餐后，高兴地呼唤着在房间里的孩子："宝贝，准备吃饭了哦！"

第一个家庭：

"好的，妈妈！等我打完这局游戏就马上来啊！"孩子应声道。

第二个家庭：

"好的，妈妈！等我弹完这首钢琴曲就马上来啊！"孩子应声道。

第三个家庭：

"好的，妈妈！等我解完这道应用题就马上来啊！"孩子应声道。

三个情境中，我想，绝大多数的父母都希望第三个家庭中做题的那个孩子是自己的，对吧？再不济也是第二个家庭中的孩子。什么？不是啊？如果不是，那我们"加码"升级后，再来看看：

第一个家庭：

"好的，妈妈！等我'再'打一局游戏就马上来啊！"孩子应声道。

第二个家庭：

"好的，妈妈！等我'再'弹一首钢琴曲就马上来啊！"孩子应声道。

第三个家庭：

"好的，妈妈！等我'再'解一道应用题就马上来啊！"孩子应声道。

各位家长们，现在选择哪个？应该是一目了然了！

如果把时间的维度加入三个情境中，就更明了了。一年之后，第一个家庭中的孩子有了"网瘾"，第二个家庭中的孩子有了"琴瘾"，第三个家庭中的孩子有了"数学瘾"。

上述情境，使我们客观明白了一个事实——"瘾"本身并无对错。是"瘾"所附加的载体影响了人们对它的评价。

我们都希望自己的孩子有读书的"瘾"，有学习的"瘾"，有兴趣爱好的"瘾"，有一切正能量事物作为载体的"瘾"，而不希望孩子有网瘾、毒瘾、酒瘾、烟瘾……一系列负能量事物作为载体的瘾。

既然"瘾"本无对错，那么，如果"瘾"已经依附在了负能量的载体上了，那怎样才能去掉呢？

从青少年叛逆心理的角度解决此问题至少有两大方向值得我们去努力。第一个方向是转移，即想方设法地把"瘾"从负能量的载体转移到正能量的载体上。

此方向的核心点在于如何建立孩子新的目标。孩子的新目标一旦建立成功之时，即是开始脱离原有载体之日。生活中，大人们的处理方式往往是把载体和瘾一刀切，认为把手机砸了，手机瘾就没了；把烟收了，烟瘾就没了，而实际的效果却使孩子心生恨意，越恨就越对着干，越对着干就会对负能量的载体越上瘾，从而进入一个死循环。

第二个方向是卸载，即把负能量的载体从主体上卸载掉。此方向的核心点在于如何重拾起孩子的目标，即孩子本是"精华"，只是被"糟粕"暂时掩盖，去其糟粕，则精华自现，比如某些孩子在没有"网瘾"之前是非常优秀的，或成绩良好、荣誉满堂；或当班干部，任课代表；或兴趣广泛、能歌善舞……

两个方向从属性上讲，在基地众多案例中占比是比较均衡的，不过在实际引导以及设计运用中，两个方向并不是独立存在的，而是相互依存、相互作用的，是需要根据每个孩子的实际情况，在对其心理咨询与目标建设的过程中相互融合、相互配合、相互调和的。

"基地"有一个重度"网瘾"兼抑郁症的 14 岁男孩小雷，正是在两种方向的相互作用下，完成了自我蜕变。

那天，受小雷监护人委托后，我与同事来到小雷家准备接其到"基地"。小雷的家是一座三层楼的自建房，小雷住在二楼。当我们走到楼梯的一半时，传来了激烈的游戏音效声，顺着声音过去，我们停在了一扇虚掩着的门前。

"咚、咚、咚"。

10 秒过去了，不见来开门的身影。我轻轻推开了门，阳光随着门的打开，直射在屋里四处散落的各种快餐盒上，盒里的残渣变质所滋生出的细小蚊虫慌忙地乱撞着，试图挣脱这光的笼罩。

猛然，一股刺鼻的恶臭阵阵扑面袭来，呛得我往后踉跄了几步，无法想象一个人在这样的环境中还能安然自得。缓了好一会儿后，我捂着鼻子向屋内走去。房间不大，一张枣色中式木床占去了一半。床上，干柴般的小雷蜷缩在一角，视若无睹地捧着手机沉溺地打着游戏，萎靡的神情活脱脱再现了一幅晚清时期抽鸦片的景象。

　　据小雷妈妈说，小雷已经1个多月没出门了，家里的饭也不吃了，饿了就点外卖，洗澡、刷牙、换衣已经是很久很久以前的事了。小雷妈妈明知自己做了饭菜孩子也不会吃，但于心不忍，照例餐餐做好端到小雷房间里。小雷妈妈说要是不去看看，真担心他死在里面都不知道。

　　估计小雷把我的到来当成是他家人的"例行巡视"了，直到我走到他床前了他还没有任何反应。

　　我担心惊到他，压低了嗓子说道："小雷！"陌生的声音并没有让小雷感到惊讶，连瞟我一眼都没有，依然直勾勾地盯着手机屏幕。

　　这时，屋里的恶臭越发地浓重了。人的生理反应告诉我，必须现在立刻带小雷脱离这里，"来，起床了，我们换一个地方玩。"不等小雷回答，说话间我已把他搀扶了起来。

　　在我与小雷肢体接触的一瞬间，让我吃惊小雷不仅瘦得厉害，更离谱的是他手臂上布满了呈龟裂状的小疙瘩，粗糙至极。这种小疙瘩是一种角化障碍性皮肤病，俗称"鱼鳞病"，又称"蛇皮病"。奇怪的是，这种病和遗传有着非常大的关系，为何小雷的父母没有小雷却有呢？唯一能解释的就是后天所引起的，后天形成的鱼鳞病的原因有很多种，这里顺便科普一下常见的四种：

1. 呼吸道疾病引发

很多人以为呼吸道感染与鱼鳞病无关，但其实鱼鳞病的病症不仅仅体现在皮肤上，还与人体内部的呼吸系统有关，一些呼吸道传染病如扁桃体炎、鼻咽喉炎等也会诱发鱼鳞病的出现。

2. 代谢出现障碍

代谢出现障碍导致体内的毒素没有办法完全排除，很容易形成后天鱼鳞病。

3. 洗澡不勤

造成了身体分泌物不断地堆积在皮肤表面，甚至会堵塞皮肤毛孔，久而久之，会出现皮肤粗糙龟裂形成鱼鳞病。

4. 抑郁情绪诱发

精神因素也是导致鱼鳞病出现的一个重要因素，抑郁的情绪不单会影响人的生活，更会危害人的身体健康。

当时，我来不及多想是上述的哪一条，只知道再这么下去，不是有没有病的问题，而是有没有命的问题。

小雷一米七几的个头，90 斤还不到，我几乎没怎么用力就把他搀扶了起来。长期的营养不良导致其脸部严重塌陷，显得颧骨异常地突出。由于小雷接连不断的通宵游戏，使整个人的身体机能感觉像个老年人，缓缓地，悠悠地。

他终于开口了，不过是全身无力、弱弱呻吟的那种，"你是谁？你要带我去哪里？"

"我是郑老师，来带你到一个更好玩的地方，那里高手如云。"我说道。

"哦。"小雷木讷地回应着。

我与同事搀扶着小雷上了车，整个过程平常无奇。他的眼睛自始至终没有离开过手机屏幕，一副只要让我玩手机，去哪儿都一样的神情。

"基地"的孩子们刚来时大多都是不知道，也不认为自己是有错的，小雷也不例外。在他们的认知中，常常是这么想："我不就是玩了几个月的通宵游戏嘛！""我不就是几周没去学校，几周没回家嘛！""我不就是骗了你几百几千元钱嘛！""我不就是打了个架偷了个车嘛！""我不就是文了个身、染了个发、抽了支烟、喝了点酒、吸了点毒嘛！"

这个"我不就是"的认知很危险，意味着当前程度还没有到达孩子所认为的下限。可怕的是，在孩子没有彻底蜕变之前，他永远不知道自己目前的状况，早已远远超出了大人们和社会行为的底线了，就更别提自己所认为的下限了。

小雷到"基地"后没有了手机，没有了自然醒，没有了外卖，内心是焦灼、煎熬的。小雷并没有像狂躁、暴力类型的"网瘾"孩子那样出现踢东西、摔物品等过激的行为，也没有用哭、闹、骂、吵、吼的方式来表达自己的"没错"，而是选择了一种出奇安静的形式作为自己无言的抗拒——绝食。

"小雷，我为你能成为'基地'有史以来最安静的学员而高兴，郑老师喜欢少讲多做的。因为少讲多做的人一旦开口那一定是真知灼见。现在，吃饭的时间到了，我先带你去打饭，吃完饭后我们继续聊。"接洽室里，我对一直低头沉默不语的小雷说道。

小雷依然无动于衷。"如果我们现在不去，不出 5 分钟，饭菜就没有了。如果你不饿，可以选择不吃，但我要温馨地提示你一下，下一餐需要再等待 6 个小时以后。"我在起身盛饭前，对小雷说道。

一个人，在正常状态下，仅凭想象就可以条件反射使唾液分泌，比如望梅止渴。

我端着满满的一碗饭菜重返接洽室，坐在小雷旁边细嚼慢咽起来，并故意使咀嚼的声音格外响亮。

在嗅觉、视觉和听觉同时感受食物的色、香、味的刺激下，很难不会引起小雷唾液的分泌。

小雷也不容小觑。据小雷妈妈的描述说小雷在家时最长可以3天不吃饭，只喝水。如果他在"基地"开了绝食的头，只要他还能忍得住，他是不会轻易低头的。

面对小雷的绝食，注定是一场硬仗。

于是乎，我在吃完饭后，立马着手"战备物资"筹集，准备后发制人。

我提了1壶开水，带了两个杯子，找了4本适合小雷看的书，拿了两个苹果，摆放在小雷面前的桌子上。然后，我为自己和小雷分别倒了一杯水，就自顾自地看书或接听和回复着工作电话与信息。中间没有与小雷再说过一句话。小雷照例安静地坐着，时而闭会儿眼，时而咽几下口水。桌上的"战备物资"一样都没碰。

很快，时间来到了下午6点。"小雷，终于又开饭啦！来，郑老师带你打饭去！"我像一个终于等候到时间吃棒棒糖的小孩一样，兴奋地对小雷说着。小雷咽了咽口水，没有说话，只是在听到开饭时，咽口水的频率明显比中午多了很多。尽管如此，小雷依然没有起身要和我去的意思。面对这样的情形，我重复了一遍中午的话："如果我们现在不去，不出5分钟，饭菜就没有了。如果你不饿，可以选择不吃。不过我温馨提示一下，下一餐，需要再等待14个小时以后，在明天早上8点10分开餐。"

然而，与中午我盛完饭返回接洽室的情况不同，这次有了一个细节的变化，小雷面前的那杯水，少了很多。

我故作不知，暗自高兴。第一天的战役，虽然小雷没有进食，但以喝水收场，也算是略有小胜，开了一个好头。

时间来到"战役"第二天，我决定将整体战术升级，主动把小雷带入自己的节奏中来。具体做法如下：一是"战备物资"的升级，在原有"物资"不变的情况下增加了瓜子和营养液；二是场景升级，制造出比昨天更多离开接洽室的时间，并且加入组长的客串。

首先，我把葡萄糖和蛋白粉按一定的比例加入水中，调剂出既从颜色上看不出，又从口感上觉察不到异样的营养液。然后，我将五香味的瓜子散放在桌子上，它扮演着非常重要的角色，说是功臣也不为过。因为一是吃了多少粒感觉不出来，瓜子壳也便于私藏；二是吃了会上瘾，根本停不下来，这是源于大脑有一种"奖励机制"，当我们嗑开瓜子，吃到瓜子仁就完成了一轮奖励，这时会刺激大脑增加快乐素的分泌，因此会不由自主地一粒接一粒地往下吃；三是吃多了就口渴，忍不住就要喝水，而这时的水已经是能给予小雷更多能量的"营养液"；四是瓜子里含有丰富的蛋白质、不饱和脂肪酸、维生素 E 和锌等微量元素，这些都是让人体持续地分泌多巴胺产生兴奋和快乐感觉的。在人体本身处在饥饿的状态下，一旦味觉全面打开，是很难抵挡得住美食的诱惑的。

当这些准备就绪后，组长把自然醒的小雷领到了接洽室（新生在适应期有循序渐进的缓冲）。此时的时间是早上 10 点。

"坐！"我开口道。

"哦。"小雷应道。

听到小雷应声，我心想有进步，比昨天多了一个字。

小雷坐下后，我抓起一个苹果就往嘴里送，然后佯装着打电话，退离了接洽室，目的是让小雷可以有更多机会去喝水或是进食。

组长的客串，是安排在午休前来到接洽室当着我和小雷的面收拾桌上的物品，这样做的好处是让小雷有一个台阶下，既保护了小雷的动机，也为下一步的引导做了铺垫。如果我来收拾，就一定会碰那个水壶和瓜子，能掂量到轻重，这样的话，小雷会因担心自己喝水或进食的行为有可能露馅而抑制自己的行动。

同样，下午时，照例由组长把我配制好的"营养液"以及几本书、一个苹果、一盘瓜子当着我和小雷的面摆好，然后，我一把抓起苹果离开了接洽室，倒逼着小雷如果想吃，就只能吃瓜子了。

值得高兴的是第二天的"战役"小雷不仅喝了营养液，吃了点瓜子，还看起了书。相比第一天的"小胜"，尽管小雷仍然没有吃饭，也算是"中胜"了。

一切都如计划的那样，都在情理之中地进行着……就在我为第三天的"战役"做筹划时，令人意想不到的情况发生了，在"战役"第三天的早上，小雷居然出现在了早操的队列之中，这比我预想的小雷至少再等 8 天或 10 天才能出操的时间提前了很多。我正想找小雷探究，小雷却火急火燎地来报告了，"郑老师，您说什么都可以商量的对吗？"

"对啊，你有什么问题吗？"

"我……我可不可以不跑！"

"可以啊，不过，能给一个理由吗？"

"因为……因为我饿，跑不动。"

"哦！跑不动你为什么要出操？你可以继续睡嘛！"

"我也想睡啊，但睡不着啊！"

"不会吧？有人吵到你了吗？"

"没，没有，他们吵不醒我的。"

"那为啥睡不着呢？"

"我……我……我饿得慌啊！"

"哦，饿啊！这好办，那你就不用跑了！我们去接洽室，继续喝水吃瓜子怎么样？"

"这，这也不是我想要的！"

"那你要什么？"

"我……想……我想吃饭！"

开启了蜕变的头，即等同于与过去说了声再见。（小雷蜕变的心路历程在第三章第三节有所叙述）

四个月后的家长见面会上，小雷的妈妈看着眼前这个身体健壮、眼神清澈的小雷时，哽咽得说不出话来，一个劲儿地拉着小雷的手，不停擦拭着涟涟不断的泪水。

一名曾让妈妈一筹莫展的"网瘾"少年小雷面对妈妈的泣不成声和久久难以平复的激动情绪，安慰起妈妈来，"妈，对不起，您不要难过了！我回去后一定像姐姐一样，重新当班干部……"

一个人在舒适区待惯了，一旦回到正常的区域，都是一种痛苦。在"基地"待惯了，再回到正常的区域，那是一种享受。

第五节 我的那些男（女）朋友们

"君子谋时而动，顺势而为。"

——《吕氏春秋》

如果要阻挡青少年早恋，最好的办法莫过于让孩子停止发育，显然这是不科学的。

我们的身体从出生的那一刻，就开始了一个不断变化的历程。要成长，就必然会产生变化，这是万物的生长规律。

反之，如果一个孩子在 15 岁左右，对异性还没有一点兴趣，没有对爱情的向往，还没有任何性意识觉醒的苗头，第二性征[1]也迟迟未出现，才是特别可怕的一件事情。

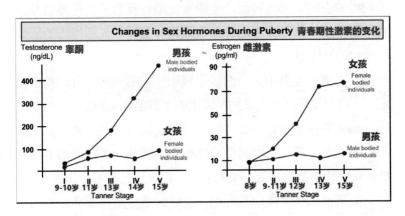

Tanner Stage，可翻译为坦纳阶段或性成熟等级，用以测量儿童、青少年及成年人身体发育标准，共分为 5 个阶段，每个

阶段都有明确的性发育指标，第五阶段代表发育完全。

从上图我们能看到13岁男孩的睾酮素与12岁女孩的雌激素分泌速度一飞冲天，在我们身体内开始发挥作用，这导致孩子们可能突然情窦初开，对异性产生好感。但这时，他们还只是处于一种性吸引的本能阶段，没有深入到情感交流的阶段，所以暗恋或是喜欢的对象很容易变换。

如同"基地"孩子们与我分享他们的恋爱史一样，他们可以今天喜欢这个师兄，明天喜欢那个师妹。他们所谓的恋爱故事中，有爱慕对方外在仪表（帅气、漂亮等）、能力特长（运动、艺术等）、优秀品性（班干部、课代表等）而产生的爱慕型；也有由于生理发育和性成熟，容易产生性冲动，对异性变得很敏感的神经"大条"型；有渴望了解异性的心理和生理，以及异性对自己的态度的好奇型；也有来自对班级现象、社会生活、影视作品和报刊书籍的观摩，看着别人有，我也要有的心理导致的模仿型；有迫于周围同龄人的压力产生的从众型；也有为了获得愉悦的情感体验而产生的愉悦型；有为了获得感情补偿和排解受挫情绪而产生的补偿型；也有受到别人不恰当的干预所产生的逆反型。

以上诸多类型中，有的孩子属于其中的一种，有的孩子则不然，往往出现两种或是两种以上的多种混合交织型。

而无论孩子是属于哪一种类型，或混合了多少类型，在孩子们的心中，都存在着两个最典型的心理认知，即你们不许我这样做，我偏要这样做；别人可以，我为什么不可以？

如果说，孩子在幼儿时期，需要的更多是行为认知上的教育，那么青春期的孩子则需要更多情绪、情感上的体验。否则，在盲目自驱力和逆反心理的作用下，青春期的孩子之间即使是正常的异性交往，往往也会迅速向早恋关系发展。

因此，对早恋持开放、开明的态度，这并不代表我鼓励或是怂恿孩子们早恋，只是我希望在还未搞清楚真正原因之前，与其盲目地批评、粗暴地制止，不如健康合理地引导和关心。

你想想看，如果不支持，那么你连知道他们恋爱观的机会都没有，又怎么"百战不殆"呢？唯有支持了，才能有创造引导的契机，而要做到有效而正确地引导，则需要了解孩子是否是真正意义上的早恋。而要确定这个真伪，唯有通过孩子对早恋的归因倾向的分析，才能达到目的。

例如：按照归因理论中常用的两个维度，即"内部归因"和"外部归因"进行分析来看。一名女学生出现了早恋，如果断定她是因为自己本身缺乏陪伴，比如是离异家庭长大的孩子，那么她是在进行"内部归因"；如果断定她是因为见到同学们有男朋友了，而自己没有的话会被人嘲笑，那么她是在进行"外部归因"，两者所引导的方向是截然不同的。

"归因理论"当中，还有一些维度也是有助于我们进行分析判断的，比如"稳定性归因"与"非稳定性归因"。一名学生认定他（她）是自己的终身对象是在进行"稳定性归因"；而认定自己的终身对象还在选择进行时的则是在进行"非稳定性归因"。

小王来"基地"时14岁，她非常喜欢一个男明星。只要在学校里，看到外貌与男明星相似的男同学时，都是她喜欢的对象，造就了她被说成是"花心大萝卜"的结局。

这是爱屋及乌必然的结果，因为这个世界找不到完全一样的两个人，如果要满足，那就得用多个人的某部分去凑成心中的男神，比如张三的鼻子像男神，李四的眼睛像男神，王五的身材像男神等等，没五六个人还真拼凑不出来。这是"非稳定性归因"。

这种爱慕很正常，大人们都有过这么一段追星的青春记忆，这是心理学当中被称为晕轮效应（或称光环效应）的一种表现。这种情况无须制止，而是应该鼓励孩子去更深入地了解偶像的正面，比如与孩子交流探讨某功夫明星为电影事业付出的努力，某乐队的原创精神等等。毕竟明星也是人，无论是哪个时代的明星，也都需要不断努力去加强自身素质和修养才能长盛不衰，这样的做法既与孩子建立了共同的话题，又能助孩子建立三观。

15 岁的小怡说："我六年级时喜欢学习成绩好的、斯文型男生，到了初一喜欢酷酷的、话少的男生，到初一下学期时觉得长发飘逸的男生很帅……"

不光是女孩，很多男孩也有自己的看法，14 岁的小超喜欢头发扎成马尾的女生，16 岁的小王喜欢运动型的女生，13 岁的小张喜欢穿裙子的女生……类似这些有意或无意、整体或局部的"维度归因类型"，也为分析孩子早恋的真伪起到了补充作用。

在与孩子们交流探讨早恋话题时，我都会在孩子们分享完自己的故事后提出一个问题，"你觉得这是爱情吗？"孩子们思来想去也都没个准数，"不知道。""我也说不准。""我不知道算不算。""不懂哦！"……得到的答案几乎一致，都是说不清道不明。

正是青少年的"恋爱观"处于如此不稳定和模糊、朦朦胧胧的状态，引导才起到了关键性的作用和存在的价值与意义。

可现实中的结果却是另一番场景，孩子们（特别是女孩子）在迷迷糊糊中，被大人们不分青红皂白地当众呵斥、暴力制止，有些孩子甚至遭到大棒伺候、强制隔离。结果，搞得大人小孩都鸡飞狗跳、心乱如麻。最终，早恋的引导工作不仅没有达到预期的效果，还便宜了那些随便说几句温暖话就俘获芳心的社会小青年。

女孩的家长比男孩的家长更担心自己的孩子早恋，这是当今社会客观存在的事实。更为准确地说，是担心孩子因早恋而引发的性行为，甚至是怀孕。

据估算，每年中国的人工流产手术至少有 1500 万台，25 岁以下的女性约占到一半，青少年又占到其中的一半。流产手术风险极大，不仅给女性身体带来巨大伤害，心理也会受到不同程度的创伤，如罪恶感、羞耻、沮丧和悲伤，还有严重的隐形心理疾病，比如抑郁症以及其他精神疾病等。这些都有可能会造成终身的遗憾。

与之如影随形的性疾病也是其中一大严重后果。近年来，不断增加的各类性病、艾滋病人数和堕胎率令人咋舌，且呈现出低龄化和普遍化的趋势。

性是美好的也是危险的。

在性教育问题上，学校和家长还未达成一致。我们常常看到这样的画面，学校要开设性教育课程，家长集体强烈反对，一部分家长认为这是对未成年人发出的错误引导，另一部分家长认为性教育课程可有可无，不必拿来占用孩子们宝贵的学业时间。

在一个比较长的时期里，人们往往粗浅地把性教育等于发生性关系，性似乎是很难以启齿的东西，通常采取回避的状态，其后果便是性问题成了社会生活中的不可触碰的东西。即便是在经济高度发达、各种思潮活跃的今天，性问题在我国依旧是犹抱琵琶半遮面，其重要因素之一就是传统观念认知和封建思想的禁锢。不谈这个问题仿佛就是一种解决方式，这也造就了一个心理学大大有名的效应——"禁果效应"。

"基地"一个13岁女孩小苗回忆道："我从小到大和妈妈看电视，只要遇到接吻或暧昧的镜头，妈妈就用手捂住我的眼睛，所以我很好奇地问我姐姐，然后我姐姐和我讲了很多关于男女之间的问题。如果我妈不捂着我，我都有可能不去特别关注。"

在孩子的成长发育过程中，孩子需要慢慢地认识自己，包括自己的身体。当大人看到一些所谓的不雅行为的时候，先不要过于心烦意乱，焦虑不堪。大多数情况下，孩子是因为好奇，并不是孩子学坏了，孩子们理解的性并不像成人理解的那样。

科学研究还证明，性冲动和爱是两种不同的化学物质产生的两种不同感觉，既有区别又紧密相连。如果说"信息素"（也称作"外激素"）使我们知道我们喜欢谁，不喜欢谁，指导我们对某个异性产生性欲，那么性欲对我们的爱有着一定的指向性。

因此，科学使我们明白孩子有性欲望不是被谁引导放入的，而是性激素大量分泌和身体发育成熟导致的必然结果，是人类繁衍的本能体现。

美好的感情，只有用美好的教育才能引向健康发展。而丑陋的教育，可能把青春期的热烈情感变成炸弹，我们不应当把"性"藏在阴影里，而应放到阳光下。

为什么我花了那么多文字来阐述原因，因为青少年早恋是很正常的事情，是必然，也是规律。这时的感性多于理性，而理性往往是感性过后的参悟。

从因果关系和相关关系理论分析来看，孩子在青少年时期所出现的问题，往往在其幼儿时期能找到蛛丝马迹。同样，当下很多成年人的问题，一样可以在其青少年时期找到原因。比如，一个工作多年的成年人，为了一些小事与同事大打出手，多半是因为他在青少年时期要么打架打少了，要么是压抑得太久了。再比如，离异的双方，多半是因为自己在青少年时期对异性关系处理不当或遭遇到了不当处理，而留下的阴影所致。如果当时他们有了去处理异性关系的机会或是得到了正确的引导，那么到了成年后，会懂得如何更好地选择结婚对象，会明白如果自身不改变，不学会包容和理解，和谁结婚都是一样的常识。

曾经有这么一个寓言故事：

乌鸦和鸽子住在一个小森林里。有一天，乌鸦准备离开，就向鸽子告别。

鸽子问它：你为什么要搬走呢？

乌鸦回答道，其实我也不想搬走，但这里的"人"对我太不友善，他们嫌我的叫声太难听，不欢迎我留下来，我是真的待不下去了。

鸽子沉思良久，对乌鸦说了这么一番话：朋友，你如果不改变自己的声音，那么无论你飞到哪里，都不会有"人"欢迎的。

这就是著名的"乌鸦定律"。

如果一个人没有趋向自我优化的意识，在问题面前一味地选择逃避，那么问题本身并不会得到解决，同时还会被更多的问题所困扰。

现在婚姻稳定的家庭里，这些道理，大多都是从青少年时期的事件中感悟到的。因为能从青少年时期就获得良好情感能力的人，在长大之后，也一定会更懂得如何去爱和被爱。

因此，与其让孩子们产生"禁果效应"，还不如大大方方、顺其自然。这样的局面，赢得的不仅是孩子与大人们相互的信任，更是孩子和大人们之间相互的尊重。

当然，允许并不等于放任不管，恰恰是为了更好地参与其中，做孩子的"参谋"，才会大力支持而非强力制止。

支持，是在斗智，大人们不仅有了参谋的权利，对孩子的安全底线也有了把控的资格。

反对，是在斗勇，大人们必然要时刻做好孩子在长期压抑之后随时会爆发的准备。

千万不要把早恋人为地神秘化，越神秘越让人着迷。

为了让大人们能透彻了解孩子为什么容易产生早恋，除上述阐述的外，这里还有一个不得不提的心理学效应——"贝勃定律"。在了解此定律前，先让我们来看看以下两则故事：

玫瑰实验

一位意大利的心理学家在两对具有大体相同的成长背景、年龄阶段和交往过程的恋人当中，做了这样一个送玫瑰花的实验。

2月14日是西方的"情人节"。

心理学家让其中一对恋人中的男孩从1月14日开始，每个周末都给自己心爱的姑娘送一束红玫瑰；而让另一对恋人中的男孩，只在2月14日"情人节"那一天向自己心爱的姑娘送去一束红玫瑰。

由于两个男孩的送花频率和时机不同，导致了结果的截然不同。那个在每个周末收到红玫瑰的姑娘表现得相当平静，尽管没有大的不满意，但她还是忍不住说了一句，"我看到别人送给自己女友大把的'蓝色妖姬'比这普通的红玫瑰漂亮多了，心里真是很羡慕！"

而那个在"情人节"之前从未收到过红玫瑰的姑娘，当手捧着男朋友送来的红玫瑰花时，表现出了被呵护、被关爱的极度甜蜜，两人感情随之升温。

关爱麻木

一个女孩和母亲吵架后赌气离家出走，在外面逛了一天，直到肚子很饿了，她才来到一个面摊，却发现忘记带钱了。好心的面摊老板免费煮了一碗面给她。女孩感激地说："我们又不认识，你就对我这么好！可是我妈妈，竟然对我那么绝情……"

面摊老板说："我才煮一碗面给你吃，你就这么感激我，你妈帮你煮了十几年饭，你不是更应该感激吗？"女孩一听，整个人愣住了！是呀，妈妈辛苦地养育我，我非但没有感激，反而为了小小的事，就和她大吵一架。

女孩鼓起勇气，往家的方向走，快到家门时，她看到疲惫、焦急的母亲正在四处张望。妈妈看到女孩时，忙喊："饭都已经做好，快回去吃，菜都凉了！"

此时，女孩的眼泪夺眶而出……

我们面对亲人朋友对自己的关爱，早已习以为常，而且期望值很高。有时他们少了一丝关爱，我们甚至会恶言相向。对于陌生人，我们没有抱着多大的期望，因此，他们的一点点帮助与恩惠，却让我们感动不已。

这便是"贝勃定律"在操控我们的感觉。

这就不难解释为什么孩子们老往外跑，因为外面有很多的面摊老板，遇到好的懂感恩，遇到坏的懂早恋。只是很遗憾，往往好的面摊老板在童话故事里出现的概率远远大于现实生活中。

　　一边是"禁果效应"的神秘向往，激发孩子的探索欲望；一边是"贝勃定律"的关爱麻木，催化孩子的心理需求。在父母得知孩子早恋后，又印证了"罗密欧与朱丽叶效应"[2]，加之孩子处于青春期，冲动力十足，想不恋爱都难。

　　作为大人们，与其一味阻止反对孩子早恋，不如通过早恋教会孩子如何去爱。我们可以两手准备，一手揭开早恋神秘的面纱，全力支持，进驻向导，指引方向；一手降低自己对孩子的心理卷入程度，多雪中送炭，少办画蛇添足之事。

　　从某种意义上说，青少年的恋爱关系是成年人亲密关系的训练场所，提供了一个学习如何管理强烈情绪、协商冲突、沟通需求和回应伴侣的最佳时机。这样非常容易让孩子在异性关系的历练中成为一个有责任心、同理心、情商高、心理健康而成熟的人。

　　著名心理学家爱利克·埃里克森也认为，青春期的恋爱对于青少年的自我理解和身份认同有着重要贡献。在青春期的恋爱过程中和喜欢的人之间发生的矛盾、理解、伤害、幸福，都能促进一个人对"自己是谁"的探索。

　　或许，在我们听到这样的抱怨后会理解得更加深刻，"郑老师，这可咋办？你说这孩子早恋也就算了，怎么还是同性恋……"

　　尽管没有明确的数据说明，早恋中的同性恋倾向是孩子处在高压状态下的无奈对策或是移情的出口，但不能否认的事实是反抗的地方，一定存在着压迫。

人世间，没有谁会真正介意爱情来得过早。早恋，也从来不是去研究该不该制止，如何去制止的问题。

它的关键核心在于要不要引导，如何去引导。引导孩子自己学会如何更好地处理这段感情，才是这个社会一直存在的问题。

本节注解：

【1】第二性征：人进入青春期，第二性征的出现，使整个身体明显地表现出男女两性的差异。

男子第二性征包括长出体毛（胡须、腋毛、阴毛）、变声、骨骼变硬、肌肉发达、出现男性特有气味等。

女子第二性征包括长出体毛（腋毛、阴毛）、乳房隆起、骨盆扩大、皮下脂肪增加、出现女性特有气味等。

第二性征的出现，既增加了青少年成长的烦恼和矛盾，同时，又大大地扩展了青少年的需要范围，无论是生理上的需要，还是心理上的、社会上的需要都较儿童期有质的飞跃。

值得社会重视的是那些走向邪路、实施违法犯罪行为的少年犯，绝大部分正是由于其需要从正常途径得不到满足所导致的。

【2】罗密欧与朱丽叶效应：指当出现干扰恋爱双方爱情关系的外在力量时，恋爱双方的情感反而会加强，恋爱关系也因此更加牢固。

心理学家的研究还发现，越是难以得到的东西，在人们心目中的地位越高、价值越大，对人们越有吸引力；轻易得到的东西或者已经得到的东西，其价值往往会被人所忽视。

因此，当外在压力要求人们放弃选择自己的恋人时，由于心理抗拒的作用，人们反而更转向自己选择的恋人，并增加对恋人的喜欢程度。

第六节　盲人的体验

"羊有跪乳之恩，鸦有反哺之义。"

——《增广贤文》

16 岁的小铭，因玩手机游戏导致眼睛模糊，视力极度下降，从原来的 5.1 瞬间降至 4.4。

原来，在整个暑假期间，小铭白天睡到自然醒，晚上等到父母睡觉了，就偷偷拿着大人的手机玩。因小铭房间和父母房间的阳台是互通共用的，小铭担心被父母发现，所以都是躲在被窝里玩。长时间玩手机对眼睛造成伤害已是常识，更别说通宵达旦躲在被窝里玩了，对眼睛的伤害无疑是更大的。

小铭视力的极度下降，让父母警觉起来。小铭父母以及祖父辈的视力都是非常好的，初步可以排除遗传的可能性，更多考虑的是因短时间内频繁用眼过度，致使睫状肌持续收缩痉挛、晶状体厚度增加，以及生物钟混乱、三餐不定等诸多原因导致身体机能紊乱，出现假性近视的可能性偏高。假性近视是眼球调节功能上的异常，这种变化是可逆的。

我把小铭的情况与中医课老师进行了详细沟通。在中医课老师进一步对小铭面诊分析后拟定出了一套物理疗法，试图让小铭通过自身对眼肌的强化锻炼和用眼习惯的矫正，使视力慢慢恢复到正常状态。

此疗法定时、定点、定量，在央视每天《今日说法》结束后、午休前，由专项组长负责监督小铭执行。步骤如下：

1. 放松

快速眨眼 100 次。

2. 睫状肌准备

眯眼睛（稍用力）、睁开共 10 次。

3. 唤醒睫状肌

（1）上下看（稍用力）20 次；

（2）左右看（稍用力）20 次。

4. 恢复睫状肌

（1）上左下右、上右下左画正方形（稍用力）各 20 次，2~3 秒一个方向；

（2）画圈，顺时针、逆时针（稍用力）各 20 次，2~3 秒一圈。

上述 2~4 项，均稍用力，以眼睛觉得轻微酸胀为宜。

5. 远近焦点恢复

（1）眺望远处的树，选定其中一枝树梢，数 50 片树叶；

（2）看近处自己的手掌纹路，数 50 条纹路。

把树叶和纹路数完为 1 次，共数 5 次。

6. 放松

搓热双手，放在眼睛上，让眼睛在手心感受一下温度，温度下降后继续搓热双手，来回 5 次。

7. 精准到位的眼保健操

（1）按揉攒竹穴

穴位位置：双眉头凹陷处。

操作手法：用双手大拇指螺纹面分别按于两侧穴位上，其余四指自然放松、弯曲，指尖抵在前额上。

（2）按压睛明穴

穴位位置：鼻骨两旁近内眼角处。

操作手法：用双手食指螺纹面轻按在两侧穴位上，其余四指自然放松、握起，呈空心拳状。

（3）按揉四白穴

穴位位置：下眼眶边缘下方的正中。将两手食指和中指并拢，轻按在鼻翼两侧，大拇指并在下额凹陷处，随后放下中指，食指指尖所在的位置就是四白穴。

操作手法：用双手食指螺纹面分别按在两侧穴位上，大拇指抵在下额凹陷处，其余四指自然放松、握起，呈空心拳状。

（4）按揉太阳穴，刮上眼眶

穴位位置：太阳穴，在外眼角与眉梢之间、向后大约3厘米处的陷窝处。

操作手法：先用双手大拇指螺纹面分别按于两侧太阳穴上，其余四指自然放松、弯曲。然后，大拇指保持在太阳穴位置上不动，用双手食指的第二个关节内侧，稍加用力从眉头刮到眉梢，两个节拍刮一次，连刮两次。

（5）按揉风池穴

穴位位置：在颈后枕骨下，也就是两侧大筋脉外侧凹陷处。相当于耳垂水平。

操作手法：将双手食指和中指并拢，然后把螺纹面按在风池穴上，其余三指自然放松。

（6）揉捏耳垂，脚趾抓地

穴位位置：耳垂正中，脚趾。

操作手法：用双手大拇指和食指螺纹面，捏住耳垂正中眼穴，其余三指自然并拢弯曲，揉捏的同时，双脚的全部脚趾跟随节拍做抓地运动。

每节随音乐口令有节奏地按揉，每拍一次（圈），做四个八拍。

以上力度均为适中，轻微酸胀感为宜。

有了方案的加持，中医课老师还郑重地叮嘱小铭用眼的习惯，说："一定要坚决改掉平日里眯眼看物体的习惯，即使是看不清楚也要改掉这个坏习惯。"

"嗯！好的。"小铭回答道。

可是，好景不长。由于小铭是刚来"基地"，正处在适应期，情绪时有波动。生活、学习各方面还有待适应，现在又多出一个流程要执行，心生不悦。所以此方案小铭执行了 2 天就极不愿意配合，出现了破罐子破摔的现象。组长让小铭看远方，他偏低着头；让其看近处，他干脆闭上眼！甚至央视的《今日说法》一看完，直接撂挑子回宿舍睡觉去了……

那天，在听完组长的汇报后，我径直来到小铭宿舍门口喊道："小铭。"

"到。"躺在床上的小铭慢悠悠坐起来答道。

"来，到门口来。"我招手示意地说着。

"哦。"小铭懒洋洋地晃荡到我面前。

"回去！"我说道。

"回去！！！"见他愣在那里好像没听懂，我加重了语气。

"是。"小铭见我声调高了八度，也加快速度转身进了宿舍回到床边。

"小铭，到门口来，闭着眼睛走过来。"我说道。

"闭着眼睛？"小铭诧异道。

　　小铭眼珠子下意识地转了几圈感觉好像有诈，但又找不出哪里有什么毛病，来回打量了一下距离后，眼睛一闭，眉头一锁，脑袋一斜，膝盖一弯，屁股一撅，两只手臂齐肩张开置于前方，左右摇晃着像雷达似的试探着前面的障碍物，往宿舍门口方向小心地挪动着碎步。

　　宿舍里除了墙边的床，小铭站立处到门口之间没有任何隔挡物，方向感不差的话，闭眼走到门口并不困难。若在平时，这点距离也就几秒钟就走完了，但现在……终于，小铭离我越来越近了，眼看就要被他那两只像雷达的手触碰到时，我顺手接过他的双手搭在自己肩上，说："继续闭眼，不要张开，跟我到训练场去。"

　　"啊！郑老师，您可以慢一点吗？"小铭紧张地说。

　　"可以。"

　　我一边走一边调整着速度，心想这小子现在知道要慢下来了。

　　"郑老师，不会下楼梯也不让我张开眼吧？"小铭略带苦笑地问道。

　　"总有第一次的，习惯就好啦！"说着，我下了一个台阶。

　　"啊！郑老师，停！停！停！"小铭整个身子本能地往下沉，不由自主地大叫起来。原本搭在我肩上的手瞬间变成了"九阴白骨爪"，死死地嵌入了我的肉里，形成了一股拉扯力。

　　顿时，空气凝固了。

　　"郑老师，可不可以不要这样啊？"僵持了一会儿，小铭忐忑不安地说道。

　　"不要？不要怎样，不要闭着眼？还是不要快一点？"

　　"我……想睁开眼，我……也想慢一点。"

"睁开眼就算了，反正睁开了也是'瞎'的。慢一点可以，来吧。"说完，我继续下着楼梯，往训练场走去。

小铭一只手死死地抓着我的肩，一只手紧扣着楼梯护栏，缓慢地一层一层地挪动着。一只脚下了台阶，稳定重心后，另一只脚紧跟其后，待两只脚都站稳后，再往下一层台阶挪，越往下挪，小铭抓我肩膀的手就越紧，平时十几秒的路程，我们足足走了两分多钟。

"这度日如年的煎熬着实让人难以适应啊！"抵达训练场后的小铭大叹一口气说道。

就失明而言，先天性失明和后天性失明对人的影响大有不同。先天性失明是从一出生就看不见，虽说很不方便，但从小习惯了看不见的生活。没有得失的对比，自己也就感觉不到这份落差，伤害性会大大减少。

后天性失明则要痛苦得多，特别是刚刚失明那段时间的不适应和心理落差是常人难以忍受的，甚至常常会有自杀的念头。可想而知，如果没有一颗强大的积极乐观的内心面对人生的话，确实就如小铭感叹的一样，将是日日夜夜地备受煎熬。

殊不知，"基地"的中医养生课韩老师就是一位盲人，一位后天性失明的盲人。

当然，不可否认，无论是先天性还是后天性的失明，对光明的渴望都是非常强烈的。而人，如果没有同病相怜的感触，是无法产生刻骨铭心的感悟的。

接下来，我暂缓了小铭的部分课程，多出的时间安排他与韩老师朝夕相处生活一段时间。

不久后的一次小组心理课上，与同学们探讨到"令自己感到最震撼的事情是什么？"时，小铭回忆起了这段日子。

　　小铭说到自己在与韩老师生活期间，目睹了韩老师从穿衣到洗漱、行走到就座、进餐到如厕、洗澡到晾衣、盲文读书、手机听课……无不惊讶于韩老师超乎常人的自理能力和学习能力……讲到自己拿着韩老师用的拐杖研究半天，后来得知那不叫拐杖，而是"导盲棍"……小铭还提到了一个印象最深、触动他的最大发现——韩老师居然还会弹吉他唱歌，简直太神奇了。

　　正是与韩老师相处的这段经历，让小铭为之震撼的同时，也深刻感悟到光明的可贵，以至后来已不需要人监督，可以自发地完成物理治疗了，并通过自身不断地坚持，视力已经慢慢地有所好转。

　　"不要等到失去后才懂得珍惜"。尽管每个人对这句话的解读方式不尽相同，但众人对要达到此话的目的与认知是一致的，即唯有真的体验过"失去"，才能具有做到珍惜的可能性。

　　在一次周记的展读上，我为能听到小铭这样的一段话而感到由衷的欣慰：

　　在与韩老师相处的日子里，有一次听韩老师说起，在全球中国是盲人数量最多的国家，在 2020 年时，盲人数量约为 830 万人，占全球失明人口的 21% 左右，并且，每年新增盲人数量达 40 万以上。

　　韩老师还说，目前我们国内无障碍建设规范化不足，盲人独立出行还有一些困难。

　　所以我希望自己多学习知识，多了解盲人，在未来能够帮助到更多像韩老师这样的盲人……

不经一事，不长一智。

不仅人教人，更要事教人。

生活中，我们发现与小铭情况类似的孩子不在少数，需要通过诸多的事物去感知和激发出已有的情绪与情感。小铭体会到了韩老师的不易，认知到了眼睛的重要性，与韩老师的相处过程激发出了小铭内心的"同理情绪"，形成的"情感记忆"填补了情绪空白，使小铭再次看到手机时会涌现出"要保护眼睛、盲人不易"的图式，从而产生少玩或不玩的自控行为，达到能驾驭手机的目的。

说到手机对孩子造成的影响，这里不得不提到另一种"病"——"自然缺失症"。

这是当今孩子除了"手机病"之外，普遍都有的一种"病"。他们对数码产品的知识了解越来越多，而与自然的接触却越来越少。动画片、数码电子产品以及网络的发展，让孩子与自然的疏离日趋严重。

过去的孩子玩的是泥巴、树叶、石头，而现在的孩子的玩具基本成了电子产品。过去的孩子还能感受到大自然的美，和大自然亲密接触，现在的孩子面对的是高楼大厦、钢筋水泥。

倒不是说现在的生活不好，而是任何事物物极必反。在我们享受现代城市带来的生活便捷的同时，也不应脱离了自然的怀抱。

自古以来，人类依据于大地而生活劳作、繁衍生息；大地依据于上天而寒暑交替，化育万物；上天依据于大"道"而运行变化，排列时序；大"道"则依据自然之性，顺其自然而成其所以然。良好的自然环境会通过刺激人的感官传达给大脑积极的信息，从而调适人的心理和生理状态，使之趋向平衡。反之，在嘈杂或不良的环境中，人会感到头疼、眩晕甚至心情烦躁不安。

因此，这也是为什么"基地"选择远离城市，避免喧嚣的地方作为"基地"的重要原因之一。

这里绿树成荫、湖水依傍、鸟语花香、如诗如画，是一座天然氧吧，是钟灵毓秀之地。治愈着孩子的眼睛，疗愈着孩子的心灵。

第七节　零食喂大的孩子

"与其救疗于有疾之后，不若摄养于无疾之先。"
——《丹溪心法·不治已病治未病》

小炜，一个吃零食长大的孩子。只要不谈到零食，平日里话不多，这是众人对他的一致评价。

无论是核桃、杏仁、花生、瓜子、槟榔，还是鱼干、肉干、饼干、水果干，抑或是巧克力、酸奶、乳酪、虾条、薯片、爆米花、糖果、蛋糕、面包……从口味到制作工艺，从品牌到私人订制，从国内到进口，只要你想聊，小炜随时奉陪到底。

在小炜妈妈看来，这孩子没有正餐、副餐、早点夜宵这么一说，他可以从醒来吃到睡觉，就连如厕，都可以从牙缝里撩出点渣末嚼磨一会儿。房间里床头、床尾、桌上、凳上，你所能目击之处，能放零食的绝不会放别的东西。除了零食，小炜还有一个嗜好，爱喝饮料，17年几乎不喝白开水，渴了就喝各种饮料，特别迷恋碳酸类饮料带来的那种刺激感。

最终，小炜成功地把自己的体重吃喝到了190斤。在学校里，胖的同学往往更容易遭受到其他同学的嘲笑或戏弄，小炜也不例外，更甚时被同学抢夺、敲诈零食的事儿也时有发生。渐渐地，小炜开始自卑、自闭起来，对学校也开始产生了一定的恐惧感。更令人担忧的是，小炜这些情绪的变化，不仅没有影响他对零食的渴望，反而加剧了他对零食的占有欲和控制欲。

小炜的心情越郁闷，就越想吃零食；越担心被同学抢，就越赶紧吃完；越快吃完，对量的需求就越来越大，形成了恶性循环。

至今，我还清晰记得小炜第一次来到"基地"的情景。接洽室里，他和妈妈并排坐在一张沙发上，妈妈手里拎着一个手提袋，里面是一小袋一小袋的坚果，足足把手提袋撑得鼓鼓的。一旁的小炜一手捧着一小袋坚果，一手娴熟地把坚果往嘴里送。

当我与小炜相对坐下时，小炜一种本能的担心出现了。为什么这么说呢？当小炜见到我时，送坚果的频率明显加快了很多，快到远远超出了唾液分泌的速度，直到差点被噎着才连忙停止，赶紧喝下几口随身携带的可乐。好不容易缓过来了，又源源不断地往嘴里塞着坚果。

司空见惯的小炜妈妈在一旁沉默着，生怕一说话就打扰到小炜享受美食的心境。小炜更是越吃越欢。这不，上一袋最后一口坚果在嘴里还没咀嚼完，就夺过妈妈手里的手提袋，拿出一袋新的坚果准备拆封。在小炜正要撕开包装的瞬间，我见缝插针道："小炜啊！"

"嗯！"小炜应道，整个身子不自觉地顿了一下。

"如果零食和饮料只能选择一样，你会选哪个啊？"我试探性地问道。

我的话音刚落，小炜猛然间抬起头，惊愕地望了我一眼，随即一只手紧紧地捂住那一袋坚果，另一只手以迅雷不及掩耳之势把桌上的可乐搂到自己怀里。

对于小炜这种类型的孩子，首因效应[1]尤为关键。我努力使自己在小炜对我的第一印象中争取足够多的善意。因此，上述的提问是我对真实问题美化的结果，而真实的问题是，在未来1个月甚至更久的时间里，零食和饮料都没有的情况下，他将如何度过？我把这个问题提出来后，他说："不……不知道。"声音有些颤抖。

这是一个颠覆小炜认知的问题，得到的是一个未知的答案并不奇怪。让一个依赖了十多年"垃圾食品"的孩子突然之间要去接受自己的过去是不对的这个事实，是需要很大勇气的。就如同一个闭关十余载、潜心练得绝世武功的人出关后却被告知所练的绝世秘籍是假的，换谁都是难以接受的，搞得不好，还会走火入魔、精神错乱、疯疯癫癫，就像《射雕英雄传》里的西毒欧阳锋一样。

但我们必须承认，认识不到自己的问题并不代表没有问题。因此，要帮助小炜蜕变的最好方式，唯有对小炜已有的认知进行一系列的干预、修正、重塑，才能使其达到从认知失调[2]到认知协调的目的。

接下来，我决定从两大方面对小炜的现状进行干预。一方面，对小炜的认知进行干预，方法是通过导入概念、概念移情以及心理账户建设三个步骤，让小炜从"零食"和"饮料"中做出抉择；抉择之后，让小炜对落选的一项失而复得，使小炜的心理得以平衡。

另一方面是从食品层面进行干预，用健康的食品替代原有的"垃圾食品"，达到身体与心理共同蜕变的目的。

（一）认知层面

第1步："想吃"和"能吃"分成两个概念，引导小炜自己分析并做出选择。

融洽的氛围会使沟通效果事半功倍，特别是面对有一定社交障碍的孩子。我与小炜的沟通，在成功营造出"同学式"的

聊天氛围中展开了。由于篇幅有限，只截取关键的内容整理
如下：

　　"小炜，抽烟会吗？"我说道。
　　"会。"小炜答。
　　"你去电影院看过电影吗？"我问道。
　　"去过。"小炜答。
　　"如果我们到电影院看电影时你想抽烟了，你会在电影院里
面抽吗？"我问道。
　　"不会啊！"小炜答。

　　小炜脱口而出的"不会啊！"，代表着第一步引导的成功。
　　说明在小炜的认知中，"想抽"和"电影院"这个特定环境
中"能不能抽"之间，是可以分化出"想"与"做"的，是有
自我约束意识的。
　　第2步：把"烟"和"电影院"关联到"零食、饮料"和
"基地"。
　　这一步非常关键，要达到概念移情或概念转换的目的。

　　"哦！小炜啊！在'基地'呢，是不能吃零食、喝饮料的，
就像在电影院里不能抽烟一样。如果你在'基地'想吃零食、
喝饮料了，怎么办呢？"我问道。

　　小炜的眼睛不由得翻了翻，上下嘴皮开始微微地颤抖起来。
　　此时，我心中那个感性的自己，不由自主地为他感到难受，
但理性的自己却提醒着我必须立刻进入第3步。因为小炜纠结、

焦虑的表情，已经是问题的答案了。

第3步，先抑后扬，让小炜有所希望。

还是开头的那个问题，如果零食和饮料只能选择一样，如何选择？要让小炜面对这两难的问题做出选择，就必须先在小炜脑海里建立起一个"心理账户"。

那么，要同时达到"心理账户"的效果和做出选择的目的，就得老酒装新瓶，换一种问法。

"小炜，如果你在'基地'想吃零食喝饮料了，是想先吃零食，还是先喝饮料呢？"我问道。

"饮料，饮料，我想喝饮料。"小炜眼睛一亮，急忙说道，生怕晚说几秒两样都没了。

噢，太好了，可以没有吃的，但必须要有喝的，终于成功地把"零食"和"饮料"在小炜的认知里拆开了。

这里需要说明的是"先"是一个非定向词，是为小炜后续的咨询做铺垫的。按字面上来讲，"先"一般会被理解为在较短的时间里，先喝饮料再吃零食，在此则不然，它代表着一个长时间周期，比如先喝一个月饮料，再吃一个月零食。

这样的理解，既不会违背与小炜的商定，也为改变小炜的饮食结构赢得了时间。

（二）食品方面

针对小炜饮食结构方面的改变，毋庸置疑，首当其冲的就是他选择的、每天都需要摄入的饮料。

在小炜做出抉择的第一时间，"基地"购置了一台家用碳酸饮料气泡水机，决定用自制的气泡水代替市场上的饮料。

自制的气泡水不仅是 0 糖 0 脂 0 卡路里，关键在口感方面与市场上的碳酸饮料如出一辙，还可以根据自己的口感，去配比气泡的浓度，甚至可以随自己的心情添加各种水果调剂，升级为水果味碳酸饮料。

如此一来，小炜的健康得以保障，在喝的意愿度方面，小炜也无话可说。更让小炜开心的是想喝多少还不限量，管够！

这一番操作，小炜的味蕾是彻底被激活了，每天不亦乐乎地忙着捣鼓着各种器皿，自制着各种口味的气泡水。遇到"基地生日会"或是节假日活动时，自告奋勇地担当起同学们的饮品供应商，为每一位同学调剂着私人订制的专属饮品。柠檬味的、西瓜味的、芒果味的、香蕉味的、各种口味混搭的……同学们无不感叹道："这才是真正健康的快乐水。"小炜也因此被同学们誉为基地的"气泡大师"。

"饮料"问题算是解决了，剩下的就是"零食"了。

尽管小炜在"零食"和"饮料"之间做出的选择是"饮料"，但从心理学的角度，这并不能说明小炜对零食就没有了念想。我们更不可能把"零食"从小炜的脑海中彻底拿走，这既不现实也违背了教育的本质。

在原有计划中，无论小炜最终在"零食"和"饮料"之间做出何种选择，都会在恰当的时机使落选的一项让小炜"失而复得"。

任何事物都具有两面性，既然如此，为何我们不去关注积极的那一面呢？

小炜喜欢吃零食，而且还不挑食，这点就是好的嘛！关键是如何解决既能保留市场上那些零食的诱人口感，又要有营养的问题。否则，吃得多，嘴瘾是过了，却伤了身体。现在很多老年人的病在青少年身上时常发生，不正是吃了太多含激素和添加剂食品的后果吗？一旦我们能把口感和营养兼得的问题解决，这样的"零食"，不仅在小炜的蜕变之路上又跨过了一大障碍，对"基地"所有孩子的健康也是有百利而无一害的。

对小炜而言，如果"气泡水"打开了美食世界的一扇门，那么"基地"琳琅满目的自制零食就是美食世界的一扇扇窗户（第二章第一节"晚餐"板块中有所叙述）。这些健康营养又符合孩子们口味的零食，所用的食材均是精心挑选后由老师和同学们通过在厨艺、面点和烘焙课上的特殊改良而成。

这些课程，是需要经过两门考核合格后才能进入的。我原来还担心小炜得知后会因此而退缩，值得庆幸的是小炜不但没有因这个条件的存在而感到难受，反而激励了小炜为了"零食"而要努力通过考核的斗志。小炜后来回忆道："那一段日子，我连做梦都想进厨艺室。"

关于"洋垃圾"对人体的危害就不做过多阐述了，大家可自行查阅相关资料。在食品的问题上，"基地"认为病从口入既然成立，那么健康从口入亦然成立。

"基地"的大部分的孩子和小炜一样，都是吃了很多年的"洋垃圾"。到"基地"后，在合理运动、科学饮食、规律作息的综合调节以及自身免疫系统的作用下，那些长期沉淀在孩子们身体中的毒素慢慢就会涌现出来，往往以长痘、长疹子、长疮、口腔溃疡等形式排出体外。还有一些孩子所出现的个别症状在一段时间后也得到了明显的改善，例如来"基地"之前常常失眠的也能倒头就睡了，例假不规律的也正常了，面黄肌瘦的脸蛋也泛着红润了……

　　三个半月后，小炜在强烈的内驱力作用下，终于以优异的成绩通过了考核，进入梦寐以求的厨艺课。四个半月后，在迎来自己首次的"家长会"上，面对久违的妈妈和外婆，小炜迫不及待地展示着自己的肌肉，自信地打了一套军体拳，赢得了家人们认可与鼓励的掌声。当妈妈问到他现在的想法时，小炜从容地说："身体是革命的本钱，我要做一个健康的肌肉男，不练到八块腹肌就不出'基地'了……"

　　不得不说，小炜在美食与健康之间找到了平衡，要保持棒的身体，就得营养均衡；为解自己的嘴馋，就要合理运动。渐渐地，小炜离肥胖越来越远，在健康的道上越走越近。

　　"家长会"临别时，小炜还叮嘱妈妈买些书籍给他寄来，还说以后要去当兵……

　　听着小炜的目标，看到小炜的蜕变，小炜妈妈既欣慰又惊叹地问我，"郑老师，你是用了什么魔法吗？"

　　我笑而不语。我想，如果真有魔法的话，应该是小炜在一个得以尽情绽放天性的"境"中的缘故吧！

　　在我撰写这本书期间，小炜给了大家一个惊喜，他在2022年5月15日悄然回到"基地"看望老师、教官、同学们时，与大家分享了自己结业后的学习与生活。在2022年8月15日的生日会上，小炜再次来到"基地"，告诉大家他已正式"入伍"的消息。

本节注解：

　　【1】首因效应：由美国心理学家洛钦斯首先提出，也叫首次效应、优先效应或第一印象效应，指交往双方形成的第一次

印象对今后交往关系的影响，也即是"先入为主"带来的效果。

虽然这些第一印象并非总是正确的，但却是最鲜明、最牢固的，并且决定着以后双方交往的进程。如果一个人在初次见面时给人留下良好的印象，那么人们就愿意和他接近，彼此也能较快地取得相互了解，并会影响人们对他以后一系列行为和表现的解释。反之，对于一个初次见面就引起对方反感的人，即使由于各种原因难以避免与之接触，人们也会对之很冷淡，在极端的情况下，甚至会在心理上和实际行为中与之产生对抗状态。

【2】认知失调：心理学名词，用来描述在同一时间有着两种相矛盾的想法，因而产生了一种不甚舒适的紧张状态。更精确一点来说是两种认知中所产生的一种不兼容的知觉，这里的"认知"指的是任何一种知识的形式，包含看法、情绪、信仰，以及行为等等。

除认知失调外，还有认知无关和认知协调。例如，抽烟有害健康和我不抽烟之间的关系是认知协调；我身高170厘米和我喜欢看书之间的关系是认知无关；我觉得玩手机不好和我通宵达旦地玩之间的关系是认知失调。

在一般情况下，人们的态度与行为是一致的，比如：你会和你喜欢的人一起郊游或不理睬与你有过节的另一个人。但有时候态度与行为也会出现不一致，比如：尽管你很不喜欢你的上司夸夸其谈，但为了怕他报复你而恭维他。

在态度与行为产生不一致时，常常会引起个体的心理紧张。为减少和消除这种由认知失调而产生的压力和心理紧张，通常采取以下三种途径：

①减少不协调认知成分；②增加协调的认知成分；③改变一种不协调的认知成分，使之不再与另一个认知成分矛盾。

以戒烟为例，你很想戒掉你的烟瘾，但当你的好朋友给你香烟的时候你又抽了一支烟，这时候你戒烟的态度和你抽烟的行为产生了矛盾，引起了认知失调。

我们大概可以采用以下几种方法减少由于戒烟而引起的认知失调：

①改变态度

改变自己对戒烟的态度，使其与以前的行为一致（我喜欢吸烟，我不想真正戒掉）。

②增加认知

如果两个认知不一致，可以通过增加更多一致性的认知来减少失调（吸烟让我放松和保持体型，有利于我的健康）。

③改变认知的重要性

让一致性的认知变得重要，不一致性的认知变得不重要（放松和保持体型比担心 30 年后患癌更重要）。

④减少选择感

让自己相信自己之所以做出与态度相矛盾的行为是因为自己没有选择（生活中有如此多的压力，我只能靠吸烟来缓解，别无他法）。

⑤改变行为

使自己的行为不再与态度有冲突（我将再次戒烟，即使别人给也不再抽烟）。

第八节　不再令人讨厌的文化课

"亲其师，信其道。"

——《学记》

"我妈整天唠唠叨叨，让我学习、学习、再学习，简直烦死我了！""我爸更夸张，补课、补课、补课，补得我都快要吐了！""你那'作业恐惧症'算啥？我现在都已经是'老师恐惧症''学校恐惧症'了！"

这是如今很多孩子的心声。有的孩子甚至想爸爸妈妈根本不爱他（她）们，爱的是分数、面子……

心理学告诉我们，导致孩子在学习中出现逆反心理的原因有四大类：其一，是作用于个体的同类事物超过了个体感官接受的阈限，而使个体产生的一种相反体验，如学习压力过大等；其二，是当人们感觉自由被剥夺时，往往通过做出与要求完全相反的事来重申其自主权，如因学习而没有很好的休息等；其三，是客体与主体需求不相符合时产生的具有强烈抵触情绪的社会态度，如学习目标矛盾等；其四，是未被满足的需求所导致，如学习环境、氛围、兴趣、尊重等需求。

既然心理学告诉了我们孩子出现厌学的四大类原因，那么要解决这样的问题，同样可以在心理学中得到答案，即让孩子暂时放空一下自我，然后再进行"落差刺激"。

"基地"的孩子们，不是谁都可以上文化课的——落差刺激；也不是一来"基地"就马上进入文化课学习的——放空一下自我。

上文化课的孩子必须同时满足两个条件，第一，通过3个课程的考核——"军事一""军事二"和"厨艺课"；第二，自发自愿。

有人不禁会想原来在学校唾手可得的文化课程，让他们学都不稀罕，想逃都来不及，在这居然还要争取才能学上，难道，就不怕笑掉他们的大牙吗？

生活中，人们往往有这样一种心理倾向，即越是禁止的东西，如果没有说明可以让人们能接受的充足的禁止原因，那么这种禁止常常会诱使人们产生好奇并引起探究反射。

接下来，我们来看看下面这则故事。

古希腊有个神话，说宙斯给名叫潘多拉的女侍一个盒子，告诉她绝对不能打开。

"为什么不能打开？而且还要'绝对'？"潘多拉越想越觉得奇怪。

憋了一段时间后，她终于忍不住打开了盒子。谁知盒子里装的是人类全部的罪恶，被潘多拉打开后全跑到了人间。

心理学上把这种"不禁不为，愈禁愈为"的现象叫作"潘多拉效应"，亦称为"禁果效应"。青少年所存在的逆反现象，大部分都源于"潘多拉效应"。比如，很多不健康的电影、书籍，孩子本来并不知道，知道了也不一定去看，但是见到大人们都去禁止，反而使他们想看个究竟，一睹为快。再比如，之前提到的早恋问题，学校、家长一味地盲目制止，使男女同学之间很平常的交往涂上一层诱惑的色彩，反而容易造成一些孩子早恋。

因此，"潘多拉效应"告诉我们不提倡的东西不一定要明令禁止使其变成禁果，人为地增加了它对孩子的吸引力。

明白"潘多拉效应"形成的原因，我们可以将它反其道而行之，巧用这样的规律去化解孩子厌学现象的严重性和复杂性，利用此效应积极的一面，把孩子不喜欢而又有价值的事情人为地变成"禁果"以提高其吸引力，使孩子对学习产生不一样的感觉。

在我国，"潘多拉效应"运用得最成功的当属被誉为"诗神"的北宋著名诗人苏轼[1]的父母了。

苏轼和苏辙小时候非常顽皮，不肯读书。

他们的父母苏洵夫妇，为了培养苏轼和苏辙读书的兴趣，不仅晓之以理，喻之以义，而且施之以"魔法"：每当孩子们玩耍嬉戏的时候，苏洵夫妇就躲在旮旯里读书，孩子们一来，他们就故意把书"藏"起来。

父母"偷偷摸摸""神神叨叨"的举动让孩子们好奇不已，他们猜想父母一定在阅读什么好书，满怀追根究底的欲念。于是趁父母不在家时，把父母"藏"起来的书"偷"出来读。

日复一日，读书竟成了苏轼和苏辙的乐趣。苏轼、苏辙热爱读书，发奋学习，终于成为著名的文学家，与父亲苏洵一起被称为"三苏"，而且被列入了"唐宋八大家"之中。

那么，在"基地"又是如何运用此效应的呢？
首先，是时间上的巧妙安排。

在"基地"，文化课是一对一授课，因此文化课的上课时间非常灵活，这使得文化课上课的时间段可以更多地选择在与之产生良性反差的课程时间段进行。

比如选择在体能课时。此时，明亮的文化课教室里，孩子吹着风扇动动笔，好不轻松。而另一边的训练场，同学们汗流浃背，做得不标准还要重做。在这些客观条件的强烈对比下，"文化课"和"体能课"哪个更轻松孩子们自有判断。

当然，这并不是说"体能课"不好。这样安排的目的，是让孩子在"文化课"与"体能课"以及其他更多课程的对比中，激发出一种天然存在的"比较优势"[2]，从而能使自己更好地选择和坚定自我价值的实现趋向。

其次，是课堂氛围的有效把控。

文化课的主管蒋老师，她的课堂不仅风趣幽默，孩子学得津津有味，在课间休息时，蒋老师还会施魔法似的变出各种水果与孩子们分享。

这还了得，孩子们一路过关斩将经过3门考核，都是纪律严明，说一不二，从来还没有在课堂上这么"放肆"过，这简直不能太美好啦！瞬间被感动得稀里哗啦！同时，也惹得其他同学觉得文化课很神秘，百思不得其解，为什么上完文化课的同学总是笑嘻嘻地回到宿舍！

在时间上的巧妙安排和课堂氛围的有效把控下，"基地"文化课让孩子们刷新了对文化课堂的认知。在众多接地气的评价中，印象最深的莫过于14岁小圳的一句话，"这样的文化课，给我来一打。"

"小圳，你现在应该读几年级啊？"蒋老师问道。

"初二下学期。"小圳说道。

"嗯,你是10月份来'基地'的,那么下学期的课程应该是不会的咯?"

"是的。"

"那初二上学期的知识呢?"

"嗯,多多少少懂一些。"

"好的,那我们从初二上学期开始。"

"嗯。"

"如果初二上学期的知识不是很扎实,我们再摸底初一下学期。如果初一下学期的也忘得差不多了,没关系,我们就摸底初一上学期的内容。以此类推直到摸底到你会的阶段为止,然后我们就从你会的地方开始学起。明白吗?"

"知道了,蒋老师!那我们开始吧!"小圳说道。

这是小圳当初文化课摸底时的情景。"基地"为了使孩子的文化水平能与原来的学校无缝衔接,避免因文化水平脱节造成孩子再次无助,会对每一个孩子进行文化课扫描摸底工作,为孩子们踏入阔别已久的"战场"做充分准备。

数据表明,摸底之后,一些孩子的实际知识水平往往比实际就读年级要低一个年级左右,有些孩子甚至低两三个年级。这些客观现象说明,当我们发现孩子厌学或成绩下降时,不是开始,而已经是结果了,其真实的厌学时间至少要追溯到半年或一年以前。

"郑老师,马上要进行文化课摸底了,我担心自己跟不上怎么办?"

这是很多孩子准备进入文化课时,普遍担心的一个问题。

值得一提的是，当孩子心理出现这个担心情绪时，作为大人们不应该感到焦虑，而是应该感到高兴才对。正是孩子的学习态度端正了，才会出现担心的心理。

这也从侧面说明，孩子的内驱力天生存在。至关重要的是外因（老师、家长等）的引导和激发。

一次晚自习，我故弄玄虚道："孩子们，我这里有一道题，本想让你们做一做，可是我想了一下，还是算了。"

几个调皮的孩子就不愿意了，"哎哟，郑老师，要么您就不要讲，讲了又'算了'，这样不好吧！"

"嗯，主要是这道题我都没办法做出来，我想你们就更做不出了。"我装作无可奈何的样子说道。

"郑老师，您就让我们看看这道题吧！""对啊，看看有什么要紧的吗？"这时跟着起哄的同学更多了。

见孩子们的眼神中都透露出渴望的请求，我转身拿起笔把题写在了黑板上。这时，全体同学都忙碌了起来。过了几分钟，我拖着长腔问道："怎么样了，是不是不会做啊？"

谁知，几个同学齐声说道："郑老师，我们已经做出来了！"并且都表达了自己的解题思路。

我故作甘拜下风的样子说："同学们不错，你们真了不起，比郑老师聪明，看来这节课的内容你们自学就会，有没有信心？"

"有！"孩子们齐声道。

孩子们兴趣盎然，学习的积极性瞬间被调动起来了。

我想，没有什么能比看到孩子惜时如金、奋力追赶逝去的青春、带着对知识的渴望重拾起学习的动力、时刻为重返学业做准备更美好的了。

"基地"还有一些孩子，原来在学校是班干部或尖子生，学习成绩都不算差。经了解，导致他（她）们成绩一落千丈的原因更多的是自己与老师的相互看法有关，比如，"我们班换了一个说话刻薄的数学老师，我不喜欢她，所以成绩从那时就下滑了。""我原来喜欢语文，后面发现英语老师上课特别幽默，还不厌其烦地纠正我的口语，渐渐地，英语是我成绩最好的一门课了。""不知道为什么，我就是讨厌语文，我们的语文老师就像是个复读机，我听着好困……"

　　此类现象表明，孩子的成绩和任课老师的互悦，有着千丝万缕的内在联系。

　　对于学生来说，如果他喜欢一位老师，老师也喜欢他，他就越发觉得老师可亲可敬，从而喜欢老师所教的学科知识。

　　反之，对于老师来说，如果真的讨厌一个学生，这个学生也会讨厌你。作为教育者，首先要逃出这个恶性循环，转入另外一个良性互动之中，即你喜欢一个学生，学生就会喜欢你。这也是优秀老师常用的"互悦机制"[3]的心理学效应。

　　这些效应或是定律，只是心理学家运用他们的知识来调控和改善人们学习、生活的大量事例中的一小部分。心理学家是一个相当乐观的群体，他们中很多人都相信，任何不合意的思维和行为模式几乎都能通过适当的干预而得到矫正。

　　"正知基地"，亦保持着同样的乐观精神。

本节注解：

　　【1】苏轼：字子瞻，又字和仲，号东坡居士，世称"苏东坡"。

【2】比较优势：主体由先天的要素禀赋或后天的学习创新形成较高附加值的相对优势，包括相对竞争优势与相对合作优势。

【3】互悦机制：在人际交往中，如果你想得到人们的欢迎，或者支持、同意你的观点、行为，仅仅提出良好的建议是远远不够的，更应该让人们喜欢你。

通过互悦机制的心理学效应，人们可以看出这样的道理：人与人相处，就得将心比心，以心换心。一般而言，决定一个人是否喜欢另一个人的主导因素，便是另一个人是否喜欢自己的那颗真挚的心。

生活中人们经常会有这样的体会，当自己想得到别人的喜欢，而那个人也喜欢自己时，人们会对那个人的喜欢更多一些，例如，对于某个学生而言，如果他发现自己喜欢一位老师，而老师也恰好喜欢自己，他会越来越觉得老师可亲可敬，从而喜欢老师所教的学科知识。

第九节　自发的才是最有效的

"知之者不如好之者，好之者不如乐之者。"

——《论语》

孩子厌学，是一个让家长和老师十分头疼的问题，纵然千方百计敦促孩子去学，但效果甚微。你可以把马儿牵到河边，但你不能逼它喝水。可是，现在把马儿牵到河边都成了困难。

《论语》有言："知之者不如好之者，好之者不如乐之者。"意思是，对于学习，知道怎么学习的人不如爱好学习的人，爱好学习的人，又不如以学习为快乐的人。比喻学习知识或本领，知道它的人不如爱好它的人接受得快，爱好它的人不如以此为乐的人接受得更快。换而言之，马儿自己快乐地奔驰到河边，自由地畅饮，才是最和谐的画面。

那么如何才能成为这样的人呢？又如何才能看到这幅和谐的画面呢？

说到这，就不得不提到"正知"的教育理念了：施教之功，先在激趣，巧在授法，重在练化，贵在养习。

（一）施教之功，先在激趣

激趣，激是激发，趣是兴趣。

兴趣，在个人发展中提供了可能性；激发，则使这种可能性变为现实性。

兴趣，是指一个人经常趋向于认识、掌握某种事物，力求参与某项活动，并且有积极情绪色彩的心理倾向。

兴趣是最好的老师，这是大家的共识。激发孩子们的兴趣，让其具备学习动机，应是当今教育的关键目标之一。

越来越多的研究者强调，学习不单纯是一个简单的、毫无感情色彩的、冷冰冰的认知加工和问题解决过程。在学习的信息加工过程中，情感因素起着相当重要的作用。孩子们会更多地注意、学习、记忆和运用那些能引起他们积极情绪反应的事件、活动，或者说是感兴趣的事情。但缺乏兴趣或是兴趣被压制，却是目前孩子们所遭遇的普遍困难。而无法营造让孩子有兴趣学的老师，这样的课堂无疑是空洞而乏味的。

既然兴趣这么重要，那孩子的兴趣到底从何而来呢？

这要从人的天性之一——好奇心说起了。

好奇心，从本质上说是个体对不了解的事物所产生的一种新鲜感和兴奋感，往往表现出对新事物的注意，以及为了弄清因果关系或相关关系而提出各种问题。

孩子对某件事物感兴趣，是从 10 件甚至更多件好奇的事物中不断尝试、反复验证而得来的。

作为教育者，在明白其原因后，同样也可以通过诸多事物的设定去透彻了解隐藏在孩子认知行为背后的各种动机因素，然后采取针对性的措施进行验证，那么兴趣自然就被激发出来了。

兴趣，同时也是好奇心和智力活动的积极状态。正因为此，兴趣赋予统觉活动以主动性，因而更容易让孩子产生乐学的"心流"心理状态。

孩子为什么厌学？说到底，就是因为好奇心被扼杀了。你想想看，一个人没有了对任何事物的好奇，又怎么知道对哪些事物是感兴趣的呢？不知道兴趣何在，那叫人又学什么呢？连学啥都不明白，又怎么去爱上学习呢？没有爱上，没有喜欢，又如何有自发的、快乐的学习内动力呢？

因此，保护孩子的好奇心，是让孩子自发学习的前提，同时也是"基地"的使命——"让天下没有厌学的孩子"的根本基础。

当然，有人会说就算是一件自己感兴趣的事情，也会想着偷懒吧，毕竟惰性也是人的天性啊！惰性是人的天性我认可，但一定要使之与兴趣有什么联系的话，我只能说惰性是那些兴趣还未真正明确的人留给自己最合理的借口。

"基地"的孩子们，有些是坚定型，非常清楚自己的兴趣是什么，只是由于种种原因一直被抑制着。15 岁的小陈来到"基地"得知有吉他课时非常开心，他说这是儿时的梦想，曾几何时，无数次幻想在绚丽的舞台上绽放自己；16 岁的小邓在经过了"军事一""军事二"考核后，兴奋得跳了起来，说"我终于可以上厨艺课了……"

有些则是慢热型，需要一个筛选的过程，一旦抉择后，往往能够厚积薄发。14 岁的小丝在尝试了诸多职业体验课程后，终于明确了自己对护士职业的热爱；16 岁的小超在结业前夕，踏上了国防建设之路……

这些孩子身上，如果想看到他们偷懒，或是让他们主观上想偷懒，最好的办法就是让他们做不感兴趣的事。

从长远来看，青少年们的兴趣一旦明确，这份对某个事物的热爱，将会转化为不懈努力和持之以恒的动力，直到使之成就相关的事业，助力于他（她）们的人生发展。

从某种意义上说，明确自己兴趣的青少年越多，那么10年、15年后或更长的时间里，整个社会的失业率或失业空档期将会不断下降和缩短。

（二）巧在授法，启发式引导

对于启发式引导，《礼记·学记》给出过精辟的阐述："君子之教，喻也。道而弗牵，强而弗抑，开而弗达，道而弗牵则和，强而弗抑则易，开而弗达则思，和易以思，可谓善喻也。"

这段话是什么意思呢？就是说，君子教学，不是直接灌输知识，而是创设情境，言此而意彼。让学生感悟、发现，从而得到老师"举一"而学生"反三"的教学效果。是引导学生而不要牵着学生走，是鼓励学生而不要压抑他们，是指导学生学习门径，而不是代替学生做出结论。道而弗牵，师生关系才能融洽、亲切；强而弗抑，学生学习才会感到容易；开而弗达，学生才会真正开动脑筋思考，做到这些就可以说得上是善于诱导了。

每周二晚上的辩论赛，是在思想上引导孩子进行探讨和推论的方式之一。

辩论赛中，由一个启发式的命题开始（举一），过程、节点中引导学生的思路，总结分析中引导学生的观点。久而久之，思维敏捷的孩子们往往能语出惊人，碰撞出很多带有哲理的语句，给予老师、教官以及同学们很多正能量的启示（反三）。比如"这里一点都不好，这里的花都带着刺。""这里简直太好了，这里的刺都带着花。""我的水壶怎么才这么点水？""我的水壶居然还有点水。""书有什么好读的，我不想读。""读书不一定成才，但不读书一定成不了才。"等等。

同一个现象，两种不一样的声音，折射出的是两种生活态度，两种价值观。虽观点各异，但本无对错，孩子们愿讲、愿说、哪怕争得面红耳赤，只要"真"，但说无妨。

一场场的辩论赛，使孩子们明白了任何事情都具有两面性。当辩论赛结束后，孩子们往往会释怀很多，特别是一些喜欢钻牛角尖的孩子。

启发是目的，促进思考是手段，学而不思则罔，思而不学则殆。学与思并不矛盾，而是相辅相成，相互促进。孩子们在辩论中思考，思考又是为了更好地辩论。

除了辩论赛，"组长换位体验"也是非常好的启发孩子深刻反思与反省的方式。

13 岁的小程，父母长期在外务工，每次回家，一家人都开心不已。可是，融洽的氛围好不了一会儿，小程就会无缘无故耍起性子来，如莫名地生气、突然不理人等。往往这时，父母就会满足小程吃零食啊、买衣服啊等等的要求。

到"基地"后，这个不明就里胡闹的习惯也一并带来了，常常搞得组长无计可施，拿他一点办法也没有。

一次训练中，见小程老毛病又犯了，组长也是无奈地站在一旁。"没有关系，小程不想练就先出列吧。"我上前解围道，并转向小程说："小程，你会带队吗？"

"这有什么难的？"小程抬了抬下巴甩着头说。

"李组长，你先入列吧！下面的队列练习，让小程来带队。"我对李组长说道。

小程想着等会儿连组长都要听自己的指挥，神情愈加得意起来。10 分钟后，"来，同学们，对于小程'组长'刚才带队的表现，请大家发表一下各自的看法。"我对孩子们说道。

"嗯，小程喊口号声音响亮。""小程只顾着自己喊，没有给我们做示范，感觉像是复读机。""我不清楚自己的姿势对不对，没有得到小程的指导。"

小程在同学们的评论声中，陷入了深深的沉思……（这是"组长换位体验"中的一个小插曲，关于"组长"所接受的引导式教育，在第三章第四节中有详细叙述。）

"激趣"是药引，"授法"是手段，"启发"是内化。

没有达到启发的授法，仿佛是一把没有对号的钥匙，无法让孩子们的脑筋转动起来。找到那把对号的钥匙，孩子们就自然形成"学愈博则思愈远，思之困则学必勤"的现象了。

（三）重在练化，贵在养习

接上述所言，"激趣"是自发的药引，"授法"是自发的手段，"启发"是内化自发的认知，那么"练习"就是内化自发认知的自发行为结果。

当今社会，绝大部分的孩子在"知道自己应该怎么做"和"实际是怎么做的"之间存在着脱节，而且越来越严重。比如，你把乐谱技巧烂熟于心，一弹钢琴却不能得心应手，必须得千锤百炼，亲自下手一番实践不可；又如，纵然是在岸上把游泳秘籍倒背如流，不下水，则永远无法学会游泳；再比如，即使是老司机也一定不会忘记当初"打火、踩离合、挂挡、目视前方、慢放离合"等都听到耳朵起茧子但还是得要自己屡试屡败、屡败屡试才能成功的经历。

学而必习，习又必行。任何的知识如果一不练习，二不在实践中去练化运用，则会"入市便差"，转化不了自己的经验。

因此，明白练习的重要性，是作为学生的首要任务；而如何让学生自发地练习，则是教育者的头等大事。

我们都明白，单纯地让孩子去学，不仅达不到自发练习的目的，往往还会让孩子产生逆反的情绪。

"基地"围绕以"自发"为导向研发设计的课程体系中，"情境"的构思设置和布局运用，往往能达到事半功倍的效果。

如果说"基地"的孩子们自发练习是正能量的"群体效应"[1] 在起作用，那么在他们各自的小天地宿舍，"邻里效应"[2] 正潜移默化地使他们形成自发的内动力，比如，一个喜欢篮球的新生，被安排在了兴趣相投的宿舍里，他融入的契机点就会很快出现；一个消极训练的新生，被调换到精英宿舍，近水楼台的他取众家之所长，成长自然就会很快……

因此，有了药引（激趣）、手段（授法）、内化（启发）作为前因，练习（自发）则是必然的结果。

说到这，我想起有位家长的担心，他说："按这么说，那些打架的啊、'网瘾'的啊住在一个宿舍，会不会聊着聊着变本加厉，变得打架更厉害、'网瘾'更重了呀？"

当时，我并没有正面回答他的这个问题，我以结果倒推又反问了回去，"如果要满足一个孩子'网瘾'更重、打架更厉害这个结果，我想，应该先要满足他没有来到'基地'这个先决条件才能实现吧？"

当然，孩子们在宿舍，对各种话题的交流是不可避免的。"网瘾"也好，打架也好，如果孩子们在宿舍聊上了这些话题，反而值得我们高兴。假如孩子们不聊、不交流、不沟通，我们又如何得知他们是怎么想的呢？不知道他们怎么想的，我们又如何去引导他们怎么去做呢？不清楚他们怎么做，又如何判定孩子的表现是否言行一致、是否蜕变了呢？放着解决问题成本最小的方式——沟通不用，难道还用猜不成？

正因为孩子们知道在"基地"什么都可以说、什么都可以谈、什么都可以聊，凡事皆可商量，哪怕一些事情商量后得到的答案是否定的，所以，孩子们才有了被尊重的感觉。

当听到孩子们说："郑老师，我不想这么混下去了，天天打打杀杀没意思。我们宿舍长之前混得比我好，架打得比我多，都不想混了，我还混什么？我得找到自己的目标……""郑老师，我还是蛮庆幸的。'网瘾'比我重的那位同学眼睛都快玩瞎了，生活都需要人去照顾他，我觉得他很可怜，再玩也不能玩成那样啊……"

……

这些都是孩子们相互聊天后自发习得的感悟。这样的感悟更加深刻、更加纯粹、更具健全独立人格的营养。

让我们客观分析一下，孩子来到"基地"之前出现了"邻里效应"的恶性的一面从而导致了孩子"网瘾"、打架等。当孩子来到"基地"后，"邻里效应"中良性的一面会发挥作用，对原来的自我逐步刷新。渐渐地，这些个体间的"刷新"又赋能于"群体效应"中良性的一面，形成大家常说的氛围。

换言之，孩子们自身经历的相互分享，会形成一个相互影响的氛围。氛围是无形的，它看不到也摸不着，但孩子们却实实在在能感知得到。氛围把控好了，影响是积极的；把控不好，影响则是消极的。我们常常听到"这个学校的校风很好。""那个中学的风气太差。"等等这些话，说的其实就是一个氛围。

"基地"亦然，也有着属于自己的氛围。它化作了点点滴滴，时时刻刻的触动，让孩子们产生着"自发"——自发的认知，自发的行为，自发的感悟。

自发始于兴趣，兴趣源于好奇。

个人之间的兴趣既有相同性，也会表现出差异性。让我们保护好孩子的"好奇心"，避免"过度合理化效应"[3]出现；然后，在孩子诸多好奇的事物中去发掘兴趣；进而，把兴趣清晰化、目标化、职业化，循循善诱付诸实践；最后，孩子进入了一个自发学习、练习，运用到灵活运用、创新运用的系统里，形成知识的不断迭代更新，进而推动社会的进步。

如果，你要问我世上是否有一剂能疗愈孩子叛逆的药，我想我会肯定地说，世上没有哪一剂药比"兴趣"这服药更适合的了。因为兴趣使然，所以自发蜕变。

本节注解：

【1】群体效应：指个体形成群体之后，通过群体对个体约束和指导，及群体中个体之间的作用，就会使群体中的一群人，在心理和行为上发生一系列的变化。

【2】邻里效应：指彼此感觉很熟悉的人，会增加人际间的吸引程度。

"邻里效应"得以产生的原因有两个方面：第一个方面是因为人们普遍存在一种建立和谐的人际关系的期望，要努力和邻近者友好相处，所以会尽量避免让近邻感到不愉快；同时，人们看待对方，也倾向于多看积极的方面，忽视消极的方面。这样，各自便为"邻里效应"的产生创造了一个良好的前提。第二个方面是人们在互动过程中，总是不由自主地力图以最小的代价换取最大的报酬。基于这点，和近邻者打交道时，往往付出较小的努力就能够达到目的，比如说借点什么东西也可以少走几步路。

　　生活中，我们不能忽视身边的"邻里效应"对自己的成长和幸福所带来的影响，要尽量做到强化良性的"邻里效应"而防止恶性的"邻里效应"，也就是用"理智控制闸"把好认识"邻里"面貌这一道"关口"，尽量要和好邻居为伍，而避开不好的邻居，即使无法避开，也要提防他们无形中对我们的影响。

　　【3】过度合理化效应：是人类的一种态度，它是指当个体非常明显的是为了控制别人而事先付出与之不相称的报酬的时候就会发生过度合理化现象。

　　当人们相信，他们所做的努力是由于得到了报酬导致的，这个时候人们就会降低对工作内在的兴趣。换言之，不必要的报酬有时会带来一些隐形的代价。给人们报酬让他们去做自己喜欢的事就会让他们将其行为归因于报酬，这样就会削弱他们的自我知觉——因为兴趣去做。

第十节　赚钱的欲望·我想要什么

"君子爱财，取之有道，视之有度，用之有节。"

——《增广贤文》

对于大多数孩子来说，钱是爱的象征，比如过年了，张阿姨给了 200 元压岁钱，李叔叔给了 500 元压岁钱，因此，孩子会觉得叔叔比阿姨更爱他（她）。

父母下意识地感觉到了这一点，因此为了补偿，经常给孩子更多的零用钱，越觉得愧疚就给得越多。让钱和爱挂钩，不得不说这是把孩子宠坏的最"好"办法。

"在过去一年甚至更长的时间里，你和父母说得最多的话题是什么？"这是我常常对刚到"基地"的孩子提出的一个问题，占比最高的答案是除了要钱还是要钱。

在诸多关于青少年渴望成人化的标志中（如漂亮的服饰、时尚的首饰、化妆、文身、聚会请客吃喝抽、夜不归宿等），金钱的独立自主性尤为明显。一方面是孩子们开始有消费需要，自身的或社交的；另一方面是经济来源需要依靠父母，渴望自身有能力；第三方面深受"钱不是万能的，但没有钱是万万不能的"社会金钱观所影响，觉得有钱了就可以独立了，可以证明自己有能力了，可以和成年人一样"自由"了等等。所以我们常常会看到这样的现象，一些孩子小小年纪就嚷嚷着"我要去打工""我要去上班"。

　　我并不反对孩子拥有财富，我只是知道，如果"基地"有经营类的项目，将无法阻止孩子们养成不劳而获的习惯。但又出来另一个始终解决不了的问题，我无法阻止家长把钱变为零食往"基地"输送，我只能附加一个必须要有营养的条件和与全体同学分享的策略，来让孩子们的价值观趋于平衡。

　　虽然父母的大方可以让孩子轻易获得与之不匹配的金钱和物质，但没有后续的正确引导，孩子终究会因无法驾驭而驶入迷途，他会觉得自己用的比其他同学好而狂妄自大，穿的比其他同学好而目中无人，吃的比其他同学好而高人一等……

　　我们不得不承认，没有人在一生中能逃出金钱的网，它无处不在。它能决定你的生活品质，也能决定你的价值体现。

　　从某种意义上来说，当孩子有"成人化"倾向时，我们应该为之高兴。渴望成人化相比"巨婴"来说，是积极的，具有主观能动性的。另一方面，它和"早恋"一样，都需要合理引导，才能树立正确的金钱观。

　　人，终究要步入社会、面对社会的检验。在青少年阶段，让其知道钱是怎么来的，远比怎么花更重要。

　　霍普金斯大学心理学教授霍兰德早在 1959 年就提出了具有广泛影响的"人业互择理论"。此理论提醒我们，要以孩子未来在社会中的"职业角色"为导向，反过来审视他们在学校应得到怎样的教育以及获得怎样的发展，将孩子的学习与其未来的发展更紧密地联系起来，而金钱观也在此过程中潜移默化地建立起来。

　　这一理论根据从业者的心理素质和择业倾向将从业者划分为 6 种基本类型，相应的职业也做了简要说明：

社会型：喜欢与人交往，不断结交新的朋友，善言谈，愿意与他人进行思想上的沟通与交流，关心社会问题，渴望发挥自己的社会作用。

适合从事与人打交道的职业，从事提供信息、启迪、帮助、培训、开发或治疗等事务，如：教育工作者、社会工作者、咨询人员、公关人员。

企业型：追求权力、权威和物质财富，具有领导才能，喜欢竞争，敢冒风险，有野心，有抱负，做事有较强的目的性，习惯以利益得失、权力、地位、金钱等来衡量做事的价值。

适合经营、管理、劝服、监督和领导等方面的职业，如：项目经理、销售人员、营销管理人员、政府官员、企业领导、法官、律师等。

常规型：尊重权威和规章制度，喜欢按计划办事，细心、有条理，习惯接受他人的指挥和领导，自己不谋求领导职务。通常较为谨慎和保守，不喜欢冒险和竞争。

适合从事记录、归档、根据特定要求或程序组织数据和文字信息的职业，如：秘书、办公室人员、记事员、会计、行政助理、图书馆管理员、出纳员、打字员、投资分析员等。

操作型：愿意使用工具从事操作性工作，动手能力强，做事灵活，动作协调，偏好于具体任务，做事低调，通常喜欢独立做事。

适合从事机械、手工和野外作业等相关的职业，如：计算机硬件设计、摄影师、制图员、机械装配工、木匠、厨师、技工、修理师、园艺师、农作师等。

研究型：抽象思维能力强，求知欲强，肯动脑，善思考，喜欢独立且富有创造性的工作，知识渊博，有学识才能，喜欢智力的、抽象分析的、独立的任务。

适合从事智力分析及理论思考方面的职业，如：科学研究人员、学者、自由撰稿人、教师、工程师、软件编程人员、系统分析人员、医生等。

艺术型： 有创造力，乐于创造新颖的、与众不同的成果，善于表达，渴望表现自己的个性，实现自身的价值。做事理想化，追求完美，具有一定的艺术才能和个性。

适合从事要求具备艺术修养、创造力、表达能力的工作，如：演员、导演、歌唱家、作曲家、小说家、诗人、舞蹈家、画家、雕刻师、艺术设计师等。

让我们回忆一下本章开头《贞观政要》章节中的那个选段和故事，这个社会需要多种类型的人才。不同的职业对人的能力有不同的要求，这就要求我们的教育不能培养一模一样的人。

早在我国魏晋南北朝时期，著名教育家颜之推[1]就提出教育的目标在于培养治国人才，培养的既不是难于应世经务的清谈家，也不是空疏无用的章句博士，而是于国家有实际效用的各方面的人才，它具体包括朝廷之臣、文史之臣、藩屏之臣、使命之臣、兴造之臣。各种专门人才的培养，要依靠专门的教育，使各人专精一职才能实现。

青少年有赚钱的欲望，不正是引导其职业方向的绝佳时机吗？并且，职业的探讨过程亦是对青少年金钱观的深层次、高维度的引导和构建过程。

在与孩子职业探讨的过程中，一系列对职业的设想、观摩、实践、求证、模拟等等的具化形式，反过来又对孩子的兴趣产生检验或强化作用。有些孩子学习成绩不好，对此，我们一方面要分析其成绩不好的根本原因，在可能的情况下帮助其改善。但比这更重要的是，不能只盯着孩子成绩不好这个缺点，更不能因此而对孩子放弃希望。而是要发现其独特的、与众不同的优势和特长，帮助他（她）们走上他（她）们应该走的那条路，这才是最成功的教育。

苏联著名教育实践家和教育理论家苏霍姆林斯基曾提出"世界上没有才能的人是没有的，问题在于教育者要去发现每一位学生的禀赋、兴趣、爱好和特长，为他们的表现和发展提供充分的条件和正确的引导"。这就是教育家和教书匠的区别。

教育家能看到学生的优点和特长，而教书匠只会看到学生的不足，只会拿自己心中的"一把尺子"来衡量所有的学生，对不符合自己标准的学生要么感到讨厌，要么直接放弃。不幸的是，中国的学校里，还有很多学生在受着煎熬，更不幸的是，从低年级到高年级，这些学生很可能没有了，他（她）们被我们的教育淘汰了。

在"基地"，一个15岁的男孩小易，他对美食很感兴趣，每次上厨艺和烘焙课都是笑容满面，激情满满。因为感兴趣，所以课堂上每一分钟都非常专注，这也使得别的同学需要学习1个月的内容，小易只用了15天就达到了考核标准。

然后，我帮小易找了一些难度更高的菜谱让他自己研究，并告诉他遇到不懂的，先把问题记录下来，汇总后向厨艺老师请教。又过了一段日子，我就不让他问厨艺老师了，而是告诉他哪里有资料，让他自己去找。通过找资料，他自己去解决实际问题，只有遇到真过不去的坎儿，才能去请教厨艺老师，并且要带着预设方案去请教。

另一方面，我给小易提供更多实践的环境和机会，比如每月 15 号的"基地生日会"（当月生日的学员集中在 15 号这一天过）、节假日的烧烤晚会等，所有的菜品、饮品等都由他亲自操刀，这样他也有了发挥才能的平台。

我的作用就是在小易过不去坎儿、碰到难题解决不了的时候，授之以渔，给他一个方法，并且在这个过程中，还要让小易感觉到问题是他自己解决的，这样时间长了，他就会有了内驱力，感觉自己无坚不摧。

根据"人业互择理论"，小易是一个比较典型的"操作型"学生。对这样的学生来说，让他每天在教室里做习题、应付考试无疑是非常痛苦的事情。而成绩差又进一步打击了他的自尊和自信，结果可想而知，教的人很痛苦，学的人更难受。

一次，小易由衷地感叹道："郑老师，真没有想到钱还可以这么赚！"

"哦？说说看！"我期待地说。

"我可以当厨师、蛋糕师、奶茶师……我也可以做耗材的批发销售啊。您看我们每次都用掉那么多材料，不过，我最想做的还是做很多很多的美食，然后开好多好多的店，卖给好多好多的人……"

当孩子建立了正确的职业观，金钱观的种子就得以发芽了。这样的种子，难道不令人期待吗？

本节注解：

【1】颜之推（531 年～约 597 年），字介，生于江陵（今湖北省江陵县），祖籍琅邪临沂（今山东省临沂市），中国古代文学家、教育家。

颜之推年少时因不喜虚谈而自己研习《仪礼》《左传》，由于博览群书且为文辞情并茂而得到南朝梁湘东王萧绎赏识，十九岁便被任为国左常侍；后于侯景之乱中险遭杀害，得王则相救而幸免于难，乱平后奉命校书；在西魏攻陷江陵时被俘，遣送西魏，受李显庆赏识而得以到弘农掌管李远的书翰；得知陈霸先废梁敬帝而自立后留居北齐并再次出仕，历时二十年，官至黄门侍郎；北齐灭后被北周征为御史上士，北周被取代后仕隋，于开皇年间被召为学士，后约于开皇十七年（597年）因病去世。

　　学术上，颜之推博学多识，一生著述甚丰，所著书大多已亡佚，今存《颜氏家训》和《还冤志》两书及《急就章注》《证俗音字》《集灵记》辑本。

第三章

自发地华丽转身
欣慰地静待花开

"人法地，地法天，天法道，道法自然。"

——《道德经》

我们常常害怕孩子输在起跑线上，却忘了人生是一场长跑。

　　正所谓路不险，无以知马之良；任不重，无以知人之才；岁不寒，无以知松柏；事不难，无以知君子；势不危，无以知英雄。

　　我们这个时代的文明，能够给予孩子最好的礼物就是，给他（她）一方花园，给他（她）养料和空间。任他（她）自由开放，任他（她）枝繁叶茂，任他（她）一枝独秀，任他（她）孤芳自赏，我都为之鼓掌！

第一节　敬老院的触动

"是以圣人处无为之事，行不言之教。"

——《道德经》

青少年的思想觉悟、人生信仰、道德修养等价值认知，都不可能像教授"九九乘法口诀"那样，通过死记硬背去解决。

一个人，若仅知道或能说出一些道德规则而没有内化并付诸行动，那根本算不上真正意义上的道德学习，只能算是"知而不行"或"空话连篇"的伪君子。

因此，"基地"以课外活动、文艺表演、人际交往、志愿服务、社区工作等各方面的社会实践为基础，让孩子们通过自己的观察、感受、判断、体验、践行和改善，在解决这些活动过程中不断涌现的矛盾、问题，使孩子与他人进行思想情感上的碰撞、沟通和自我反省，这样才能得到锻炼、提高认识、明辨是非，从而形成行为习惯、道德品质与人生价值。

以下是孩子们参与敬老院慰问活动回来后，自己的内心感悟。因篇幅有限，不能一一展现。

小怡的感悟：

5月6日那天，我们全体学员坐着车，来到了敬老院看望那些爷爷奶奶。

第一眼看到他们的时候我就觉得他们挺可怜的，他们走路不方便，我过去扶了他们，有个奶奶对我说你们怎么这么懂事，我说我们扶您是应该的。

表演开始的时候我非常紧张，看到爷爷奶奶看见我们的演出不由自主地笑了起来，我非常开心，因为我们付出的努力终于有了回报。

我们演出完之后，就把爷爷奶奶送回了宿舍。在送他们回宿舍的时候有个奶奶牵着我的手说："走慢点，我腿脚不方便。"我说："好的。"奶奶一边走一边说："你们怎么这么快就走了啊？"奶奶有点舍不得我们回去，我也舍不得他们。

从他们身上，我也看到了爸爸妈妈老了以后的样子，我内心很酸楚，想着从现在起要孝敬父母，不要等到失去了才去珍惜，等到失去以后后悔也来不及了。

小杰的感悟：

5月6日那天，我们坐着车去了敬老院，那些爷爷奶奶的腿脚有一些不方便，但还要坚持来看我们的演出，然后我就去扶了他们，还有个奶奶好可爱，走过来的时候说了一句："你们好呀！"另一个奶奶慢悠悠地走过来的时候，有一个同学要上去扶，可那个奶奶一直说"不用扶，不用扶。"看得出来，那位奶奶是个倔脾气。哈哈……

表演的时候我们都很紧张，就感觉地方好小，打军体拳的时候一直在打桌子，动作也没怎么做标准，其他的都还好。

在表演的时候我看见台下的爷爷奶奶不由自主地笑了起来，我突然觉得这么多天的努力都值得了。哈哈！

结束后，我扶了一位奶奶回宿舍，在走的过程中，我感觉好慢好慢，仿佛时间静止了一般，那位奶奶一直把着我的手到了一楼的一个电视机旁，她对我说："送到这里就好了，我在这里看会儿电视。"我说："好的。"但是她一直把着我的手不想松开，我看着她的手什么也没说，然后她好像突然意识到了什么，把手慢慢地放下了，然后我就走了。

在回"基地"的路上，我就想到了以前在大马路上甩开妈妈的手叫我妈走，现在想来不应该啊……

小佳的感悟：

5月6日那天，我们所有同学去敬老院给爷爷奶奶们进行慰问演出。

演出时我非常紧张，生怕自己出错，当到达敬老院的那一刻，看到爷爷奶奶腿脚那么不方便，还要来看我们的演出，真的让我们非常感动。在演出的时候，爷爷奶奶们很吃力地把手抬起来为我们鼓掌，我也特别感动。

看到爷爷奶奶看我们表演，脸上挂满了笑容，内心真的很开心，说明我们的努力没有白费。

表演完了，我能看得出爷爷奶奶们是有多么舍不得我们，但是快乐的时光总是短暂的……最后，我们把爷爷奶奶们扶回他们的房间。看到爷爷奶奶这么开心，这一切都是值得的。

在这次演出中，我们懂得了感恩，懂得了帮助，更懂得了尊敬，祝敬老院的爷爷奶奶们健康长寿。

德育，一定是在实践中获得。如果我们的思想品德教育都是关在教室里去教的，当作苦涩、空洞的大道理一味地强制灌输，或是把德育工作等同于简单的情感宣泄，又如何去启迪、激发和引导孩子们积极开展心理活动，促进孩子们思想认知的提高、价值观的正确树立呢？

　　因此，唯有通过让孩子们参与实际生活，在耳闻目见、亲身体验中去获得相应的道德认知并内存于心。

　　同时，也只有在实践中才能产生出一系列的理解与内化过程，才能使孩子内存于心的道德品质真正介入、渗透到其实际生活中去，达到自然支配自己的一切行动，使之合乎社会所认可的道德规范。

第二节　想家，因为不在家

"独在异乡为异客，每逢佳节倍思亲。"

——王维

　　每逢佳节时，如五一、十一、端午、中秋、春节等，"基地"里里外外呈现出一番热闹、忙碌的景象。有包饺子、包粽子、打油茶的美食集会；有猜谜语、套圈、盲人敲鼓的游园活动；有轮番点歌、独唱、合唱的演唱会；也有小品云集、笑料不断的原创晚会……

　　此时，你要问孩子们想不想家？答案毋庸置疑，那是肯定的。然而，你要问他们原来在家时想不想家，我负责任地告诉你，孩子们都想去别人家、想去酒吧、想去网咖，想去能自由抽烟、玩手机、没人唠叨的地方……总之，就是不想待在自己家。

　　其实，孩子们在"基地"过节，是一次绝好的激发孩子内心思念家的情绪的机会。如同唐代著名诗人王维的那句"每逢佳节倍思亲"一样，正是有了前一句"独在异乡为异客"这个前提条件，内心才会涌现出思念亲人的情感，以致挥笔写下了让今后的异乡人每每到佳节时不禁与之同感、与之共鸣的千古佳句。

　　可惜，这样的同感与共鸣，有些孩子被无情地剥夺了，要么被大人们接出去吃饭，要么来"基地"陪孩子，美其名曰是"担心孩子寂寞""顾忌孩子多想""生怕孩子难过"……说到底，还是大人们自己舍不得。

为何这么说呢？

此时的孩子们，要么正高兴地与同学们排练着节目，要么正愉悦地做着美食，怎么就成了家长口中的寂寞、心中的难过了呢？我们可不要忘了孩子没来"基地"之前，他难道会因为自己感到孤独、寂寞而回家过节吗？没有吧！最多回去吃个饭，又跑出去玩了，有的甚至连饭都没回去吃。

什么是体验？什么为感悟？身处家外是体验，思家情绪为感悟。

让我们一起来看看在节日的当天，那些让大人们所担心的孩子究竟在想些什么。

以下是 2021 年部分节日时孩子们自发写下的小纸条，让我拍照发给他们的爸爸妈妈，还特别叮嘱我一定要立刻发出去。有些小纸条递给我时，纸都是湿润的，有些已经是皱巴巴的了。但是，这丝毫不影响孩子对家的思念之情。

因篇幅有限，不能一一展现。

小军的字条：

亲爱的妈妈：

今天是端午节，每逢佳节倍思亲，但是今年端午没能和我们一家人一起过，我感到很遗憾。

祝您和爸爸工作顺利，祝爷爷身体健康，寿比南山，也祝妹妹学习进步，真希望能快点见到您，想让您和全家人看到我现在的变化。

妈妈，我马上就要厨艺考核了，希望能在考核过了以后，您和爸爸还有小姨妈她们能来看我，同时也祝小姨妈和二姨妈还有大姨妈工作顺利，万事如意。

　　您的儿子已经长大了，妈妈您在家怎么样了，我以后一定孝顺您，我永远爱您以及全家人。

　　男儿当自强。

您的儿子：××军

2021.6.14 端午节

小柏的字条：

亲爱的妈妈：

　　今天是端午节，祝您端午节安康，我真的很想您，不知道您现在是否安好，不知道爸爸、姐姐他们怎么样了。

　　我好想你们，我也好想好想水源爷爷、奶奶和长岭奶奶，我好想好想我所有的亲人，请你们一定要照顾好自己，别太劳累了，好好保重。我现在几乎每天都会梦见您，还有家人们，我已经记不清梦见过多少次了。

　　每逢佳节倍思亲，我真的好想好想你们，请您替我转达我对爸爸、姐姐、爷爷奶奶及所有亲人的思念，让大家放心，我会尽力照顾好自己的。

　　我会好好的，大家放心吧。

　　听说周×快中考了，请您替我转达我对周×的祝福，祝他中考顺利，让他一定要加紧复习，把握住这最重要最紧迫的复习时间！

　　我想大舅娘了，我爱你们所有的人！

××柏

2021 年 6 月 14 日

小炜的字条：

亲爱的家人们：

你们好，今天是农历八月十五中秋节，在这里，××炜祝家人们中秋节快乐。今夜月明人尽望，花好月圆共中秋。

记得我们老师说过人生并不是光明坦途，总有坎坷黑暗的时候。所以我需要光亮来指引方向，我现在觉得，家人们就是××炜生命中的指航灯。家人们，你们就是××炜心中的最美风景线，你们像一轮太阳，照射着整个大地，照进了我的心底。

谢谢家人们，谢谢家人们对××炜的爱，谢谢家人们给予的阳光，谢谢家人们在百忙之中，抽出时间给××炜送来的水果和月饼。××炜吃了家人们送的月饼感觉整个中秋节都是美滋滋的。家人们也一定要记得吃月饼哦！

最后，祝家人们节日快乐，身体健康，工作顺利，阖家欢乐。家人们在家就放心吧，我会在这里好好的！这里有辛勤的园丁栽培着我们！

致敬！

永远爱你们的 ××炜

2021 年 9 月 21 日

……

中国的传统节日文化，有着使人追贤思孝、重视亲情伦理的强大能量。抓住传统节日这个大好时机，对青少年的道德品质退化、理想观念淡化进行潜移默化、渗透式的思想教育是非常有必要的。

激发孩子思家、想家、念家的情绪，除了上述传统节日外，"基地生日会"亦具有关键性作用。

　　"生日会"是"基地"为所有在当月生日的孩子共同庆祝的一个派对，定期在每月的 15 号举办。一些家长会询问是否能在这天来"基地"与孩子共度生日，就个人而言，这样的想法无可厚非。但从育人的角度，"基地"会婉言拒绝，倒不是不欢迎家长来，这里主要有两方面的考虑，一是长远看，能给予孩子一个真正属于自己的生日派对是难得的，在未来的回忆中完完全全是属于他自己的。二是客观地讲，如果"基地"答应家长的想法，无异于又剥夺了一次令孩子感悟的机会。

　　当月的主角，需要和同学们足足花两天的时间来精心准备自己的生日宴会。打蛋、匀搅、发面、烤制、裱花……的蛋糕DIY；华夫饼、比萨、蛋挞等自制零食，还有花式切摆的果盘，私人专属的"气泡水"……

　　"小寿星"们忙得热火朝天、不亦乐乎！我很愿意在"家长交流群"里分享这些快乐，让大人们能感知到孩子们愉悦而充实的氛围。如果这样的氛围被打破的话，我想不出还有什么比这更令孩子们扫兴的时刻了。

　　我们不妨回想一下自己在青少年时期过生日的情景，几个好姐妹、好哥们儿眼巴巴地等着你赶紧许完愿就大开吃戒，"麦霸"们殷切盼望着放声高歌庆祝你的生日。这时，你的爸爸或妈妈带着祝福闯了进来，爸爸妈妈认为带来了快乐，而你只想快点让爸爸妈妈回家休息，然后好与你的伙伴们继续放飞自我。

　　少陪过一次生日，孩子不会有遗憾，没有给孩子留下美好足迹的回忆，才会遗憾终生。

　　因此，如果孩子的生日凑巧在"基地"度过，大人们不妨借此契机，与孩子彼此放飞一下思念。这样的话，才有了激活孩子血浓于水的情感的条件与可能性。孩子也才有机会和时间去思、去想、去念。

念着曾经，自己每一次开心的生日，在十多年前的今天，却是妈妈最痛最疼的日子。

思着当下，身在福中而不自知，长在盛世而不自明。

想着以后，要怎样弥补自己一路成长的愧疚，如何用实际行动更珍惜自己和爸爸妈妈的生日……

小蓉的字条：

爸爸生日快乐！作为您的女儿，昨天要不是奶奶电话说今天是您的生日，恐怕我都不会知道。以前您总帮我和妹妹过生日，我却连您的生日在哪天都不知道。

爸爸，我真的很谢谢您和妈妈能把我送到这里，也许这是最后的选择。我从来没想过自己还能改变，在家里有什么话也不敢和您说，我也不记得什么时候抱过您了。记忆里我抱过您好像是在昨天。在爸爸的怀里的确很温暖，可我不管想什么都没想过和您说，我很后悔当初的自己，可是世上没有后悔药。但是爸爸我现在会说到做到，会好好地在这里改变自己，早日回家和你们团聚。也许只有在信上才会和您这么说，以前总觉得面对面说很尴尬，可我现在才明白，有什么事都要说出来，不说出来父母也不知道我们在想什么。爸爸我会好好地改变自己，在基地改变一下以前自己幼稚的思想，回去以后一定不会让你们担心我的。

爸爸对不起，我以前不应该那样，既伤害了家人也伤害了自己，自己以前太不懂事了。昨天视频我看到您头上有几根白头发了，我真的很后悔自己以前没好好地珍惜时间，妈妈为我哭过好几次，以前我觉得这没什么，可我现在不这么认为。

爸爸谢谢您，这里的教官、老师都对我很好，这里吃得好，住得好，我真的挺幸福的。

爸爸，谢谢你们没有放弃我。

字有点丑，别嫌弃。

爱您的女儿：××蓉

2021 年 12 月 5 日

小炜的字条：

亲爱的妈妈：

今天是一个特别的日子，可能因为您每天忙着工作忘记了今天是您 43 岁生日，您的生日儿子永远记在心里。

爸爸走的前几天特意和我说过让我多多孝顺妈妈，一定要记得妈妈的生日。儿子也很后悔，当初没怎么和爸爸说话，直到走的那天才感到后悔，一切都晚了，心里也很内疚。

妈妈，您如同一根蜡烛，照亮了我却燃烧了自己，您如同一棵大树，而我是树下的小草，您在狂风暴雨时保护我。妈妈，您上班一定要注意劳逸结合，注意身体，少生气。儿子现在在"基地"过得很好，同学、老师和教官都对我很好。我经常得到老师和教官的表扬，就是希望妈妈能抽点时间来"基地"看看儿子，儿子可想您了。儿子学到了很多好东西，将来回去一定可以保护妈妈，成为家中的顶梁柱。

父母恩重如山，知恩报恩不忘本，做人饮水要思源，才不愧对父母。

妈妈，之前儿子不听您的话，或者做得不对的地方，请妈妈不要放在心上，当您来"基地"看到的会是另一个全新的我。请妈妈抽点时间来"基地"看看儿子，儿子非常期待。

最后，儿子以诚挚的祝福，祝妈妈生日快乐，工作顺利，天天开心，年年十八岁。儿子××炜永远爱您。

　　字数虽然不多，但一字一词都蕴含着儿子对妈妈的爱。

　　妈妈，儿子永远爱您！

　　致敬！

爱您的儿子

2021 年 5 月 4 日

……

　　篇幅有限，未能一一展现。

　　当然，孩子们在"基地"并不是非得等到过节、过生日时才会涌现思念之情、感恩之心。

　　思念之情、感恩之心，孩子天生有之，未显露，是孩子的天性未被全面激活而已。当人、事、物、时，这些情境融合一体时，孩子自然会感悟到的。

第三节　欲成才先成人·底线的敬畏

"人谁无过，过而能改，善莫大焉。"

——《左传》

如今的家庭里，两三个孩子的家庭不占少数。面对这样的现实情况，很多大人抱怨养育一个孩子都已经无能为力了，谈及多个孩子的教育更是有心无力。

每每听到这样的抱怨时，我经常给大人们分享这样一个情景：

一对夫妇养育了三个孩子，在一次"你长大后想做什么？"的家庭议题中，老大说："爸爸，我长大了要去当画家。"

"哇！爸爸很期待你的作品挂满咱们整个家，包括走廊。"

老二说："妈妈，我想做一名医生。"

"哦！太棒了，我为自己能成为'天使'的妈妈而感到骄傲。"

老三说："我要去贩毒。"

"你……"

底线教育，包含孩子成长的方方面面，生活底线、生命底线、情感底线、法律底线、道德底线等等。底线教育的最终目的是让孩子心中有道德底线的界限之分，清晰明确地知道在当今社会哪些是绝对不允许做的。

生活中，我们常常听到这样的话，"你干什么都可以，千万不要做违法的事。""这人怎么一点底线都没有。""算了，和你谈不拢，你的底线真没下限啊！"

由于每个人的底线标准具有各自的主观意识，所以特殊个体或特殊标准本书不做过多探讨。例如，探讨猪肉是与青菜一起炒着吃还是做成扣肉蒸着吃，这样的讨论没有任何意义，吃的人喜欢怎么吃就怎么吃，都可以。在此，我们探讨的是无论吃的人要把猪肉变成何种形式的吃法，底线必须是"熟"的，就像无论你穿什么颜色的衣服、裤子上街，你总得要穿吧，这是一个道理。

每个人对于事物的看法与要求都不尽相同。有人喜欢萝卜，有人喜欢青菜，有人喜欢矿泉水，有人喜欢纯净水，有人喜欢别墅，有人喜欢高楼……但底线，大家都是可以探讨到一致的，比如无论是什么菜，都得是新鲜无毒的吧？无论是什么水，都得是干净无污染的吧？无论是什么房，都得是能遮风挡雨的吧？

另一方面，唯有把底线明确好了，我们才具备追求底线之上的增值的可能性。例如，米必须在熟的基础上才能加工成寿司、蛋炒饭等增值产品。如果没有熟这条底线，那么谈再多都是毫无意义的。

因此，本节所探讨的底线，实际上就是我们常说的公德底线，即公众普遍一致认为的道德标准。它是对行为主体的最低道德要求，同时也是道德的最起码的基本规范。

对社会成员而言，公德底线指的是人们应该遵循的社会公德的最低警戒线，守卫人的最基本的尊严、良知的最低防线。例如，法律，即是社会的最低道德要求。通俗地讲就是社会成员要遵纪守法。

就个人来讲，唯有加强德行修养，才能获得地位报酬。人之所以是高级动物，源于人类有自身的道德标准和底线。华丽的衣裳只能饰其外表，高尚的德行则能修其心灵，内外兼备方为君子之德。

现代人知道器物要经常擦洗，却不知在道德上也需要洗心革面，这是造成当今众多孩子道德修养失控的原因之一。

道德教育的内容涉及很多，像我国传统文化中的"四维八德"[1]"四端五伦"[2]都是属于道德教育的范畴。

无论是像孟子那样相信人性本善，主张用道德来发展人性，还是像荀子一样相信人性本恶，主张用道德去改造人性，抑或是像告子那样认为人性无善无恶，倡导用道德来塑造人性，再抑或是像世硕那样认为人性是善与恶相混的，主张用道德来发展人性中善的一面，改造人性中恶的一面等等。

尽管这些善与人同并谦虚待人的先古圣贤们各抒己见，但对于人之底线教育这个问题上，先贤们有一种观点是共通的，即人得要有个人样。

我们把先古圣贤们"求同"部分的底线提炼出来并付诸行动，即使我们做不了圣人，至少可以做幸福阳光正能量的人，不至于去做犯人，也不至于去做禽兽，更不至于去做被说成连禽兽都不如的人。

欲成才，先成人。这是亘古不变的道理。

接下来，我借分享基地若干名孩子写的周记的契机，与大家共同谈谈底线教育中的"底线"。

底线一：遵纪、守法

听后感

今天下午，"基地"来了一个人，郑老师让我们叫他唐哥，郑老师说他比我们"基地"里的学员年龄最大的大五六岁。

唐哥说他 13 岁时和我们一样，非常叛逆，在学校中就是校霸的存在。在楼梯间，如果有人碰到了他，他就会把那个人打一顿；在家如果父母说了他几句，他就会摔门而出，在网吧一待就是一个月，家里人在外面怎样找都找不到。

他 14 岁时，跟人打架，把一个人捅了两刀，那个人差点就没抢救过来，他父母赔了很多钱，还把他关在家里，很久不让他出去。

他 16 岁时与家里人说实在不想读书了，然后他就去杭州打工。打了两年工，换了许多工作，在一个组装饮水机的厂子里，他看到那些穿西装、打领带的销售人员经过时，他只能退到一边，让他们先过去。他此时想到了在学校当校霸时的情景，心里思绪万千，就在那时，他下决心要当一个销售人员。他打电话给他父母，说想回去读书，学到知识后好当销售人员。过了几个月后他就去南宁读中专了。

18 岁时，他的一个朋友叫他去送东西，然后给他两千元钱。他把东西送到了，并拿到了钱。在吃饭时，突然出现几个警察把他按住了，并把他带去了看守所，他这才知道，他送的是毒品。在看守所苦苦等了 4 个月，然后就被放出来了。出来后他就去找工作。在经历了很久的努力后，成功开了一个车行，成了一个成功人士。

听了他的故事后，我想了许多，也明白了许多道理，人靠自己的努力也能成功，就算不考名牌大学，但好好学习就能少走弯路。

所以，我决定等从"基地"出去后一定好好读书。

××恒

颠沛流离的逃亡经历，痛定思痛的年少轻狂，痛彻心扉的放纵冲动，苦不堪言的悔恨叹惜……

当痛改前非迎来不负韶华，当砥砺前行得以峰回路转时，带给孩子们的，是醍醐灌顶的警示，更是对人生的敬畏。

底线二：善良、真诚

我心中的教官

在我的心中有一位好教官，那就是我们的欧教官，他长得很帅、很壮，歌唱得好听、饭也做得好吃，也爱搞笑。

虽然欧教官很有经济能力，也非常帅气，但是有点矮，不过呢，在"高富帅"里，他已经占了大半部分了，那就是"富帅"。

欧教官和颜教官一样胖胖的，看见欧教官我就想笑。

欧教官还是一位老师，每周四都给我们讲有关犯罪的事，还天天提醒我们，人可以犯错，犯错可以原谅，但是不能犯罪，因为犯罪了就不可原谅，要接受法律的处罚。

我现在也在一点一滴地改正我的坏毛病，我一定要改变自己，做一个善良、对社会有用、让父母骄傲的人。

××先

今天，再提善良、真诚，似乎显得有些过时了。特别是现今的青少年一代，更是对善良这个词熟悉而又陌生。

为何善良、真诚可望而不可及甚至变成了奢望呢？为何在竞争激烈的当今社会，善良、真诚同忠厚、老实一样不知不觉地变成了无用的别名。

殊不知，给善良与真诚设防的，是冷漠的心。一旦我们摒弃冷漠，孩子们自然会回到人之初，性本善的初始状态。

底线三：诚实、正直

周　记

2021 年 9 月 16 日，我从家中被带到"基地"来，我疑惑，不知道为什么会到这里来，我想回去，一晚上都睡不着觉，相信很多人刚来时跟我一样吧！

刚来的前几天里，我是用一种逆反的心理对待教官的，直到那天教官跟我说："来到这里是为了改变思想，改善身体的，不要回去时还是一无是处。"但是我无法做到明确目标，我很迷茫。我不知道我真正需要什么，改变什么，就算知道，我也无法做到尽心尽力。

"正本清源，知行合一"，我需要什么？我又收获了什么？我并没有感到我有什么需要去改变。

我想回去，但又必须在这里。我以为教官是只注重结果，不注重过程的，我就装样子，但后来我发现是我错了，我开始尽我最大的努力去做好眼前的事，虽然有时做不好，但是我知道了如何叠被子、搞卫生、整理内务等。经过一个月的训练，身体素质提升了很多，而且饭量也（增）加了。

从今往后，我要努力通过考核，出去后我要好好读书，孝敬父母，为了自己想要的生活而努力。

××雷

人，为什么要正直？

因为在其中有雄辩和德行的秘诀，有道德的影响力。

一个诚实与正直的人，内心是快乐和满足的。一身正气的性格、诚实不欺的品德，无论在哪个阶层里，纵然心术最坏的人也会对之肃然起敬。

人类之所以充满希望，其原因之一就在于人们似乎对正直与诚实具有一种近乎本能的识别能力，而且不可抗拒地被它所吸引。

底线四：感恩、内省

感　想

我觉得我来到"基地"后学到了很多道理。

虽然在训练场我有点调皮，但调皮归调皮，我也会有严肃的一面，在钟教官的带领下，我的体能慢慢地提高，身体没有以前那么多病了。教官和老师把组长的这个职位给了我，我一定会好好地当好这个组长，会做好每一件事情，不给钟教官丢脸、添麻烦。虽然钟教官有时候有点严厉，但我还是很喜欢他的，经常和他说说笑笑，每天都过得很开心。

钟教官最近这些天给我们上的课还挺有趣的，让我喜欢上了他的课。钟教官教会了我们很多很多知识，我很感谢他，是钟教官带给我们快乐，我有什么心事也会和他说。还有邹老师他们，我很谢谢邹老师，邹老师会经常到我们女生宿舍询问我们的生活情况，会问我们一些身体方面的问题，很关心我们。有时她还带着我们一起做包子，做包子的时候大家都很开心，有时候真的觉得邹老师很像自己的母亲。李老师、蒋老师教会了我们煮菜。有时候钟教官就会点名叫我们协助老师一起煮饭菜。我做菜的效率有点低，但我会慢慢提高，从一开始的不喜欢做菜到爱上做饭、做菜，我觉得在"基地"真的好开心，我希望在"基地"里能改变一下自己，让自己更加完美。

在"基地"每时每刻都要有一颗感恩的心，要懂得感恩。我很感谢钟教官帮助我们，让我们的身体越来越强壮，越来越健康，也谢谢老师们给我们快乐的时光，让我们好好地改变自己，重新创造一个新的自己。

××宸

感恩，从心理学上解释为因主体自发意识到被给予、被爱护、被关心等，从而有感谢对方的意愿产生的心理活动或现实行为。如果报复心理是一种应对、反抗外部不利因素的自我防御保护机制，那么感恩心理就是它的回馈机制。

人的一生，是一个不断成长的过程，更是一个自修的过程。

遇事懂得感恩，才能懂得克服性格上的不足；做错知道内省，才能改变以往不妥的言行，减少犯错的机会。

底线五：自立、积极

考核的感受

我来"基地"已经 123 天了，我觉得考核说难不难，说简单不简单。

因为考核对我来说就是轻而易举的事，只要平时努力训练、态度端正，通过考核不是问题。

也许我们并不能改变自己天生的缺点，但是我们可以改变自己的心态，以坦然的心态面对自己的缺点，勇敢面对问题，是解决问题的真正捷径！逃避问题，只能增加问题。

在训练中，遇到困难就感到不适应，产生畏惧心理，以消极的心态面对训练，这是不可取的。面对困难迎上去，这是一种积极的心态。

一位哲人说过，你的心态就是你的主人，有了积极乐观的心态迎上去，困难就是路，如果害怕和退缩，它就是山。

美好的生活在于勤奋努力，灿烂的未来在于积极进取，面对困难你只能用积极的心态行动起来拯救自己，命运就掌握在你手中。

靠天靠地不如靠自己，害怕失败的人永远与成功无缘。

××婷

你看过刚学会走路的小孩吗？他在摔倒的时候不用父母或别人的帮助自己就能从地上站起来，拍拍灰尘，继续前行，这就是最形象的自立与积极的表现。

自立与积极，是现实社会生存最起码的标准。如今，不能自立基本上就与"巨婴"画上等号了。在生活和工作中，不依靠别人的帮助也能够自己处理好生活上的一些事情，在工作上自己能独当一面不依靠别人的帮助也能出色地做好工作，即使有生活上的不如意，工作上的不顺心，也可乐观消化，积极调适。

没有自立，无从谈自强。先有了生存下来的基础，才能谈发展，这是一切事物壮大的规律。

而拥有积极的心态，则为生存、发展、壮大的过程保驾护航。

尽管，遵纪、守法会遭到某些人视为古板、固化，甚至是欺骗，也不需要违心、客套的赞赏。

尽管，善良、真诚会遭到某些人的不理解、误会，甚至是利用，也不需要邪恶、虚伪的尊重。

尽管，诚实、正直会遭到某些人的讨厌、辱骂，甚至说成"傻帽"，也不需要阿谀奉承、惺惺作态的友好。

尽管，感恩、内省会遭到某些人的讥讽、怀疑，甚至是排挤，也不需要自私、推脱带来的洒脱。

尽管，自立、积极会遭到某些人的嫉恨、妒忌，甚至是诽谤，也不需要在自甘堕落和消极的世界里被人拥护。

这是底线，是原则，是为人的正道。

本节注解：

【1】四维：礼、义、廉、耻。

礼是上下、贵贱、长幼、贫富的等级秩序；义是亲和温良，是对国家社会的道德义务；廉是清正廉明、洁身自好、廉洁奉公，是官品，也是人品，是一个人的道德操守；耻是面对不道德行为时的羞耻心，是做人的底线。

八德：孝、悌、忠、信、礼、义、廉、耻。

孝是孝顺。孝顺父母，这是为人子女的本分。往大了说是对国家尽忠，也是大"孝"。

悌是悌敬。是指兄弟姊妹相互友爱、相互帮助。扩而充之，对待朋友也要有兄弟姊妹之情，这样人和人之间才能消除矛盾，相互谦让。

忠是尽忠。尽忠国家、尽忠组织、尽忠自己的工作职责。

信是信用。"言必忠信，行必笃敬"，说出的话，一定要有诚有信，不欺骗他人；所做的事，必须要有恭恭敬敬的态度，认真去做，绝对不敷衍了事。

礼是礼节。遵纪守法，礼貌做事，礼貌待人。

义是义气。人应该有正义感，有见义勇为的精神，无论谁有困难，要尽力去帮助，解决问题。

廉是廉洁。没有想占便宜、贪求之心，指人生光明磊落的态度，大公无私的精神。

耻是羞耻。凡是不合道理的事，违背良心的事情，绝对不做。

【2】四端：仁、义、礼、智。

恻隐之心，仁之端；羞恶之心，义之端；辞让之心，礼之端；是非之心，智之端。

孟子认为恻隐、羞恶、辞让、是非是人认识和正确判断事物的起点。恻隐，就是不忍、同情心，即善良心；羞恶，就是耻愧尊严心，即尊严心；是非，就是分辨判断力，即美丑心；辞让，就是亲和温良心，即平和心。

五伦：君与臣、父与子、兄与弟、夫与妇、朋与友。

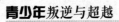

君臣有义、父子有亲、长幼有序、夫妇有别、朋友有信。

第四节 组长们的"四解"文化接力

"其身正，不令而行；其身不正，虽令不从。"

——《论语》

在"基地"，组长（兼任宿舍长）代表着至高无上的荣誉。他是学员们和"基地"间上传下达的纽带，同时也是"基地"为孩子能换位思考、激发同理心所设立的平台之一。能上这个平台的都不简单，不仅要通过前任组长的推荐，还得经过同学们的层层考量。很多人可能会说，"谁当这个组长，还不是你一句话的事！"哦，不！我可不希望自己成为孩子们心中有怨难言的对象。

我认为，关于组长的选择，完全是孩子们自己的事情。他们远远比我更清楚自己需要什么样的组长，就像没有谁比老百姓更明白什么样的官能称之为"父母官"一样。因此，让孩子们自治，远比我去干预要强得多。

或许有人又会认为新组长的选拔交由现任组长们来主持，会不会有假公济私的问题存在，他们会不会拉帮结派搞小团体。关于这个问题，让我们先来看看由历任组长所优化出来的关于新组长的选拔要求和流程。我想，答案自会明白了。

以下，是现任组长们的手稿内容，我一字不差地分享给大家：

1. 队列

（1）队列动作标准，协调一致。

（2）在队列内严格要求自己。

（3）必须比组员做得好。

2. 体能

（1）80% 的项目达到良好以上。

（2）平时的体能训练不能偷懒。

3. 管理

（1）宿舍纪律要求严格。

（2）管好组员、了解组员的心理状况。

（3）保持训练场上人员在位、不能乱走。

（4）饭堂纪律。

（5）不能让自己的组员有内部矛盾。

（6）对于所负责的卫生要分工明确。

（7）分配下去的任务落实到位。

（8）少讲多做，用自己的行动来说。

（9）多与组员沟通，包容和理解组员，真正了解组员。

（10）公平、公正、平等对待每一个人。

（11）营造一个良好的宿舍氛围。

（12）做事不拖拉。

（13）让每一个组员心服口服。

（14）维护好宿舍的名誉。

（15）组员有不懂的一定要教到他（她）们会了为止。

（16）安排工作，验收工作。

（17）必须知道卫生的标准。

（18）合理化分配任务。

（19）知道自己组员的优点和不足。

4. 带队

（1）下口令时声音要洪亮、有力。

（2）保持训练场人员的在位。

（3）严格的纪律。

（4）配合、协助好教官。

（5）保持队列整齐。

（6）严肃认真。

（7）严格按照时间节点走。

（8）训练内容有自己的创新方法。

（9）公平、公正。

5. 自身

（1）自己的心态、思想要端正。

（2）把自己的问题改正，再帮助别人改正问题。

（3）以身作则，起带头作用。

（4）严格要求自己。

（5）自律。

（6）管理好自己的情绪。

（7）保持积极向上的心态。

（8）注重细节。

（9）不断超越自己。

（10）虚心接受别人指出的错误。

（11）有不懂的问题及时请教他人。

（12）别人指出自己的问题时认真听，不要反驳。

（13）端正自己的学习态度。

（14）遇到问题不抱怨。

（15）与其他组长团结一致。

（16）虚心、耐心。

看看吧！这就是孩子们心目中想要的组长。能形成今天这样的规章制度，那是集合了现任以及历任所有组长与组员们"斗智斗勇"、从实践中不断打磨总结而得出的智慧结晶。选拔要求中的每一条，我想，没有谁能比组长们剖析得更精准、诠释得更精辟、解读得更精彩了。

我感到十分欣慰的同时，压力也很大。换我像他们这么大时，也未必能完全胜任这组长的职位。

好了，接下来让我们来看看组长们所拟定的《组长选拔流程》：

第一项：军事一考核。

第二项：军事二考核。

第三项：带队训练并教一样新东西（主要看教的方法）。

第四项：让8个组员观看组长如何分配一楼的卫生。

第五项：随意抽取一名学员，并问该组长这个学员的性格。

第六项：学员投票。

①学员们投票决定该组长是否继续担任组长职位。

②学员们写出自己心目中的六位组长，取前十名的票数进入下一轮。

③将前十名再举行一次投票，选出前六名。

第七项：教官做最后审核。

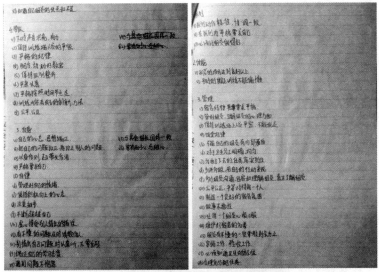

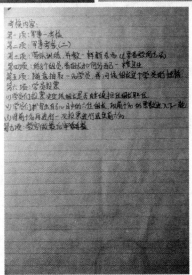

　　重温着孩子们拟定的这份手稿，我深思良久。按上述的要求选拔出来的组长，我真不担心他们搞小团体，我倒是希望这个小团体能拉帮结派让更多的人入伙。可怕的是，这个机制随着时间的推移还在不断地自发完善。

待新组长选拔出来之后，即是对新组长的培训工作。培训的主要内容就是"四解"文化。

每周日的晚上，是"基地"行政例会的时间，新组长的培训就在此时进行。在每次对新组长培训的同时，老组长对"四解"文化往往有新的感悟并主动告诉新组长，"我现在更能体会到父母的不容易了，更能多维度去思考问题，包括自己的人生目标。我相信，不久你也一定会有和我一样的感受。"

第一解：了解

了解，即了解组员。

了解是关心，是问候，是帮助组员们更好地融入集体，特别是新生。

作为组长，除了要知晓组员的名字、年龄、性别、身高、体重、爱好、性格、口头禅，喜欢看什么书、玩什么游戏、有无男女朋友等这些基本信息，还包括组员每天是否刷了牙、洗了脸、洗了衣服等等的卫生情况，以及组员在"基地"各课程的进度、喜好度等等的学习情况，甚至组员的情绪变化之类的都需收集了解。

特别是孩子们在宿舍里生活的信息，组长了解到的往往更及时、直观、真实。某些信息收集后，在向孩子父母求证时，甚至连父母都不知情。比如，组长们发现了小琪同学的恒牙长出来了，乳牙却还没有脱落，形成了双排牙齿的现象；发现了小林同学的背部，因一个姿势保持数个小时玩手机，在木质板凳上活生生压出来的深痕，像个搓衣板似的；发现了小松晚上睡不着觉，并且频繁地吐口水，在天亮前自己又把一地的口水拖干净的怪异行为；发现了小海藏了很多不洗的袜子；发现了小祖喜欢在洗澡时唱粤语歌，尽兴时常常忘了集合的时间……

了解，不仅为孩子们一对一的教务方案提供了更精准而全面的依据，久而久之，组长的心思会变得更加细腻，更在乎他人的感受。

第二解：理解

理解，是思想的交集，认知的平衡，是上善若水。

组长作为"过来人"，对于组员们特别是新组员的情绪问题是能感同身受的。在此基础上，锻炼组长多维度的理解能力，不仅对组员个体、团体所出现的消极情绪或事件起到及时调和的作用。同时，对组长的统筹能力、情商指数等也有整体的促进作用。

例如，为了更好地让孩子产生自发蜕变的内驱力，一个自闭的孩子会与一个善谈的孩子被安排在同一个宿舍相处一段时间。善谈的孩子，不会因为自闭的同学不与他说话而生气。慢慢地，反而会因为自闭的同学开始说一些话题而兴奋不已，哪怕是"嗯""哦""好""是"等等。

自闭的孩子，也不会因为善谈的同学在耳边不停地嗡嗡叫而烦恼，反而会因为他的某一句话产生了共鸣而想继续听下去。因为"言多必失"的另一面是"言多必中"。况且他们都是同龄人，说了那么多话，其"必中"的概率一定远超大人们。

这时，组长的理解能力就发挥着综合作用了。一要理解老师的安排，二要理解两位组员性格特点所存在的矛盾性和互补性，三要促进两位组员之间的相互了解与理解。

随着组长多维度的理解能力日益增强，对组员之间的调和就愈发精准有效。上述例子中，当善谈的孩子越来越能说到重点，不再让同学们觉得是说话不着边际的"神经病"；当自闭的孩子，与同学之间的共鸣越来越多，不再觉得世人无法体会理解他而痛苦地封闭自己时，理解的目的就达到了。

而组长进行调和的整个过程，即是组长强化自身理解能力的最佳实践经历。

第三解：谅解

什么情况下，谅解才会出现呢？是一方犯错并自己知道犯错的情况下得到另一方给予的包容。

谅解和惩罚一线之隔，由于两者的中间地带，常常因人们的主观意识各不相同，而容易造成模糊的不稳定状态，让人不知道怎么去界定，处理稍有不慎就会造成双方火爆的局面。

因此，让组长们知道谅解和惩罚的底线意义远远要大于为了谅解而谅解。这就需要让组长们学会以客观存在的犯错事物为前提来考虑问题。记得有一次，小陈脚下滑了一下，不小心把早餐打翻了，这样的事情去惩罚毫无意义。如果是小陈蓄意打翻早餐，那这样的谅解也是不服众的，甚至会害了小陈。

"郑老师，我觉得自己之前犯的很多错，应该是被惩罚而非是被谅解，还有一些应该是被谅解而非被惩罚。"

随着新组长慢慢成为老组长，对事物的底线也越发清晰。

当组长们学会在谅解与惩罚做出抉择之前，先以客观存在的犯错事物进行分析。长此以往，谅解将发挥出最大的价值。

第四解：和解

和解，是海纳百川，是厚德载物，是一个氛围，更是一种气场。

前面"三解"如果都做到了，自然就以和为贵了。

说了这么多，不妨让我们来看看在组员的心目中组长到底是什么样子的。

我的组长

我的组长有着一双大大的眼睛，五官精美，她长发的时候仙气十足，像个仙女一样，就算后来剪短了也丝毫不影响组长的颜值。我的组长一笑，世界为她倾倒。

我的组长身上有着许多值得我学习的地方，她十分努力、勤奋、不怕苦。她教会了我许多东西，也很关心我们组员的平时表现。我的组长在训练中非常严肃，我们哪点做错了，她都会帮助我们加以改正。在宿舍和我们相处得特别好，和组长在一起我感觉每天都很开心。她十分尽职，还记得我体能考核三公里、五公里的时候就是组长陪我跑完的。在我想放弃、坚持不住时，是我的组长在我的旁边鼓励着我说："加油，你还可以，你可以的。"她不放弃任何一个组员。在我想不通、情绪低落时，是组长来开导我、安慰我、给我讲道理。

每当我哪里不舒服时，也是组长第一个跑来关心我，为我拿药。组长每天晚上都会思考我们每一个人这一天的表现，哪里需要改进，哪里做得不好，怎么让自己的组员更优秀等一些关于我们的事情，有时候会想到很晚才入睡。

知道我的组长十分辛苦，所以我要努力，不让她失望，不为她增添麻烦，尽我所能让组长轻松，不让她总为我们的事而烦恼。我的组长很乐于助人，一旦我遇到问题时也是组长在第一时间来解决，我们相处得十分融洽。

我们宿舍的人十分团结，就像一个小家庭。在组长的带领下，我们这个小家庭变得十分温馨，每天都是欢声笑语。组长和大家一起努力地前进，共同进步，变成更好的自己。

这就是我的好组长，一个很努力的女孩。我很喜欢我的组长，她永远都是我们的好组长。

××苗

一届届的组长在"四解"文化中，感悟到正己而后可以正物，自治而后可以治人。严于律己，不仅是树立旗帜，也是树立榜样。

组长们的"四解"文化接力，营造的是一种风气，反映的是一种追求，引导的是一种方向。

第五节　说教可以，但不能光说不教

"质胜于华，行胜于言。"

——古语

一个宰相的妻子，非常重视儿子的前途。每天不辞劳苦地劝告儿子要努力读书，要有礼貌，要讲信用，要忠于国家等。

宰相呢，却是早上离开家去上朝，晚上回来就知道看书。

爱儿心切的夫人终于忍不住说："虽然你的公事和看书很重要，但你也应该好好地教育你的儿子啊！"

宰相眼不离书地说："我时时刻刻都在教育儿子啊！"

"你难道不知道你做的是错的吗？""你今天不要吃饭了。""去，你必须写1000字的保证书。""都说了你这么多遍了，你是怎么搞的？""上次那个事还没完的啊！我告诉你！""你是不是不长记性啊？你的脑袋里装的是屎吗？"

生活中，任何一个家庭都有过这样的情景。比如，当你的孩子无意或有意犯下一个令你气愤的错误时，你是否批评了一次、两次之后，还觉得不够解恨，还是会怀疑孩子是否记住了你对他的批评教育。然后，为了确保他能够记住并且以后不再犯同样的错误，于是你又不厌其烦、不辞辛苦、苦口婆心地为孩子讲解不能这样做的原因，或者干脆语气加重厉声喝道，好让他长长记性。最后，又翻旧账，唠叨个没完，好像只有这样才觉得尽到了做父母的责任。

回想一下，每次这么做的时候，孩子的表情是什么样的，他们对你的每一个批评、意见都是虔诚地接受了吗？

从心理学的角度看，要想激怒一个人，没有比对他喋喋不休并揭开他的老底、撕开他的旧疤更好的办法了。

大人们一次次地轰炸，恰恰导致了孩子们的"超限效应"，即孩子的肌体会因为受到的刺激过多、过强、持续时间过久而引起情绪超限现象，从而导致孩子不耐烦、逆反的心理状态。可怕的是，只要孩子没有出现"超限效应"，父母会认为责任还没有尽到，因而进入了一个死循环。

在这个死循环中，孩子的心理已由最初对自己错误行为的内疚感发展到对大人们一而再，再而三的批判的愤怒。他不是愤怒你不该批判他的错误，甚至在你前两次批判时，还曾下定决心以后好好表现，让你不再为他生气。

然而，当他发现你根本不相信他能记住你的批评、你对他根本不信任时，他会坚信你根本不是一个和他站在同一战线上、帮助他改正错误的人，简直是一个十足的无法容忍任何错误的恶魔。

最终的结果，孩子还是没有如你所愿，甚至变本加厉。

这到底是为什么呢？

这是大人们无意中给孩子造成的感观所致。一是居高临下，为人傲慢，这种晓之以理蕴含着"我比你高明"之意让人心生不悦。二是暗含着言语暴力——你的想法不重要，必须听我的才会有好结果。我不知道这样做到底效果如何，我只知道这是训练骗子和说谎者的上策。

纵然是家长爱之心切，责之心苦，即使说教的"警句名言"

句句在理也无法使之改观。我甚至在想，孩子应该更愿意被你把手放在热水壶上直到感知烫了后本能地缩回去，知道了开水烫人的道理，也不愿听你千万遍地亲切嘱咐"小心烫啊，宝贝！小心烫啊，宝贝！小心烫啊，宝贝！……"

我们明白，身教不如境教，却往往没能给孩子提供一个"境"。

我们知道，言传不如身教，却往往都是在说，而吝啬自己的"教"。

说一千道一万，不如做一遍给孩子看。

小曹来"基地"前，喜欢运动，爆发力不错，能很轻松地完成8个引体向上（考核及格线），瞬间骄傲自大，连教官都不放在眼里。这时，征服他的办法有两种。一是在引体向上胜过他，二是在5公里长跑胜过他。这是"基地"的一对王牌项目。显然，在小曹自认为的优势项目引体向上胜过他更能让其心悦诚服。

最终，在60秒的限时比赛中，小曹以12∶25的成绩输给了一名组长。事后，小曹在感叹"基地"卧虎藏龙的同时，也因组长事后没有取笑他，而是主动与小曹分享发力的技巧、呼吸的配合等要点而成了很好的朋友。

我想说的是，这60秒的操作，至少节约了6个小时的说教。"小曹你这人怎么能这样啊，你要谦虚啊，你不能这样啊，你这样的心态是不对的啊……虽然你这方面厉害，但人无完人，你怎么就知道人家不如你啊……万一人家拿自己的强项比你的弱项你怎么想啊，你这样不利于团结啊，以后要吃大亏的啊……"或许讲不到6个小时，6分钟小曹就要炸掉了。

现在的家长说得太多做得太少，忽略了让孩子去感知示范的力量。在示范面前，孩子不会觉得无助、迷茫。反而会感到服气，感到有依靠、有安全感，甚至唤醒上进心、谦虚心。

所幸的是，一部分人已经意识到了这一点，并很快做出了改变。只是在过程中，依然存在诸多难点，抱怨最多的就是示范做了，没用，都教了千万遍了，就是教而不变。

此抱怨蕴含着一个非常值得我们深思的关键点，即在施行示范之前，示范的目标设定是十分讲究的。如果示范的目标没有结合孩子的实际情况，以及示范者期望值过高，那么确实会出现上述"教而不变"的现象。纵然做千万次的示范，也不能激发出孩子想去尝试的兴致。比如，对一个连加减还不会的孩子示范乘除的数学题，即便他的年龄已达到初中生或高中生了也无济于事，或是对一个连路都还走不稳的孩子示范跑步等等。

既然合理的示范目标设置是高效实现目标的前提，那怎么才能合理地设置示范目标呢？这里，我们可以遵循以下 4 个基本原则：1. 兴趣目标比一般目标更可能实现；2. 自律目标比他律目标更可能实现；3. 具体目标比模糊目标更可能实现；4. 近期目标比远期目标更可能实现。

明白这 4 个基本原则后，接下来的工作就是根据孩子的实际情况先制定一个总目标，再运用"篮球架定律"[1]，把总目标拆分成若干个中目标、小目标或是阶段目标等等。总之，必须是符合"篮球架定律"的目标。这样不仅提高了克服和战胜困难的效率，更便于使孩子形成"程序性记忆"[2]。最后，用"连锁塑造效应"[3]把这些目标链接起来。这一系列下来，当孩子回头看时，发现自己已经站在成功之巅了。

"基地""军事一"考核中，有一个项目是"齐步行进与立定"，就是运用了此法，使得孩子们高效地完成了任务。

训练场上，同学们在听完教官对"齐步行进与立定"标准要求的讲解后，都纷纷认为"这还不简单啊，不就是一帮人走路嘛！"

"齐步走！"教官一声令下后，队伍启动了。队伍中有的大步流星，有的步履蹒跚，有的缩手缩脚，有的东张西望……几遍下来，没有一遍是整齐的。整个队列一会儿是蛇形，一会儿成了无头蛇，一会儿蛇又断开了几节。

孩子们不服气，较真地说："再来！"

结果又来回走了很多遍，依然丑态百出。教官口令喊得喉咙都快冒火了。

正当大家心灰意冷之时，"篮球架定律"发挥作用了：

第一个"篮球架子"——原地摆臂定型练习

"嘀……集合！"

教官面向火速集合完毕的孩子们，指向训练场右边一根横向拉直20米的绳子说道："看到那根绳子了吗？"

"看到了！"

"全体都有！移步到绳子前30厘米处列队站好！"

"是！"

"立正！下面进行原地摆臂定型练习，右手在前左手在后。都听好了，现在伸出你们的右手离身体约30厘米。拇指根部对正衣扣线，并与最下方衣扣同高……"

教官一边讲解着姿势要领，一边穿梭于队列中逐一检查纠正孩子们的手势。"左手在后，手臂自然伸直……定型1分钟，左右手轮流进行。"

第二个"篮球架子"——原地摆臂连贯练习

"全体都有，一令一动，先右后左。一个哨令，右手前左手后；再一个哨令，换左手前右手后。嘀！……"

这一步骤，孩子们不但要克服自己的难关，即每次的摆臂要向定型时的标准靠齐，还要攻克团队的难关，时刻关注"三度"，即摆臂的速度、力度与高度。

如果速度不一致，就像千手观音一样；如果力度不一致，仿佛麦浪一般；如果高度不一致，如同山脉似的。

当"三度"练到一致，方可往下推进"一令二动""一令三动"的练习。

第三个"篮球架子"——原地踏步、摆臂练习

"原地踏步——走！"

教官一边做着示范，一边给同学们讲解着抬腿的高度、落脚的速度、姿势的稳定性、踏步声音的一致性，以及表情、眼神等等，确保全员合格后方可进入下一个"篮球架子"。

第四个"篮球架子"——3步齐步行进与立定练习

终于可以行进了！孩子们摩拳擦掌、精神高度集中地等待着教官的口令。

"齐步——走！"

"噗！噗！噗！哒！"

哇！孩子们被这声势震撼到了，队伍中不知是谁感叹了一句"没想到，摆臂摩擦的裤缝声都可以这么美妙。"

虽然最后的靠脚还有些稀拉，但相比之前"古惑仔"的步伐好得不止千倍，也没再出现"蛇"一般的景象了。

在反复练习时，孩子们神情中不觉涌现出一种参与阅兵仪式的庄严感，顿时都肃然起敬起来。

第五个"篮球架子"——5 步齐步行进与立定练习

"齐步——走！注意距离，每步迈出约 75 厘米；注意着地，先脚跟、后脚掌……注意重心，上体正直，微向前倾；注意手型、手指轻握，拇指贴于食指第二节……注意神眼，注意听声音……"

孩子们在教官不厌其烦地指挥下，渐渐地由他律转为自律，形成自主性调节机能。即对身高、步距等不一致的落差不断自我修正。步距大的收小一点，步距小的迈大一点，步速快的缓一点，步速慢的跟紧一点等等。

这个"一点"，就是我们常说的"默契"。

第六个"篮球架子"——15 米齐步行进与立定练习

这是最后一个步骤，到了这一步，练习的是"默契"的稳定性与持久性了。

孩子们每完成一个"篮球架子"，就多一份自信与自豪。当把这六个目标都完成后，再回头看最初时，成就感不言而喻。而此项目的整个练习过程中，所发生的一系列行为塑造和心理动态，内化形成了"情感记忆"，让孩子们在往后的日子里，每每看到军训或军人时，一定会关联到自己这份成就感上。

自信、自豪、成就感，每个孩子天生有之。关键是激发这些天性所设计的事物、目标是否匹配。我们经常听到对孩子有恨铁不成钢的评价，却很少去反思是不是打铁人的技术有问题，而"篮球架定律"则很好地告诉了我们如何针对人与事物之间的匹配度，设计出更符合实际的目标高度。

当然，这并不是说在设计出更符合实际的目标后就一劳永逸、高枕无忧了。目标的实现过程同样至关重要。作为教育者，我们的对象是人，不是一件标准化的产品。既然是人，在实际教学中就一定存在着许多个性化的需求需要我们去及时发现并指导。

例如，小海的被子叠了两个月了还是不平整，总是出现"皱纹"。小海与其他同学学的内容并无差异，都是一个教官教出来的，可就是叠出来后"皱纹"很多。这让大家百思不得其解，用排除法排到最后，想着是不是被子出现了什么问题，但换了一床被子后，"皱纹"依然存在。

我怀着"考古"般的态度，观摩了一次小海叠被子的全过程。终于，在小海把被子叠成"凹"字状态时，发现了问题所在。小海担心被子不够方正，在教官所教授的"横向捋平"的基础上，自行加了一个"纵向捋平"的动作，不仔细看的话，实操中几秒钟就过了，难怪这床被子越叠"皱纹"就越多。我让小海省去这一步骤，瞬间，问题解决了。

另一个孩子小程，也有一个积重难返的问题，即在练习"停止间转法"时，膝盖不是在转身时弯曲，就是在靠脚时弯曲。我让小程用连贯动作与分解动作分别演示了"向左转""向右转""向后转"。演示后，我发现"膝盖弯曲"仅仅是问题的表象，问题的核心关键是小程不会提胯。

我把此环节单独拆分出来，对其进行重点攻克。我让小程和我一起绷直着双腿，学着企鹅走路的样子，体验提胯的感觉。待小程练到能充分自如掌握时，再加入"停止间转法"中配合练习，这样就简单很多了，效果也有明显的改善。

常言道："喊破嗓子，不如做出样子。"老子亦言："合抱之木，生于毫末；九层之台，起于累土；千里之行，始于足下"。

这些话虽不是什么豪言壮语，但它却为我们揭示了一个再简单不过的道理。

目标，只要一步一个脚印踏实地去实现，就一定能实现。

困难，只要一点一滴细心认真地去克服，就一定能克服。

本节注解：

【1】篮球架定律：指的是在设定篮球架高度时，如果确定的高度足足有两层楼那么高，基本没人能投得进去，那就没人玩了；如果确定的高度只有1米高，人就能轻轻松松地把球投进去，参与者就会觉得没意思。

目前篮球架的标准高度是3.05米，对于成人来说，属于"跳一跳够得着"的水平，就是非常合适的。这一点也帮助篮球成为在全世界范围流行的体育项目。

此定律是由美国管理学家埃德温·洛克所提出的，强调的就是设置这种"适宜高度"的目标，才能调动人的积极性。

"篮球架定律"对教育的启示是我们给学生树立的目标一是要让学生力所能及；二是要不断提高。也就是说，既要让学生有机会体验到成功的欣慰，不至于望着高不可攀的"果子"而失望，又不要让学生毫不费力地轻易摘到"果子"。

只有不断给学生定出一个"篮球架子"那么高的目标，让大家都能"跳一跳，够得着"，才能收到好的效果。

【2】程序性记忆：是一种惯性记忆，也是非陈述性记忆，又称技能记忆，是指如何做事情的记忆，包括对知觉技能、认知技能、运动技能的记忆。

程序性记忆是关于如何做某事或关于刺激和反应之间联系的知识。

【3】连锁塑造效应：是指通过小步骤反馈来达到学习目标。

也就是说，首先要把目标分成几个小目标，每完成一个小目标就要进行反馈或强化，最终达到最后的大目标。

连锁塑造效应就是我们常说的"跳一跳，摘果子"，即教学中的最近发展区，就是分解学习目标，通过设计小的步骤，让学生一个一个地实现小的目标，这样就可以实现大的目标。

第六节　"鱼刺"引发的复婚

"婚姻是一座围城，城外的人想进去，城里的人想出来。"

——钱锺书

如果不是那天我正好路过三楼多功能教室听到小倩说着一句奇怪的话——"我真希望再吃一次鱼，再被鱼刺卡一次喉咙。"我想，我将有可能错过一个美好的故事。

15岁的小倩来"基地"之前转过一次学。在A学校时，小倩父母希望小倩离开那些整天无心学习、闹着要出去打工挣钱的姐妹，对其是好言说尽、苦苦相劝。小倩挣扎再三后最终答应父母去到另一个城市的B学校就读。

小倩到B学校的第二天，向班里的同学询问哪些同学抽烟喝酒？哪些同学喜欢打架？哪些同学喜欢玩游戏……谁想，这些在小倩看来十分正常的交流和举动，却遭到了班里那些盛气凌人的女同学的排斥和欺凌，觉得这位"外来者"管的闲事太多了，常常背地里对小倩说三道四，认为她是"小太妹"。

小倩面对这些流言蜚语，是我行我素不予理会，认为时间会冲淡一切，没把它当回事儿。在到B学校的第三周，更不幸的事发生了。小倩的班主任以小倩有"抑郁症"[1]上报校长，并建议予以退学处理，理由是小倩孤僻内向，屡次违反校规带手机和零食到学校。

被劝退后的小倩心态倒还好，反正自己也无心读书。但这个退学理由可把小倩的父母急坏了，担心孩子真有病，执意要带着小倩去医院做进一步检查。小倩却因父母对自己的担心而彻底被激怒了，死活不愿意去，说天下人都抑郁了，我都抑郁不了。

且不说这位班主任对抑郁症的标准是否具备科学的判断能力，也不主观去推断小倩是否有伪装的嫌疑。如果仅仅是对某一症状持怀疑态度的话，作为一名称职的老师或医生，无论是从对当事人负责任的角度出发，还是从职业道德的层面看。在没有对当事人做进一步的全面调查和科学测验之前，是不会草率地妄下结论的。再者，即使小倩真的患有抑郁症，在不明确小倩得知病情后是否有利于治疗的前提下，应以保密为先，怎会出现大肆宣扬并强化当事人有病的言行。

作为教育者，要教育人，首先就要把人当人。人都有自尊心和荣誉感，只有受到尊重和信赖，才能充分激发出能动性和上进心，青少年尤其这样。如果一个老师想让一个学生厌学或是退学，那么在厌恶、歧视、侮辱、压制，或是变相体罚当中任选其一足矣。

小倩想外出打工、厌学、逃学等一系列的想法与行为，最终能在父母的建议下妥协并选择 B 学校再次就读，其内心是趋向自我改变的，只是到新环境后，自己寻求认同感、安全感的形式不被老师和部分同学认可，进而加剧了小倩的人际交往障碍，导致小倩被退学的无奈事实。

在小倩的这篇周记中，也能对她强烈需要认同感、安全感窥见一斑。

我最难忘的事

在我的印象中，我最难忘的事，是我的爸爸喜欢吃鱼，我的妈妈经常在家里煮鱼给我爸爸吃，不知不觉，我也喜欢上了吃鱼。

爸爸喜欢吃各种各样的鱼，妈妈就用各种各样的烹饪方法把各种各样的鱼变为各式各样的美食。直到我上了初中，就很少吃到鱼了。因为爸爸、妈妈的工作越来越忙，在家吃饭的时间越来越少，所以大部分时间是我与奶奶一起吃饭。就在我 14 岁生日的前夕，妈妈对我说："倩倩，你想要什么生日礼物啊？"

我不假思索地说："我想要你和爸爸一起在家吃饭，而且一定要吃鱼。"

"哦，这样啊！"

"是啊，这有问题吗？"我嘟着嘴追问道。

"哦，没有、没有，好的，妈妈答应你。"

妈妈抵不住我的撒娇，说完便拨通了爸爸的电话。

终于，时间来到我生日的这天。一放学我就飞奔着往家里跑去，看着妈妈爸爸在厨房忙碌的身影，我开心得手舞足蹈。不一会儿，我们像往常一样聚在桌前开心地吃着饭。我一边吃一边瞄着爸爸带回来的生日蛋糕，心里甭提多高兴了。

可是，这久违的温馨气氛，在妈妈的话语中停止了，"倩倩啊，妈妈有句话，想了很久都不知道怎么开口。今天是你的生日，又大了一岁了，妈妈相信你能理解爸爸妈妈的。"

"哦……"我应着。从妈妈严肃的表情中，我有一种不祥的预感涌上心头。

"爸爸妈妈其实在两年前就离婚了，当时怕影响你学习，就没有告诉你，希望你不要怪爸爸妈妈。"

妈妈的话犹如当头一棒，瞬间让我的大脑一片空白。我五味杂陈，想大声抗议，可就在我准备发飙时，我的喉咙却被鱼刺卡到了，顿时口水难咽、手足无措。我下意识地猛地咳了几声，试图把刺给咳出来，但毫无用处。妈妈一边拍着我的背，一边说："怎么呢？这是什么情况？"

爸爸也紧张地问："倩倩，是不是被鱼刺卡到喉咙了。"

我点头示意着。

"孩子爸，赶紧去倒杯水过来。"妈妈满是内疚地说。

"好的好的，孩子别急啊，爸爸马上来。"

我喝了一大杯水，但每咽一下，就感觉刺扎得更深了。见喝水没用，妈妈说："孩子爸，去倒一杯醋来。"

"好的好的，孩子别急啊，爸爸马上来。"

"咕噜咕噜，啊……咳……咳！"我咽下了几口醋，但仍然没能解决问题。

我难受极了，我口水不敢咽，大把大把地沿着嘴角往外流。这情形，把爸爸妈妈给吓坏了，妈妈说："孩子爸，要不我们去医院吧，你赶紧拨120。"

"哎呀，还拨什么120啊！我们自己去还快一些。"说着一把抓住我的手就往自己肩上搭，背着我就往车库方向跑。

我家离医院不远，大约10分钟的路程。看着爸爸连闯了几个红灯，车速也提快了，我想出声劝一下"慢点开"，却发不出声音，我的眼泪"唰"一下夺眶而出。妈妈一直安抚着我，也没注意爸爸正在危险地超速行驶。多想时间静止在这一刻，多想他们就这样守护着我，多想……

不出5分钟，我们到医院了。

爸爸背着我径直向急诊室跑去。说明来意后，医生戴着头灯，拿着一支长钳子，让我把嘴张开。随着"啊"的一声，鱼刺被医生顺利地取出了，我顿时如释重负。但同时，我也知道我们一家人以后很难再聚在一起了。

这是我最难忘的一件事，如果可以，我真希望再吃一次鱼，再被鱼刺卡一次喉咙。

看着这篇篇幅不长，却意味深长的周记，我不禁沉思起来，心想，该不该把它分享给小倩父母呢？如果他们此时仍然水火不容处在冷战中，或各自组建了新的家庭，抑或是在组建的过程中，那么我这一分享，免不了会添一些麻烦事儿。但我想了想，又有哪一个家庭中是没有矛盾存在的呢？即便是一个人，也都会有自相矛盾、前后抵触的时候，况且还是天天生活在同一屋檐下的两个人呢？更何况，当爱情的结晶来到这个家庭之后，打破原有的生活节奏是显而易见的，一系列的矛盾接踵而来也是必然的。

既然矛盾无法避免，那就让希望在矛盾中重生。

生活中，人们总是面临着日益增多的琐事、育儿观念的迥异、价值取向的碰撞以及经济收支的压力等一系列的矛盾，学会如何处理这些矛盾才是问题的关键所在。

一个人，若不学会自我调适、自我反省、自我更新、自我迭代，同时拥有一双发现美的眼睛的话，那么可想而知，此人与任何人组建家庭，家中的氛围都是昏暗、无趣和抱怨的。最终，极大可能还是逃脱不了离异的结局。

夫妻离异带给孩子的伤害在本书第一章第七节中已有阐述，在此不过多阐述了。这里要说的是在父母离异之后，有多少孩子因自己的心声没有机会向父母倾诉而压抑成疾，又有多少父母因没能听到孩子的心声而悔恨终身。

思来想去，最终我把这篇周记分享到了小倩的"家长交流群"里，按下发送键那一刻，无论小倩父母是何种反应，惊讶的、难过的、后悔的、高兴的、心酸的、无措的、感动的……我都充分做好了全面接受的心理准备。

但怎么也没想到，周记发出后，一直到"家长会"的当天，中间差不多近一个月的时间里，小倩父母对此事没有任何言论发表，连表情也没有一个。这与之前在群里一分享小倩相关信息没多久就回复的情形大相径庭。面对这样的局面，我除了选择静观其变、不作追问，一时间还真想不出更好的方案来。

之后的群里，照例分享着小倩在"基地"的日常学习与生活，小倩父母也一如既往地交流互动着。唯独对周记一事避而不提，好像这事儿从来就没发生过一样。

周记事件既然开了个头，这么不声不响地一直僵持下去终究也不是办法。一方面，在给予小倩父母亲子教育方面的相关建议会有一定阻力，无法推进下一步工作；另一方面，小倩的首次"家长会"日渐临近，谁来参加，是迫在眉睫的问题。换作平常，"家长会"的时间和人员直接与家长约定即可。而此时此景，单独邀请哪一方，都不合适，必须有所顾忌。甚至现在连怎么邀请都无从开口，着实让我有些犯难起来。

思量再三后，我决定省去与家长商议这一环节，自行做主定下"家长会"的时间，以"通知"的形式分享到了群里。

我满怀期待地等着小倩父母的回复。然而，小倩父母对待这则"通知"的态度，和那篇周记一样，仍然不闻不问。

这让我又犯起难来，小倩的"家长会"能否顺利举行？小倩父母能否如约赴会？来的话又是谁来？各自依次单独来？还是……面对这样的局面，我除了再一次选择择机而动，不作追问，确实想不出更好的方案来。

所幸的是，周记没有白发，等待没有白费。

小倩父母没有给我犯第三次难的机会。"家长会"当天，不仅小倩父母同时赴会，我还收获到了自己职业生涯当中特有的惊喜——小倩父母复婚了。

那天的情景至今仍让我记忆犹新。小倩爸妈一同驱车来到"基地"，车停稳后，小倩爸爸下了车大步来到后座拉开车门，非常绅士地一手挡在车门框上，一手搀扶着小倩妈妈缓缓下车。然后手挽手笑容满面地双双向早已候场的我和小倩走来……

小倩被眼前的这一幕给激动坏了，一个箭步冲进了爸妈的怀里，一会儿哭一会儿笑的，洋溢出久违的幸福感。特别在得知父母复婚的消息后，更是开心得像童话里的公主一般，拉起爸妈的手转起圈儿来……

一根"鱼刺"，还孩子一个完整的家。即使这个家偶尔会有些吵吵闹闹，会有些矛盾，那又如何呢？

本节注解：

【1】抑郁症：抑郁症（depression）是一种常见的心理障碍，可以由各种原因引起，以显著而持久的心境低落为主要临床特征，且心境低落与其处境不相称，严重者可出现自杀想法和行为。

典型的抑郁症有三大临床表现：心境低落、思维迟缓、活动减少。

心境低落表现为长时间的情绪不佳，并且自己难以改善和恢复，有很强的无助感和无力感，有时感到天空都是灰蒙蒙的，外界事物好像都没有了好看的颜色。另外，心境低落有时还表现为"晨重夜轻"的节律变化，即清晨抑郁比较重，晚间比较轻。

如果抑郁情绪加重到一定程度的话，就会出现思维迟缓的现象，即感到自己的头脑变笨重了，不灵活了，记忆力也减退了。

伴随着心境低落和思维迟缓，个体的活动也会减少，表现为生活懒散，提不起精神，以前的兴趣爱好也都丧失了，甚至表现为对生活失去了信心，对未来失去了希望。

目前国内常用的是《中国精神障碍分类与诊断标准（第3版）》其中对抑郁症的诊断标准是：

（1）症状标准

以心境低落为主，并至少有下列中的4项：

①兴趣丧失、无愉快感；

②精力减退或疲乏感；

③精神运动性迟滞或激越；

④自我评价过低、自责，或有内疚感；

⑤联想困难或自觉思考能力下降；

⑥反复出现想死的念头或有自杀、自伤行为；

⑦睡眠障碍，如失眠、早醒，或睡眠过多；

⑧食欲降低或体重明显减轻；

⑨性欲减退。

（2）严重标准

社会功能受损，给本人造成痛苦或不良后果。

（3）病程标准

①符合症状标准和严重标准至少已持续两周。

②可存在某些分裂性症状，但不符合分裂症的诊断。若同时符合分裂症的症状标准，在分裂症状缓解后，满足抑郁发作标准至少两周。

（4）排除标准

排除器质性精神障碍，或精神活性物质和非成瘾物质所致抑郁。

第七节 《正知的歌》——音乐疗法

"百病生于气，而止于音。"

——《黄帝内经》

人类认识世界的方式有两种：一种是通过科学的逻辑思维，一种是通过艺术的形象思维。

音乐心理治疗[1]是一个新兴的、跨越多学科的边缘学科。它既是科学，也是艺术。

早在两千多年前，我国医学经典《黄帝内经》中就已记载了音乐与健康有着密不可分的关联，总结起来无外乎两大方面——疾病的起因与治疗。

首先，是疾病的来源。《黄帝内经·素问·举痛论》曰："百病生于气也，怒则气上，喜则气缓，悲则气消，恐则气下，寒则气收，炅则气泄，惊则气乱，劳则气耗，思则气结。九气不同，何病之生？"这段话的意思是，人们疾病的产生是由于人的脏腑、经络的气机失调而导致的。我们可以从字面上发现，绝大多数疾病与人的情绪有关。

其次，是疾病的治疗。《黄帝内经·灵枢·五音·五味》详细论述了宫、商、角、徵、羽5种音调调治疾病的说法，提出"五音对五脏"[2]的医疗对应关系。后来归纳为"百病生于气，而止于音"的"五音入五脏，五音疗疾"的音乐治病理论。其含义为许多疾病都是因为人体气机的不畅或紊乱而起，而音乐则可以调畅气机，促使疾病痊愈。

时间来到 1989 年，美国 Temple 大学教授布鲁夏博士在他的《定义音乐治疗》一书中对音乐治疗提出了自己的看法，同时也是现代对音乐治疗较为全面的精确的定义：

　　"音乐治疗是一个系统的干预过程，在这个过程中，治疗师运用各种形式的音乐体验，以及在治疗过程中发展起来的，作为治疗的动力的治疗关系来帮助治疗对象达到健康的目的。"

那么对于当今青少年而言，什么类型的病症适用于音乐治疗呢？

临床心理学研究表明，在青少年及儿童中，音乐疗法主要适用对象有三种类型：1.情绪、心理障碍者，特别是因网瘾、失恋引起的抑郁症、躁狂症、焦虑症、恐惧症、强迫症、妄想症等；2.在语言、情绪交流等方面有不适应表现的心理患者，如人际关系不适应、社交恐惧症、缄默症、学校恐惧症等；3.在身心机能方面有发展障碍的，如自闭症、智障、多动症等。

值得我们重视的是，在实际的运用过程中，音乐治疗不可一概而论，以偏概全。因为针对不同个体的治疗对象，所制定的治疗焦点、目标、方法以及心理学流派取向都是不同的。

例如，治疗的焦点可以是生理的、情绪的、智力的、精神的、社会能力的等；治疗的目标可以是心理的、教育的、娱乐的、预防的、康复的等；治疗的方法可以是聆听的、即兴的、表演的、创作的、运动的等；心理学流派的取向可以是人本主义的、认知主义的、行为主义的等。

我们明白了音乐治疗的针对类型、实际运用的原理，那具体能对孩子起到什么样的作用呢？在"基地"，音乐疗法作为对叛逆青少年心理辅导的重要手段之一主要有以下三大作用。

（一）调适孩子的不良情绪，培养孩子的健康情感

请问，你知道有多少疾病是跟人的坏情绪有关吗？

现代科学已证实，人类90%以上的疾病都跟情绪有关。长期的负面情绪是200多种疾病的真正诱因。当生气、悲伤、恐惧、焦虑、委屈、烦躁、抑郁等负面情绪长期纠缠你的时候，首先攻击的就是你身体的免疫系统。在这个强大的敌人面前，什么养生啊、滋补啊、保健啊，统统不堪一击。

中医认为，健康的本质即是人体脏腑气血阴阳的和谐。"和"是人体乃至宇宙万物生化运行的根本状态和最佳状态。《吕氏春秋》中提及："凡乐，天地之和，阴阳之调也。"意思是但凡音乐，都是天地和谐、阴阳调和的产物。而"和"的本义，在《说文解字》中即指音乐和谐。

如今，音乐已经普及，无论你是否具备专业的音乐理论知识或演奏能力，都能感知到它的存在。音乐作为一个媒介，其本身已具有情绪、情感的属性。比如，一首国歌代表着庄重、严肃；一曲古琴代表着厚重、恬静；一段架子鼓代表着激情、洒脱……各种风格的音乐，演绎了各种情绪的存在。

音乐之所以被世界公认是全人类最好的疗愈方式，不仅仅是因为音乐无国界，是全球语言（比如，当任何乐器演奏"祝你生日快乐……"时，一定可以成为沟通的桥梁）；更重要的是，人的情绪与音乐的情绪浑然天成，音乐是各类情绪障碍、心理问题最绿色、最健康的治疗形式（比如当旋律、曲风、歌词所表达的思想内涵、信念、价值观等与听者产生情感共鸣时，情

绪缓解和激励作用就产生了)。

因此，让治疗对象的情绪与音乐的情绪发生共鸣，使音乐与治疗对象同步，是治疗师首要的任务之一。

13岁的小志是一个郁郁寡欢的男孩，有中度抑郁症。来"基地"前小志有一定的吉他弹唱基础。不过，小志平常喜欢听的歌、唱的歌和他的人一样，是比较忧伤、舒缓、空灵的小调曲风。而"基地"无论独唱还是合唱，所教授的歌曲的曲风多为大气磅礴、声势浩大的革命歌曲。

这与小志喜欢的曲风恰恰相反，格格不入。那咋办呢？私下时，我作为鼓手，迎合小志的音乐风格取向，为他的尽情弹唱做架子鼓伴奏，以缓和白天合唱带来的不适感。

一段时间后，小志音乐情绪的天平开始由小调向大调倾斜。偶尔会听到他哼一些阳光、轻快的歌曲了。然后，我让小志接触更多元的音乐风格，比如民族、民谣、古典、爵士、布鲁斯以及交响乐等等。

当小志对各种风格的音乐欣赏多了，自然会有不同的感观。再回头听"基地"所教授的革命歌曲时，小志不仅欣然接受，还对曲风有自己的见解。说"现在每每在练习合唱时，高亢、激昂的旋律感染着自己，都有一种热血沸腾，好似奔赴前线的感觉。"感慨道这样的歌才是真正的歌，真正给人力量的歌。

当然，这里并不是说忧伤的音乐就是不好的。这里要表达的是音乐本身并无好坏之分，重要的是遵循以人为本的音乐治疗而去进行合理的音乐风格类型或活动形式的选择。

在人的消极情绪宣泄上，一些忧伤、痛苦、压抑以及充满矛盾的音乐曲风可以起到激发个体各种情绪的作用，比如亲人去世时听到哀乐使人更容易把压抑的情绪释放出来；当消极情绪宣泄到一定程度时，开始逐渐使用积极的音乐，支持和不断强化人内心积极的情绪，最终帮助其个体摆脱困境。

纵然是愤怒，同样可以转化为音乐来发泄，或是将某些欲望通过各种音乐活动达到满足，如歌唱（独唱、合唱）、乐器合奏、词曲创作、即兴弹奏、节奏训练、音乐游戏、音乐剧、音乐欣赏等多种多样的形式。

因此，无论一个人的情绪是开心还是伤心，积极还是消极，音乐作为避免孩子们情绪极端化的天平砝码，无疑是完美的。

（二）消除人际障碍，培养协作精神

我在多年的心理咨询工作中发现，一些具有表达障碍和心理困扰的青少年，他们有着自我评价低下、自卑、自闭的共同特点。

他们不能正确地接受自己，也不能成功地与外部世界建立正确的联系，导致人际关系障碍。人际关系一旦形成障碍，往往会出现一种自己被孤立的主观意识，且敏感多疑，更不要说与集体、团队的协作了。

在音乐疗法中，"音乐活动"是一种人际互动的过程，也是一种治疗的形式。组织孩子们参与到集体的音乐活动当中，是帮助孩子们建立自信、打破人际冰点与培养协作精神的一种有效方法。

合唱，是"基地"常组织的集体音乐活动之一。要完成一次能达到演出水准的合唱，必须在吐字、气息、音准、节奏、情感、眼神、肢体等多方面进行密切配合和精确合作，任何合作上的失误或失败都会导致音乐效果的不和谐与失败。而且，这种不和谐与失败会立即反馈给每一个参与者的耳朵，造成听

觉、心理甚至生理上的不快感。

合唱本身具有一种强大的力量，来"强迫"所有参与者进行完全的合作，并迫使参与者要控制可能破坏音乐和谐的任何自我冲动和不良个性表现，那么参与者就必然要相互产生一次次的排练、示范、协作、交流、磨合、沟通，为达到音乐和谐的目的而不断努力的一个过程。

此过程中，孩子们不仅学会与他人合作、相处的能力和技巧，并且提高了其自信心和自我评价。这些经历，最终还会泛化和迁移到他们的日常生活中。

除了合唱，"基地"还有小组唱、器乐合奏、电声乐队、个人歌唱大赛等各种音乐活动，可以满足和适应各类不同程度心理障碍的孩子，使他们可以在音乐活动中获得喜悦感、成功感。而这些喜悦感、成功感的体验对于一个人的自我评价是非常重要的。

另外，音乐的魅力和愉悦性也会吸引那些社会性退缩[3]的孩子参与到音乐的社会活动中去，从而改变其自我封闭状态。

（三）开发创新思维和培养创新能力

"正知基地"，是人本主义音乐心理治疗的践行者，"基地"坚信叛逆青少年可以通过找到自己内部的创造性动力，从叛逆的现象中完成自我接受、自我肯定、自我强化、自我实现，即自我超越的过程。

美国社会心理学家费斯汀格有一个著名的理论：生活中的10%由发生在你身上的事情组成，而另外的90%则由你对所发生事情如何反应决定。也就是说，生活中有10%的事情是我们无法掌控的，而另外的90%却是我们能掌控的。

音乐心理治疗的过程是让孩子们通过对音乐活动的体验来完成的。过程中，孩子们能为同一个目标而感动（比如以下所述的《正知的歌》），在不知不觉中促使孩子拥有自主的情绪调整能力，并在症状的改善、行为的转变以及人格的成长都得以趋向健康状态发展的同时，创新的思维和能力也得以开发。

小圳、小程、小毛是"基地"中三个有一定感统失调的孩子，因此相对他们的课程会有更多的针对性与随机性。在一次课间休息时，三个孩子临时歌兴大发想要欢唱几曲，并提出要我弹吉他为他们伴奏助兴的要求。

孩子们的主动令我非常开心，说明其内心已经接纳了我。事实证明，当我们面对孩子的要求，表现出积极关注与配合时，常常又有着意想不到的收获。

那天几曲唱罢后，大家伙儿正思索着下一首唱什么歌时，小毛突然说："郑老师，咱们'基地'有自己的歌吗？"

猛然间我意识到，眼前的这一问题，不正是一次绝好的音乐治疗的契机吗？

说干就干，我召集全体孩子开会，向他们宣布我们要共同为"正知基地"写一首歌的起因、初衷以及流程和完成的截止日期等事宜。

消息一出，孩子们无不为之兴奋，并且参与感爆棚，主观能动性达到了空前的积极状态。从我宣布到最后一名孩子提交歌词仅 30 分钟不到，所有孩子的歌词都已征集完毕。我从这些歌词中提炼出 16 句话，加以润色后进行编曲。编曲完成后进行第一次试唱，在两次听取孩子们的意见后，最终，《正知的歌》得以面世了。

正 知 的 歌

1=G $\frac{4}{4}$

全体学员 词
郑　钢 曲

轻快的、积极的

这里的　一切 是多么陌生　　这里的
一切 是多么磨炼　正知的

一切 是多么熟 悉　每天陪着太阳升 起　每天
一切 是多么快 乐　不知从什么时候开始　渐渐

伴着思 念入 睡　正知的 里　我们从
地融入了这

一二三四 中　获得力量　一招一式 中
耳老师教官的谆谆教诲　一寸黄金难 换

拨开迷 茫　彼此互助 中　重拾自信　我不再是轻狂
一寸光 阴　不会让你们再伤心落 泪　时刻准备着

的年少　不逆　扬帆起 航

音乐心理治疗，并非像有些人认为的那样，只是听听音乐，放松放松而已。

音乐心理治疗，是帮助孩子们淋漓尽致地宣泄压抑已久的消极情绪，唤醒孩子们对美的体验以及内心积极的生命力量，让孩子进行自救的一个过程。

本节注解：

【1】音乐心理治疗：是一门集音乐学与心理学、医学、社会学、教育学等结合而形成的学科，它利用音乐的心理治疗功能，发挥音乐对人体机能作用，针对某些疾病和心理问题进行康复和改善，促进人类身心健康的一种新型心理治疗方法。

至今，全球有200多个国家组成了音乐治疗协会，并每两年召开一次世界音乐治疗大会。已经确立的临床治疗方法多达上百种。在不同的音乐治疗方式的探索下，世界各地产生了来自心理动力学派、生物学派、人本主义学派、行为学派和完形学派，以及由音乐教育理论为基础发展而来的不同学派。

现代音乐治疗起源于美国，1940年美国卡萨斯大学正式将音乐治疗确定为学科，经过半个多世纪的研究发展，目前在美国有80多所大学设有音乐治疗专业，培养学士、硕士和博士学生。美国有4000多个国家注册的音乐治疗师在精神病医院、综合医院、老年病医院、儿童医院、特殊教育学校和各种心理诊所工作。

【2】五音对五脏：五音即角、徵、宫、商、羽；五脏即肝、心、脾、肺、肾。

五音对五脏中，每种调式的旋律都各有特点：

角调式乐曲旋律朝气蓬勃、兴发舒展，对应五脏中的肝。可以条达情志、消忧解郁。代表曲目如《胡笳十八拍》《蓝色多瑙河》等。

徵调式乐曲旋律明快愉悦、活力四射，对应五脏中的心。可以通调血脉，振奋精神。代表曲目如《喜洋洋》《步步高》《紫竹调》等。

宫调式乐曲旋律清静幽雅、淳厚庄重，对应五脏中的脾。可以助脾健运、消食化痰。代表曲目如《春江花月夜》《十面埋伏》等。

商调式乐曲旋律铿锵宏伟、高亢有力，对应五脏中的肺。可以除燥息怒，安宁人心。代表曲目如《黄河大合唱》《阳春白雪》等。

羽调式乐曲旋律深远透彻、苍凉哀伤，对应五脏中的肾。可以启迪心灵，开拓思绪。代表曲目如《梁祝》《二泉映月》等。

因此，不同的调式可以诱导人体产生不同的情绪，作用于不同的脏腑，调整气机的运行，从而达到治病的目的。

【3】社会性退缩：又称社交敏感性障碍，指儿童或青少年对新环境或陌生人产生的恐惧、焦虑情绪和回避行为并达到异常程度。

第八节　结业仪式·人生赢在转折点

"山重水复疑无路，柳暗花明又一村。"

——陆游

孩子们到了巩固期时，"基地"会植入两大导向课程，即高中方向和职高方向。同时，此阶段也会接到很多家长们的电话，"郑老师，我希望孩子去学这个专业，这个专业好……""郑老师，到时麻烦您帮我和孩子说一下，让孩子读那个学校，那个学校我有朋友在做老师，可以照顾一下……""我咨询了一些朋友和孩子的长辈们，他们给了很多意见，但我还想听听郑老师你的想法……"等等。

关心孩子的未来是必要的，规划孩子的前程是应该的。每个家庭，对于此类问题，仁智各见，无是非对错，更没标准答案。

然而，在家长们为这些问题焦头烂额、冥思苦想之时，似乎有一个人的意见被忽略了，没错，此人正是孩子本人。

当我们兴致勃勃地把自认为的想法或决定告诉孩子时，我们是否想过，这些想法和决定有多少是与孩子内心契合的呢？如果不契合或契合度不高，那最终落地的效果又会好到哪里去呢？我们不要忘了，无论这些意见最终决策的是哪一条，孩子才是真正的执行人啊。

当然，你可以说孩子的意见不重要，也可以认为孩子的想法很幼稚，必须把他安排在自己的规划之中。但自古以来的验证告诉我们，在一切想法未被证实之前，那些轻易下结论的人才是最幼稚的。否则，诸多的发现或发明，如地球引力、电话、汽车、飞机等等也就不复存在了。

或许，你又认为，我对孩子的期望没那么高，不奢望他做科学家、发明家，以后能养活自己就心满意足了。以人为本看，尽管你对孩子的期望值不高，但也成为不了剥夺孩子有自主想法的理由。从心理学上分析，近似于命令的下达，即使孩子最终去做了，心中也难生喜悦。

每个人对成功的定义不尽相同，我个人对成功的定义是兴趣与工作相结合，工作与生活相融合。

选择大于努力是我们常常挂在嘴边的一句话。选择本身代表着是一种能力。当我们选择的是自己的兴趣时，看似很努力实则很快乐；选择不了自己的兴趣时，要做到看似很快乐估计都很难。一个对钢琴充满热爱沉醉其中的孩子，在音乐方面的造诣，一定比一个本身喜欢画画但被强制去弹钢琴的孩子要高得多。

工作脱离了生活，疯狂地工作而不顾生活的那是机器人，更何况现在很多机器人都具备生活情致功能了。讽刺的是，现实中，一个快乐的理发师，会为每天能打造"美"的造型而感到充实；而一个被迫成为医生的人，却连自己的空虚也拯救不了。

兴趣、工作、生活三者密不可分。从发展心理学的角度去思考，一个人在青少年时期所拥有的兴趣，都是为以后的工作而铺垫的，只是在很多时候，当事人自己并不知道而已。

因为一个人在青少年阶段并没有工作上的压力，准确地说是没有生存上的压力，完全是全身心地投入在自己的兴趣之中，唯有到社会上需要自力更生、面临生存与发展压力时，青少年时期所拥有的兴趣会在不知不觉中影响着自己的判断，为要选择怎样的工作（职业或创业）而做出指导性意见。

这远远要比毕业后从事着与所学专业不对口的人要幸运得多，比那些毕业即失业的人更具前瞻性。此时，无论是从身心健康还是从沉淀价值方面，在青少年时期能拥有兴趣的人，都是赢家。

兴趣、工作、生活三者的有机融合，正趋向等同于人类的幸福指数。融合得越好，幸福指数则越高。反之，没能把三者所结合的，要提及"幸福指数"这个层面都很困难。

以前，农业时代，知识匮乏，物质短缺，能有书读就是好的，没有选择，也没法选择，有就不错了。后来，工业时代，读了书毕业后包分配工作，你的兴趣是以包分配工作为前提的，可以选择，但选择的范围较小，成本较高。

现在则不然，现在是信息时代，资讯爆炸、资源过剩，有了选择的条件。因此要有所选择，也必须选择。选择的先决条件，即是内心中是否存在着对应的兴趣。

父母对未来的恐惧，常常表现在对孩子的期望之中。他们希望孩子比他们学得更多，所以一股脑地让孩子学这学那，全然不理会孩子对此是否有无兴趣，而在现实中，孩子的兴趣有可能出现在另一些地方，他（她）可能正享受着做一个蛋糕、编一个程序，抑或是写一本书、做一个化学实验，再或是跳一支舞、画一幅画，也有可能正沉醉在高雅的钢琴曲中……这些和谐的画面，我们无须去打破。画面中兴趣的种子正在发芽、正在成长为未来的烘焙专家、计算机专家、文学家、艺术大师，抑或是企业家……因此，我们不要把孩子限制在我们的认知范围内，因为他（她）诞生在另一个时代。

士有格致之学，工有制造之学，农有种植之学，商有商务之学。应根据孩子自身的禀赋和兴趣，各从其志。古时如此，当下甚之。

把兴趣变为事业，人的积极性将会得到充分的发挥。即使在工作中尝尽了艰辛，也总是兴致勃勃、心情愉悦。

把事业融入生活，才能享受每一刻时光的精彩。即使面对生活中重重困难，也绝不灰心丧气，而是会想尽一切办法，百折不挠地去克服它。

如今，已有越来越多的家长认知并认可到孩子的生涯规划并非一定要用分数来衡量，而是挖掘他的兴趣爱好、天赋，激发他的潜能，把孩子培养成他想成为的人才是根本。

然而，也有部分家长会产生这样的疑惑，"我不是不想去挖掘孩子的兴趣爱好，问题是兴趣班报了一大堆，到头来还是搞不懂孩子喜欢什么。你们怎么就知道孩子喜欢什么呢？难道他们不会装吗？"

会，当然会，并且是很会装。正因为如此，"基地"比家长更担心孩子"装"的问题，才不敢掉以轻心。不过我们不要忘了，百密终有一疏，装得了一时装不了一世。既然是在装，就一定会露出破绽，况且，我们也不得不承认，人对于某些特定事物所表露出的情绪是难以伪装的，比如，重逢故友的喜悦，亲人离去的伤心等等。

而人对自己所喜欢的事物所表露的情绪就更难以伪装了。生活中，往往谈到自己的兴趣时，人的眼睛会发出光彩，整个人显得更有内在的力量，这是兴趣来自人的内心，听从机体的评价的外显表现。如果与一个人谈到兴趣的时候表现出沉重的表情，情绪低落，有时还会长吁短叹，那说明这个兴趣极有可能来源于他人的期待，比如爸爸、妈妈希望孩子成为舞蹈家，孩子却热爱绘画。

为什么会这样呢？著名心理学家罗素的"复合型情绪"观点可以有力说明这个问题。罗素根据人情绪的愉快度和强度，将情绪组合为四个类型：

高等强度的愉快是高兴；

中等强度的愉快是轻松；

中等强度的不愉快是厌烦；

高等强度的不愉快是惊恐。

这种复合型情绪的展现，在对人的兴趣测试时尤为直观。而罗素本人，也是兴趣、工作、生活三者有机结合的践行者。他的人生目标就是"使我之所爱为我天职"。意思是说，一个人要把自己最感兴趣的事作为其终身职业。

因此，对于孩子情绪的观察、收集、辩证、分析，是辨别兴趣真伪重要的依据之一。

其二，就是为孩子们提供足够多的课程，让其一一感受、体验。

其三，在众多的课程中，运用一种称之为"蔡加尼克效应"[1]的心理现象作为测试，提炼出孩子最感兴趣的课程是哪个，即所有课程在进行到一半时，或以下棋、散步、喝茶等名义，把孩子单独叫出来。总之，就是让孩子并不知道是故意打断的情况下，人为去中断他原有的课程。为什么要这么做呢？当课程被迫中断时，孩子就会对未完成的课程念念不忘，从而产生较高的渴望度，就像那些在电视剧的最紧要关头插播进来的广告一样，打断了观众观看精彩剧情的需求，让观众生怕错过了关键部分而不舍得换台。这就是广告商摸透了观众的心理，让观众欲罢不能。我们大可以回想一下，记忆中让你最深刻的感情，是不是没有结局的那一桩？印象中最漂亮的衣服，是不是没有买下的那一件？最近老让你心里惦记的是不是那些等着我们完成的任务？如果反之，则表示对上述的种种事物不感兴趣。

因此，"蔡加尼克效应"的测试与孩子的情绪反应，提供给了我们一条客观了解孩子兴趣的路径，比如，某课程被中断时，孩子的情绪是愉快的，那么孩子对此课程显然是不感兴趣或兴趣不大的。如果某课程被中断时，孩子的情绪是不愉快的，并且是高等强度的不愉快，那么此课程自然罗列在孩子的兴趣课程表里了。

明白了这些以后，就不难理解上述家长的疑惑了——我不是不想去挖掘孩子的兴趣爱好，问题是兴趣班报了一大堆，到头来还是搞不懂孩子喜欢什么。

为了使大家更直观地去理解，具体的做法我总结为如下4步：

首先，察其言，视其行。在众多被打断的课程中，汇总孩子的情绪、思维、行动等要素进行分析。综合评估出哪些课程是孩子感兴趣的并一一罗列出来。

其次，观其微，闻其声。在罗列的兴趣课程中，综合孩子的天赋与实际学习的状况，共同交流并拟定出权重的排序。

再次，知其心，度其情。根据权重排序，逐一安排对口的职业模拟课程，用实践验证想法。

最后，试其事，则见其势矣。汇总实践后的感悟与总结，从而找到最感兴趣的那门课程。

经过了立体式多维度的验证，孩子的兴趣与职业化方向也随之清晰。在接下来的日子里，我们看到了一幅百花齐放、万紫千红的画面：

小罗为了她的美食家梦想，开启了研究精致小蛋糕的创意之路。

小甘在组长的职务上感受到了"教育"的快乐，报读了幼师专业。

小亚体验完3项职业实战模拟课程之后，决定还是回到母校，为考取重点高中而努力奋斗。

小圳在发现自己能轻松背下《道德经》，比任何人的记忆力都好，从此博览群书，立志去参加"最强大脑"。

小欣的脾气很大，发现练软笔书法能抑制长期的情绪障碍，结业时颇有一副"狂草"大师的风范。与小欣同类型的小苏，也在画画的道路上坚定着自己的梦想。

小超为了以后爸爸、妈妈、爷爷、奶奶能尝到自己的拿手好菜，已经主动向老师索要了很多菜谱。一次午休巡视，见他不睡觉而是在攻读《实用营养学》，我明白，那个曾经混迹社会的小霸王，已经浪子回头金不换了。

小祖的牙坏死了一大半了，立誓要做一个牙科医生。

小联骨骼精奇，天赋异禀，耐力十足，对"军体拳""擒敌拳"等武术格斗方面异常感兴趣，每周三下午的实战格斗模拟课程，打了一场又一场，打了一个又一个。警校，是小联做得最明智的选择。

小佳温文尔雅，认为泡茶是一件"双兴"的事，自己泡得高兴，看着别人喝着自己泡的茶也高兴，别人一喝高兴了，自己就泡得更高兴，发誓成为国家级茶艺师，向世界宣扬中国茶文化，向全球传递高兴。

小彭颜值超高，口若悬河，十分热衷于组织文艺活动，天生主持人的材料。

小贤文采飞扬，妙笔生花，无论散文还是诗歌都信手拈来；悬疑、小品文更是行云流水，让人拍案叫绝，想做一个新生代的编剧。

小有正在恶补英文，为自己的理想蓄力。

小静五音俱全，一首《强军战歌》唱得荡气回肠，气势磅礴，绕梁三日；一曲《军中绿花》犹如天籁，催人泪下。在关于是音乐院校方向还是师范学校方向的选择上，小静最终听从了自己的意愿，选择了学前教育专业，想象着不久的将来，一群可爱的小朋友围着小静老师吵着闹着要听歌，那将是多么美好的画面啊。

小婷重返卫校，说从哪里跌倒就从哪里爬起来，要向学校的前辈们学习。疫情期间，她挺身而出，奔赴前线，在国家、人民最需要时实现了自我的价值。

小易想做一名企业家，让更多的人吃到健康又有营养的食物。

小轩积极地训练，为以后能扛上钢枪保家卫国做准备。

……

在撰写本书期间，我还得知结业后的小图经过半年的追赶，现在在班里成绩名列前5名、年级前36名，还代表学校荣获了市级英语比赛的二等奖；小陈在汽修专业发挥着自己的热忱，虽然漂移暂时还没有学会，但至少离梦想更近了……

大人们无须问我孩子回去后会不会再次叛逆，我的三观和职业素养告诉我，我不怕孩子叛逆，除非我不想接受孩子们成熟。叛逆，该来的总会来，不在这方面叛逆，就会在那方面叛逆。既然来了，埋怨过去不如总结经验，担心复发不如积极改变。

孩子的叛逆现象，无论是哪种方式、方法来教育和引导，都应以树立正确的价值观、端正孩子的学习态度，并以为其赋予"积极关注"[2]为总原则。

如果我们充分地认知到叛逆现象是孩子在成长路上必然出现的成熟标志，如果我们不再去幻想有一个完全按自己意愿去生长的小孩，如果我们能把孩子当作是仅存血缘关系的一个朋友而已，那么让我来描绘一个现实的可能性：我们将与孩子一同，赢在转折点。

本节注解：

【1】蔡加尼克效应：是苏联心理学家蔡加尼克在一项记忆实验中发现的心理现象。她让若干个被试者做22件简单的工作任务，如：1.写下一首你喜欢的诗；2.从55倒数到17；3.把一些颜色和形状不同的珠子按一定的模式用线穿起来等。每个人做的工作任务出现的顺序是随机排列的。

完成每件任务所需要的时间大致相等，一般为几分钟。在这些任务中，其中有一半的任务允许顺利做完，而另一半任务却在进行的中途被人为地打断，要求他们停下来去做其他的事情。做完实验后，要求他们每个人回忆所做过的任务。

结果十分有趣，在被回忆起来的任务中，高达68%是那些被中止而未完成的任务，而已完成的任务只占32%。

这种对未完成任务的记忆优于对已完成任务记忆的现象，就叫"蔡加尼克效应"。

【2】积极关注：积极关注是指在心理咨询过程中，对求助者的言语和行为的积极、光明、正性的方面予以关注，并强调他们的长处，有选择地突出其行为中的积极方面，利用他们自身的积极因素，从而使求助者拥有正向价值观，拥有改变自己的内在动力，达到治疗目标。

积极关注涉及对人的基本认识和基本情感。凡是心理咨询工作，首先必须抱有一种信念：受助者是可以改变的。

第九节　谈谈老师

"学然后知不足，教然后知困。知不足，然后能自反也；知困，然后能自强也。故曰：教学相长也。"

——《礼记·学记》

本节中，我由一道题目展开自己的浅见。

题目是这样的，给多音字"差"字进行组词，第一声和第四声分别组一个。43 个孩子当中，竟然有 41 个孩子在第四声的组词时，写下了"差生"二字，占比 95.3%，如此之高的比例，令人费解之时，也激起了对其原委的刨根问底之念。

"差生"从何而来？是谁制造了"差生"？是谁让孩子们对这样的词语记忆得如此深刻？从各类小词典再到《辞海》，我想找到对这个词语的解释，但是都没有。显然，这是在学校里派生出的词语，是应试教育的产物，因为只有"唯成绩论""以分数论英雄"才会产生"差生"。

在一次辩论赛中，我让孩子们对"差生"的问题展开讨论，尽情发表各自的看法。下面我们来看看小王同学的发言。

"分数"，划分了同学们的群体，一边是优生，一边是"差生"。分数拉得越大，这个界线就越宽，距离就越远。

我还记得第一次踏进校园时，对学校里的一切，我内心充满着好奇，也充满了期待。望着一本本看不懂的书，期待着老师为我答疑解惑，我以为只有自己是这样，我望向班里其他的同学，从他们的眼神中，也看到了和我一样的好奇与期待。

我们开始了对未知知识的探索与学习，而这个过程，并不是所有同学都能齐头并进，都会存在对某一学科感到学习吃力的同学，如果有一位和蔼可亲的老师来到身边，耐心讲解，多多鼓励，帮其提高自信心。他就会因此而更加刻苦，从而能奋起直追，也能成为一个优秀的学生，这是多么幸运的事呀！

但是，一些老师的做法却与之相反，自然结果也会相反。

老师们在办公室里公开争抢着验证自己班里某某同学是最笨的，某某同学是弱智，某某是朽木不可雕也，某某已经无可救药了。

虽然，老师们可能也给这些同学补过课，但补课的同时不会忘记冷言冷语几句。缺少爱的补课费时费力，不会有好的效果。长此以往，原来对校园的好奇变成了厌恶，最终，成绩一落千丈，成了所谓的差生。

我就经常在想，老师怎么那么笨，不知道"攻心术"吗？只有学生喜欢你，他才愿意学你所教的科目呀！

虽然适当地给予批评，让我们接受挫折教育是必不可少的，但我们更需要鼓励，哪一个孩子不愿意听到表扬，在表扬声中成长的学生往往会乐观向上。

请老师多多表扬我们一次吧！即使您批评我们也让我们感受到您饱含着深情厚谊！让那些您一手造成的差生从阴影中走出，也能享受到学习的乐趣吧！

在孩子的眼里，是老师制造了"差生"啊！他们从老师的眼神中、说话的语气中，一个小小的动作中，各种各类的评比中都强烈感受到了老师无声的评判：孰优孰差。

我又进一步扩大范围，向他们以及之前结业的部分孩子共103名提出了以下几个问题：

1. 谁教你知道了"差生"这个词语？为什么这个词给你留下了深刻的印象？

2. 你认为自己是"差生"吗？

3. 你愿意被人当作"差生"看待吗？

4. 你喜欢称学习不好或者纪律方面自我约束比较困难的同学为"差生"吗？

5. 你认为老师应该怎样看待同学？

学生的回答同样令我震撼，89.2%的学生提到"差生"一词是从老师口中和眼神中知道的，因为老师经常这样说："你怎么这么差呀！""怎么这么简单的题目你还出错！"剩下的那10.8%是在父母口中知道自己是个"差生"的，因为经常遭遇到爸爸妈妈用恶毒的语言粗暴地对待，比如"这么笨，真后悔生了你"之类的。

81%的学生因为感觉这个词语格外刺耳而留下了深刻的印象，16%的孩子则是因为被老师或是家长称为"差生""笨蛋"等而记忆在心。

95.7%的学生认为自己不是"差生"，87%的学生不愿意称学习成绩或纪律不好的同学为"差生"。

在"你认为老师应该怎样看待同学"这个问题中，100%的学生提到了"尊重"。

"差生"这个现象，当然不是某一个班级的问题。

尽管，他们有这样或那样的毛病，有的品德行为不良，没有养成好的行为习惯，让学校家长都颇感头痛；有的不遵守纪律，影响了正常的课堂教学；有的学习成绩很糟糕，拉了班级总分的后腿，让家长也很没面子……

但是，这一切都是孩子的错吗？

作为教育工作者，孩子好教的，都说是自己教好的；孩子不好教的，都说是父母惯的。这样的归因，严重违背了有教无类的教育初衷。

面对孩子们出现的问题不予以科学的分析，找到问题的解决方案，却一味地埋怨或推脱，这不是"懒教""惰教"行为又是什么呢？

没有天生的"差生"，只有天生有差异的学生。在这里，我与老师同仁们分享一段被教育书刊反复引用的话：

如果一个孩子生活在批评之中，他就学会了谴责。

如果一个孩子生活在敌意之中，他就学会了争斗。

如果一个孩子生活在恐惧之中，他就学会了忧虑。

如果一个孩子生活在怜悯之中，他就学会了自责。

如果一个孩子生活在讽刺之中，他就学会了害羞。

如果一个孩子生活在羞辱之中，他就学会了负罪感。

如果一个孩子生活在鼓励之中，他就学会了自信。

如果一个孩子生活在忍耐之中，他就学会了耐心。

如果一个孩子生活在表扬之中，他就学会了感激。

如果一个孩子生活在接受之中，他就学会了爱。

如果一个孩子生活在认可之中，他就学会了自爱。

如果一个孩子生活在宽容之中，他就学会了感恩。

如果一个孩子生活在分享之中，他就学会了慷慨。

如果一个孩子生活在信任之中，他就学会了担当。

如果一个孩子生活在真诚之中，他就学会了平静幸福生活。

如果一个孩子生活在承认之中，他就学会了要有一个目标。

如果一个孩子生活在诚实和正直之中，他就学会了真理和公正。

如果一个孩子生活在安全之中，他就学会了相信自己和周围的人。

如果一个孩子生活在友爱之中，他就学会了这世界是生活的好地方。

"欲明人者先自明，欲正人者先正己。"

客观地说，一名老师无法做到"因材施教"时，最好的办法就是看看现在的自己，是不是会发现，我们也不是全才，我们也只能在浩瀚的知识海洋当中，选择出自己所擅长的领域去不断加以完善。

既然我们无法用有限的生命去学习掌握无限的知识，那为何又要强加于孩子们呢？

现在的孩子，所面对的知识，除了学校开设的课程，如语文、数学、英语、物理、化学、政治、地理、历史等课程外，还有音乐、舞蹈、美术、搏击、主持、球类、国学、马术、大脑开发、极限运动等一系列校外的课程。我们暂且不论这些课程知识的创新层面，就上述任何一门课程现有的知识体系，都值得我们穷其一生去研究学习。

为什么学校里的老师，要分语文老师、数学老师、英语老师……为什么某一科目的老师，不顺带着把其他科目也一并教授了呢？

老师难当"全科老师"，那孩子的偏科又从何而来？显然，所谓的"偏科"，是一个伪命题，甚至是一个谬误。因为一个拥有数学禀赋的孩子，很有可能在那些非数学科目老师的眼里是"差生"，一个拥有化学禀赋的孩子，同样也极有可能在那些非化学科目老师的眼中是"差生"……

我们的"寒窗之路"，从小学到初中再到高中之所以科目众多，到了大学才分专业，目的是给予老师们更充分的时间，去发掘、识别孩子的天资禀赋更适合哪个科目领域，以便在步入大学时为其进行对口专业入学的合理引导和指导，为孩子的生涯规划、高考志愿规划做出根本依据，为国家挖掘、输送栋梁之才。

可惜，一个"唯分数论"的教师毕其一生的精力，可能也无法发掘出学生的一个兴趣。

作为教育工作者，尽管我们秉承着"学而不厌，诲人不倦"的教育态度，但没有"因材施教"作为前提，很难想象那些好像样样都懂一点但不精的"博学家"，关键时刻除了泛泛而谈之外，怎么去"实干兴邦"，更别说要育化出所谓的"大家""专家""名家"。

如果说国家的应试教育体系是"求大同"，那么细分在各个班级的一线教师就得"存小异"，不敢说这样就可以完全巨细兼顾，但至少教育工作者的初心得以维持并发展。否则，没有"因材施教"，就必然会用同一标准评价，用同一标准评价，就必然会出现所谓的"好生""差生"。

美国著名心理学家加德纳博士在《心智结构》一书中谈到人类有 7 种彼此独立的智能：分别是语言的智能、逻辑数学的智能、音乐的智能、身体活动智能、人际关系智能、空间感知智能、自我省思的智能。

在某些方面比较弱的人，却可能在另一不为人注意的方面具有惊人的能力。相应的，在某个学科领域擅长的学生很有可能在另一个领域表现不佳，哪怕是趣味相投的学生在一起，有些发展得快一些，有些发展得慢一些，这是必然的，也是非常自然的，每个学生都应该有不同的发展方向与节奏。

既然每个人不可能成为 7 种智能的综合体，那我们就要发现孩子不同的智力潜能并加以引导，促使其发展特长。相信每个学生都有自己的特点、优势，每一个孩子都是一座亟待发掘的宝库，蕴藏着巨大潜能，只要经过教育，因势利导，引导学生的认识步步深入、生动活泼地获取新知，都会有美好的发展与前途。期待着我们每一位教师用自己的心去感知。

在人的一生当中，教师没有办法教育学生一辈子，就像父母无法陪伴孩子一生一世一样。这就得首先深知孩子身心发展之规律，而择种种适当之法予以助之，授人以渔；其次重在教学生学、教学生如何学、用智慧去引导学生让其达到更好地去自发学习的目的，从"学以致用，知行并进"的实践应用层面，到最后主动地迈向知识的"推陈出新，革故鼎新"的创造、创新层面。

知识本身在不断地进化和更新，因为人总是在试图对世界做出更准确、更完整与更深刻的理解和解释，就像如果不是麦哲伦进行人类历史上一次史诗般的航海探险，从实践上证明地球是圆的，我们可能到现在还认为地球是平的或其他。

因此，知识并不是一种绝对客观的、固定不变的终极真理，而是具有不确定性、建构性、多样性和可质疑性等特征的。

如今，软件上不仅有全面的 K12 教程，还有很多名师的在线讲授。假如学校里的老师站在讲台上仅仅作为知识的搬运工，灌输式地教，甚至是"满堂灌"[1]，那干脆让孩子在各类软件上选出自己感兴趣的知识，还来得更直接些。严格来说，那只是照本宣科的唠叨，自然达不到"传道、授业、解惑"的效果。

更甚一层的是所谓"能者为师"，"弟子不必不如师，师不必贤于弟子"，意思是学生如果有专长，也可以成为老师；老师也可以向有专长的弟子学习，老师和学生相互学习，教学相长，本是理所当然的事。如果教育工作者不认可师生关系是相对的关系，或还没认知到这本身是可以转化的关系。那么，很难想象，将会教出何等格局的学生。

这里还有一个更痛心的现状，很多老师当初选择教师职业并不是他们内心的向往与愿望。为什么会选择教师这个职业呢？现实中，以往读师范（中专）的老师很多是因为初中毕业要尽快找到工作，后来读师范（大专或本科）的多数是因为高考竞争压力大，报师范类专业比较保险，或者听从长辈的意见，认为教师职业稳定，尤其是适合女孩子。他们中的很多人甚至不知道自己适合什么工作。

一个读书万卷的成年人，却无从了解自己的兴趣和理想，无从为自己选择一个可以承载自身生存、发展的职业或事业，这让人情何以堪！

不妨让我们静静地想一想，孩子们努力学习最终的目的是什么？学习的过程中是否忽略了他们的内心感受？是否压抑了孩子们的特长？

难道，我们就没有发现：有的学生喜欢阅读，沉浸在文学的世界中能让他们感到自在和欣喜；有的学生喜欢数学，严密的推理和逻辑让他们乐此不疲；有的学生喜欢科学，各种科学现象让他们深深着迷；有的学生喜欢艺术，在众人面前的才艺展现会让他们觉得自己光彩照人……

因此，有效的教育是为每一个学生提供最适合他的生长环境、发展平台，帮助他走上最适合他的人生道路。

本节注解：

【1】满堂灌：整堂课老师一味地讲解，学生只听不说、理不理解也不管。

第十节　谈谈家长

"天生我材必有用。"

——李白

曾经看到过一篇报道，有一家杂志对全球不同地方 60 岁以上的老人进行了一次问卷调查，调查的内容是请老人们列举出在这 60 年之中，你最后悔什么？可列出最多 10 项。

在老人们的积极配合下，相关人员对收回的有效问卷进行统计之后，得出了这样的结果。

第一名：92% 的人后悔年轻时不够努力导致一事无成。

第二名：73% 的人后悔在年轻的时候选错了职业，没有选择自己喜欢的职业。

第三名：62% 的人后悔对子女教育不当。

第四名：57% 的人后悔没有好好珍惜自己的伴侣。

第五名：45% 的人后悔没有善待自己的身体。

我不知道，第一名中的"年轻时不够努力"和第二名中的"选错职业"是否有着因果关系，但可以确定的是能从事着自己喜欢的职业的人，一定不会出现不够努力的现象。

这个报道又让我想到了另一个故事：

故事讲的是三个同窗大学生毕业后的奋斗史。那时读大学还包分配。巧的是他们大学毕业被一同分配到了同一个稳定的大企业工作。这在当时是"铁饭碗"，只要老老实实做下去，到退休享清福，一生安稳无忧是有可能的。

　　然而，时代瞬息万变，时间过去一年，他们三个中有一个因不喜欢每天都要看上级领导的脸色做工作而辞职，去了另一家私人的企业打拼。他说现在的工作虽安稳，但级别分化特别严重，很多制度守旧，基层员工根本无法展现才华。而另外两个同窗却没有他这种想法。他们依旧认为那是很多人梦寐以求的安稳。

　　时间又过了一年，此时两个还在稳定的大企业里上班的又有一位同窗决定辞职自己去创业了。剩下的那位同窗，心想怎么就那么能折腾呢？妥妥的"铁饭碗"不香吗？

　　很多年之后，他们三人约定了一次相聚。此时的三个人，已然是三个层次了。第一位离开的人，现在是一家上市公司的高管。第二个离开经商的人，现在是餐饮界的巨擘。而留在稳定的大企业里的那位同学，仍每天面临上级的训斥，慢慢消磨着自己的大好青春。他没有压力，也没有动力，也埋没了自己的任何"可能性"。

　　这个世界，唯一不变的就是变，没有成功的企业，只有时代的企业。在商业社会中，企业本身也需要不断创新，不断进化才能去适应激烈的竞争环境。一个奢求不变，捧着"金饭碗"吃到老的人，一定也奢望企业不要变，永远停滞不前，显而易见，这是一个违背了事物发展规律性的常识问题。

　　这则故事，并不是提倡人们冲动不安分，而是告知我们应当勇敢选择自己热爱的方向。不要瞻前顾后，不要因为"怕失去"而放弃那些可以得到的机会。毕竟，作为趋向渴望独立化的青少年，自己的兴趣取向也是独立化的重要组成部分。

因此，作为家长的我们，本应顺势青少年之发展规律，给予其发展条件，提供其发展平台。而现实中，大多数的家长，对于孩子的兴趣，往往会不自觉地套用"这以后能养活你自己吗？"去衡量。并用自己的经济支配权，让孩子选择更利益化的事物或是自己主观认为"更靠谱"的事物作为孩子的兴趣，或是干脆拒绝孩子的"要求"。

小陈喜欢做厨师，这不仅是孩子的内心渴望，同时也是经过不断测验、各位老师综合评估后共同认同的。可小陈临近结业时，小陈的妈妈这样对我说："郑老师，是这样的，我想让您帮我和小陈说一下，他爸爸想让他读计算机专业，麻烦您了。"

我心中顿时哀叹道："完了。"

小文喜欢美妆，不仅可以完成从小当公主的愿望，还可以为其他的人带去美丽，留住青春。这本是一幅很美好的画面。然而，小文妈妈说："郑老师，小文姐姐说这些都可以在外面学的，没必要在学校里面学。"我不知道这里面有什么逻辑关系，我只知道，如果小文再一次出现厌学、逃学将是很正常的事。

各位家长朋友，我们暂且不谈这两位妈妈宁愿听从孩子爸爸和姐姐的建议，也不去问问孩子本人的想法就贸然给孩子下了决定的做法是对是错。

如果你现在身边有茶，那么可以沏上一壶，先重温一遍本章第三节开头的那个情景，然后再给自己几分钟的时间好好地、静静地回顾一下你的同事、上司，或是那些从小学到大学的同学们，以及你最近活跃的朋友圈里，是不是发现他们每个人都有着属于自己较为突出的一面。有的人读书能力很强，有的人交际能力不错，有的人应变能力很好……有的人善于组织，有的人热衷捧场，有的人爱好宁静……有的人智商很高，有的人情商不低，有的人财商优秀……

世界的精彩，正是因为大家的不同。如果人类成了养殖场，都驯化成一个样子，我们又何来的文明呢？

回顾完他人，可以续上一壶茶，再想想我们自己，我们自己的长处在哪里？又是否发挥到了极致？

这就是当下的教育体系

这幅漫画就像是现在的考试，为了保证公平，每个人都必须接受统一考试，考题就是"请爬上那棵树"。

爱因斯坦曾经说过每个人都是天才。但如果你用爬树能力来断定一条鱼有多少才干，它整个人生都会相信自己愚蠢不堪。

每一个孩子与生俱来都有其独特的生命气质。即使是同卵双胞胎，性格和能力也可能迥异。在教养孩子的时候，我们做父母如果看不到这一点，就可能会迷失在随大流的教导方式之中，按大多数人认为对的方式去要求自己的孩子。

家长朋友们，我们应该去守护我们的孩子，观察和发掘孩子的兴趣和特质。根据孩子的天性，帮助他们走一条适合的路，就像不是所有的人都适合打篮球一样，我们必须承认不是所有的孩子都能够适应当前以"应试为主要目标的学习"。

读书能力弱的孩子可能拥有艺术、音乐、运动或者人际交往方面的智能。但如果我们硬将他们塞到一条流水生产线上，按考试成绩的好坏去衡量他们合不合格、聪不聪明，那就是让孩子将自己最不擅长的短板去跟别的孩子的长板去比拼。

我们难免会不由自主地根据自己的经验和世人的普适标准去要求孩子，根本没考虑过是不是适合他。如果孩子天生是左撇子，一些家长会去纠正他，直到成功地将他变成右撇子。我们还喜欢拿其他孩子的长处来比较自家孩子的短处，时时刻刻提醒自家孩子哪些方面技不如人，如果孩子与生俱来的潜能没有被发挥出来，反倒有可能丧失自信，觉得自己真的非常蠢，是一个失败者。

孩子在读小学的时候，常常会被大人们问到你的梦想是什么？讽刺的是，直到孩子到了大学，这个问题还是没有解决。大家看看如今众多的大学生走到社会后所从事的工作却是与自己数十载所学知识和专业不对口的悲壮场面就知道了。

为什么不能在 12 岁抑或更早时就引导孩子明白自己的梦想是什么？并把梦想拆分成明确的目标，为不断实现目标而奋斗呢？纵然到最后，现实的生活与曾经的梦想可能会有一定差距，但我们依然收获了具有"意志坚强""勇于进取""富于自信""创新意识"等良性的人格特征；更会收获一份激情，继续追赶在梦想的道路上。

《中华人民共和国职业分类大典（2022 版）》是由人力资源社会保障部、国家市场监督管理总局、国家统计局对 2015 年版大典进行联合修订的。大典参照国际标准职业，从我国实际情况出发，按照工作性质同一性的基本原则，对我国社会职业进行了共 8 个大类[1]的科学划分和归类。其中 79 个中类、449 个小类，共 1636 个职业。

这部大典很好地指导了人们的就业方向，难道在数以千计的职业中还不足以找出一个职业志向与孩子的兴趣、梦想所匹配的吗？

如果有，那么请尊重孩子的选择。如果没有，那么让我们送上最美好的祝福：去吧！孩子，去创造美好的未来吧！

成千种职业等待着孩子们去接棒，上万种事物需要孩子们去创新。

想想几十年后，智能时代来临时，什么样的人才能拥有养活自己的一技之长呢？是小时候会考试的，还是对某一领域拥有热情和创造力的孩子？

任何时代，都不欢迎一旦没有标准答案和范本便什么都做不了的人，这群人是最不具价值、生存能力最差的人。如果我们为了适应现行的考试制度，去强迫自己的孩子，会不会是以牺牲孩子未来的生存能力和幸福为代价呢？

这，是一个美好的时代；这，是一个百花齐放、万家争鸣的时代。这个时代任性到只要你对一件事情足够热爱，担心未来没有自己的一席之地那是多余的。

兴趣这一粒种子，超越着时代的变迁，它能横向衍生也能纵向发展，不必担心兴趣是否会过时。相反，一个没有任何兴趣的人，正在做着社会的陪衬，以致慢慢地被淘汰出局。

这个时代，早该摒弃用刻板的价值观去思考孩子的未来，而应还给孩子的天赋该有的尊重，兴趣原有的持恒。

天，不生无用之人，

地，不长无名之草，

黄河尚有澄清日，

岂可人无得运时。

不过是，

有人少年得志，

有人大器晚成！

本节注解：

【1】8个大类：分别是第一大类：党的机关、国家机关、群众团体和社会组织、企事业单位负责人；第二大类：专业技术人员；第三大类：办事人员和有关人员；第四大类：社会生产服务和生活服务人员；第五大类：农、林、牧、渔业生产及辅助人员；第六大类：生产制造及有关人员；第七大类：军队人员；第八大类：不便分类的其他从业人员。

近期，中国人力资源和社会保障部向社会公示了18个新职业，分别是：机器人工程技术人员、增材制造工程技术人员、数据安全工程技术人员、退役军人事务员、数字化解决方案设计师、数据库运行管理员、信息系统适配验证师、数字孪生应用技术员、商务数据分析师、碳汇计量评估师、建筑节能减排咨询师、综合能源服务员、家庭教育指导师、研学旅行指导师、民宿管家、农业数字化技术员、煤提质工、城市轨道交通检修工。

后　记

"功遂身退，天之道也。"

——《道德经》

　　每一颗心都需要爱，需要温柔，需要宽容，需要理解。

　　孩子不乖的时候，正是他最需要爱的时候。请和善对待孩子成长中的每一个问题，倾心聆听他的每一个声音。先用爱温暖他，再用行动讲道理。一个沐浴在爱和接纳里的孩子，才能像一颗种子，破土、发芽，茁壮成长。

　　虽说孩子来到"正知"，是绝大多数家长的无奈之举。但是"正知"必须把家长此举，看作、认作并当作是家长对孩子的一次具有远见的教育投资行为。

　　"正知基地"，是孩子们的转折点，是孩子华丽转身的推手。每一个来"正知"的孩子，都是独一无二的。当他们离开"基地"，投身于学习、工作以及各种成长活动中，可以让自己发展成更好的自己时，"正知"的任务也就完成了。纵然在分别的那一刻，他们是多么渴望停留在这个"境"中。

　　小俸在一次"家长会"上，被妈妈担心地问道："你从基地结业离开后，如果又遇到之前那些人你怎么办？"

　　小俸坚定地望着妈妈："或许他们还是以前的他们，但我已经不是原来的我了……"

附录：

青少年叛逆心理研究

每一类心理学家都力图在研究和应用之间寻求平衡，比如，认知心理学家关注基本的认知过程，社会心理学家关注社会对态度和行为的影响，教育心理学家关注教育环境下学生的调适能力等。

青少年叛逆心理研究，则关注青少年的叛逆现象，激发潜能与实现超越。为了使大家更进一步了解青少年叛逆心理，特将其理论体系的相关部分概述如下：

青少年叛逆心理研究

运用心理学的基本原理研究叛逆青少年的心理活动、心理因素和有关行为表现，以及客观规律的一门学科。

青少年叛逆心理研究的核心思想

青少年可以通过找到自己内部的创造性动力，从叛逆的现象中自我接受、自我肯定、自我强化、自我实现，即超越。

自我接受的品质是自我实现的基础。

青少年叛逆心理研究的基本任务

探讨与青少年叛逆有关的心理现象发生、发展的规律，以及叛逆心理与叛逆行为的关系，从而有效地减少、控制叛逆心理和行为，使之向积极的方面转化。

具体任务有三点。首先，描述和测量叛逆心理和行为；其次，理解和预测叛逆心理和行为；最后，控制和矫正叛逆心理和行为。

青少年叛逆心理研究的主要方法

1. 调查法；
2. 个案追踪研究法；
3. 心理测验法；
4. 比较研究法等。

青少年叛逆心理研究的焦点

青少年叛逆现象的心理过程。

青少年叛逆心理研究的主张

必须从人的本性出发研究青少年的叛逆心理。

青少年叛逆动机和行为的形成

1. 一定强度的需要促使形成叛逆动机和行为；
2. 外部诱因引起叛逆动机和行为；
3. 内在需要与外在诱因交互作用形成叛逆动机和行为。

青少年叛逆动机和行为的需要

青少年的一切叛逆现象背后都是自我实现的渴望。
1. 维持衣、食、住、行等基本生活的物质和追求奢侈生活的物质需要；

2. 安全的需要，如消除危机感、不安、心理超负荷运行、紧张等的需要；

3. 自我确认的需要，有的甚至表现为想通过叛逆行为认识自己、证实自己的存在价值或某种特征等；

4. 自我显示的需要，极端的会通过叛逆行为甚至是犯罪行为向别人显示自己的能力、勇敢等，以获得别人的赞赏、认可、友谊、接纳等；

5. 充实自己生活的需要，即在平庸、单调的生活中追求刺激或进行冒险的需要，所以这时一心都想着往外跑；

6. 征服他人的需要，即通过别人屈服来满足自己的权力欲、支配欲等；

7. 爱的需要，即获得别人的爱和表达自己的爱的需要；

8. 性的需要，即作为生物本能的性行为的需要。

青少年叛逆现象的分类

1. 叛逆心理

（1）学习方面的困扰，包括学习方法烦恼、学习压力感大、考试焦虑、学习挫折、记忆衰退、神经衰退等；

（2）人际方面的困扰，包括同学关系的烦恼、交友困惑、师生关系烦恼、与家庭的间离感、亲情淡漠、自卑孤僻、自闭抑郁；

（3）青春期生理、心理困扰，如性心理苦闷、早恋困惑、体相烦恼、孤独感等；

（4）人生发展中的烦恼，如理性与现实的冲突、新生综合症状、人生困惑感、自杀倾向等。

2. 叛逆行为

网瘾、打架斗殴、敲诈勒索、混迹社会、厌学逃学辍学、文身、染发、夜不归宿、早恋、吸烟、喝酒、小偷小摸、蒙骗亲友、奢侈消费、离家出走等。

青少年叛逆动机的分类

1. 好奇动机；

2. 报复动机；

3. 性动机；

4. 恐惧动机；

5. 贪利动机；

6. 自我显示动机；

7. 寻求刺激动机；

8. 要求独立动机等。

青少年叛逆动机的特殊性

1. 叛逆动机易受外界刺激（诱因）引起；

2. 叛逆动机易变化、不稳定；

3. 产生恶性转化的情况较多；

4. 叛逆动机有强烈的情绪性和情感性；

5. 叛逆动机的未被意识到的特征比较显著等。

青少年心理障碍类型与犯罪

1. 激奋型

易兴奋且缺乏自制力，他们很难冷静下来，在面对刺激时容易受到别人的教唆，从而极易发生抢劫等。

2. 爆发型

一旦受到刺激就会爆发，在愤怒火焰的燃烧下失去理智，发生暴力事件攻击他人。

3. 自我显示型

极强的表现欲和虚荣心，为达到吸引别人的目的，不惜以做出过激行为为代价。

4. 偏执型

人格十分顽固，一旦他们坚守的观点违背道德法律，就成了极易犯罪的群体。

5. 抑郁型

长期的情绪低落、消极、悲观以及自我封闭，让他们过分冷酷，犯罪行为十分无情。

6. 情绪易变型

情绪经常交换，喜怒无常的性格很难与人交流，莫名其妙地产生矛盾，导致犯罪。

7. 感情缺乏型

愤世、憎恨使其缺乏应有的羞耻感和同情心，大多具有反社会型人格障碍，一旦犯罪，手段残忍，心狠手辣。

8. 意志薄弱型

自身品质不一定恶劣，可是容易受到别人引诱，没有主见，常常是被利用的对象。

9. 自卑型

嫉妒，渴望被关注，仇富心理，以极端方式去让自己获取心理上的平衡。

青少年叛逆现象与人格障碍

人格障碍是心理障碍的一种，持久而牢固的适应不良行为模式，表现为人格发展的内在不协调，是在没有认知过程障碍或智力障碍的情况下出现的情绪反应、动机和行为活动异常，一般在儿童或青少年时期发生。

其特征主要有以下四点：

1. 在童年或青少年时期形成，一旦形成就比较稳定，且不易改变；

2. 无明显的智力障碍，主要是严重的情感障碍，表现为情绪不稳定、情感体验肤浅等；

3. 行为的目的和动机不明确，具有冲动性和攻击性；

4. 社会适应不良，不能从过去的生活中吸取经验教训，缺乏自知力，无羞耻感。

青少年叛逆现象与人格障碍类型

尽管目前在人格障碍的治疗上已取得了一些进步，找到了有效改善症状的方法（目前主要有两种治疗方法，即心理治疗和生物医学治疗），但对人格障碍的处理在很大程度上仍然是根据人格障碍者的不同特点，帮助其寻求减少冲突的生活道路。

1. 依赖型人格

依赖型人格的特征，表现为缺乏独立性，感到自己无助、无能和缺乏精力，生怕被人遗弃，将自己的需求依附于别人，过分顺从于别人意志。要求和容忍他人安排自己的生活，当亲密关系终结时则有被毁灭和无助的体验，有一种将责任推给他人来对付逆境的倾向。

2. 表演者型人格

这种人具有浓厚而强烈的情绪反应行为特点，自吹自擂、装腔作势。喜欢引起他人的注意和关心，爱虚荣，希望使人兴奋的事情发生，常把自己的感觉和情感加以夸张，从而使他人加深对自己的印象。善变，爱挑逗，要求于人多，内心真情少，以自我为中心，依赖性大，常需要得到别人的支持。有时也会玩弄或威胁他人。

3. 自恋型人格

他们幻想自己很有成就，自己拥有权力、聪明和美貌，遇到比他们更成功的人就产生强烈嫉妒心。他们的自尊很脆弱，过分关心别人的评价，要求别人持续的注意和赞美；对批评则感到内心的愤怒和羞辱，但外表以冷淡和无动于衷的反应来掩饰。他们不能理解别人的细微感情，缺乏将心比心的共感性，因此人际关系常出现问题。这种人常有特权感，期望自己能够得到特殊的待遇，其友谊多是从利益出发的。

4. 反社会型人格

是对社会影响最为严重的类型。患病率在发达的国家为4.3%~9.4%。特征是高度攻击性，缺乏羞惭感，不能从经历中取得经验教训，行为受偶然动机驱使，社会适应不良等。

5. 强迫型人格

做事往往谨小慎微，希望所有事都能做到尽善尽美，如果症状不是十分严重，往往可在学习工作中取得比较大的成就，但有时会因过分注重细节、墨守成规，反而影响学习及工作效率。在生活中患者时常会用严苛的尺度衡量周围事物，使自己和身边的人陷入紧张、焦虑的氛围。

6. 被动攻击型人格

一种比较隐蔽的复合型的人格障碍，自幼习得性的，在幼年时候通过实践学习得出的后天性习得性行为模式。其中，最主要的一点就是患者不能用恰当的、有益的方式表达自己不愉快的情感体验，明明有很多不满和怨恨的情绪，却又不愿坦荡、大方地表达出来，而是采取只有他自己才清楚的、将事情越弄越糟的宣泄方式获得某些心理平衡。会呈现出自我的丧失，多伴随患有抑郁症。

7. 回避型人格

全面的社交抑制、能力不足感、对负面评价极其敏感为特征的一类人格障碍。害羞、孤独、害怕见陌生人、害怕陌生环境等。总觉得自己缺乏社交能力，缺乏吸引力，在各方面都处于劣势，因而显得过分敏感和自卑。自尊心过低加上过分敏感，担心自己会被别人拒绝，使得患者很难与他人建立亲密关系。

8. 边缘型人格

人际关系、自我意识和情感不稳定，并有明显的冲动性的普遍模式，可有自伤行为，也可出现一过性的精神病性症状，边缘型人格障碍的诊断存在一定的难度，其中很重要的原因是与其他精神障碍的共病率高，尤其是与情感障碍有较高的伴发率，可高达50%。

9. 偏执型人格

表现固执，敏感多疑，过分警觉，心胸狭隘，好嫉妒；自我评价过高，把自己看得过分重要，倾向推诿客观，拒绝接受批评，对挫折和失败过分敏感，如受到质疑则出现争论、诡辩，甚至冲动攻击和好斗；常有某些超价观念和不安全、不愉快、缺乏幽默感；经常处于戒备和紧张状态之中，寻找怀疑偏见的根据，对他人的中性或善意的动作歪曲而采取敌意和藐视，对事态的前后关系缺乏正确评价；容易发生病理性嫉妒。

10. 分裂型人格

敏感多疑，他们总是妄自尊大，而又极易产生羞愧感和耻辱感，判断质量低下、思维混乱、情绪不稳定、社会关系糟糕以及没有控制冲动的能力，这类患者无法完成正常的社交和工作。

青少年叛逆现象与身心矛盾

1. 生理和心理发展不均衡的矛盾

青少年生理发育较快，精力充沛，活动范围日益扩大，性机能成熟，而心理发展水平较低，缺乏合理地调节和支配自身活动的能力。

2. 心理活动本身的矛盾

青少年在认知与情感、认知与行动、情感与意志、独立意向与认知能力之间以及自我意识内部均存在许多矛盾，使其缺乏明辨是非的能力，易为情感、情绪因素左右。

3. 外部环境和青少年心理发展水平的矛盾

青少年对纷繁的社会现象缺乏辨别能力，对不良诱因缺乏抵制能力，易受不良环境影响。

青少年叛逆现象的特征

1. 认知结构的扭曲化特征

大多认识能力低下；在学习、工作中表现迟钝、低能，但进行反社会行为时显得机敏、活跃，具有错误的是非观和道德观，思想与行为大多受强烈的个人欲望驱使，认知的核心是两大精神支柱（即讲义气和享乐主义）与三种错误观念（即亡命徒式的英雄观、无政府主义的自由观、低级的趣味观）。

2. 情感需求的畸形化特征

不满、不服情绪明显，甚至有敌对、仇视情绪，孤独、苦闷、自卑、绝望、喜怒无常，情绪情感极不稳定，极易感情用事，自我控制能力差，极易受外界刺激的影响，变态的自尊心和虚荣心，具有强烈的冲动性，与吃、喝、玩、乐、性等初级需要相联系的情绪突出。

3. 意志意识的单一化特征

叛逆现象往往受简单的叛逆动机所支配，多数情况下，行为预谋性不明显，意志薄弱，经不起外界不良因素的引诱，不善于根据社会需要调节和控制心理与行为，对反社会行为有强烈的固执的倾向、甘冒风险。

4. 行为行动的从众化特征

以偷窃、打架斗殴和性交易为主，偶发性强，具有明显的情境性和冲动性，手段残忍，不计后果，注重同辈群体的利益和个人义气，喜欢结成群体。

青少年有组织叛逆的行为特征

1. 纠合性和传染性

喜欢与一些劣迹斑斑、规范意识差的人纠合在一起，形成叛逆组织，就会很快相互传染、影响、腐蚀，成员之间相互学习、交叉感染、老带小、旧带新，一茬接一茬，像滚雪球一样，越滚越大，使有组织叛逆迅速发展蔓延起来。

2. 盲目性和冒险性

有组织叛逆依仗人多势众，加之成员之间相互刺激，比强显能，因此，行为上敢下狠手、敢于冒险。由于青少年感情冲动，放纵不羁，往往是只要有人出一个主意，一句话或稍微暗示、挑动，就很可能一哄而上，说打就打，说抢就抢，表现出较大的盲目性、偶发性和冒险性等行为特点。

3. 野蛮性和残忍性

成员之间相互壮胆，加上罪责扩散心理的作用，决定了有组织比单个个体更加野蛮、残忍。不仅在客观上的社会危害性更大，而且在主观上的恶性也更大。

青少年有组织叛逆的心理特征

1. 反社会意识增强

由于个体结伙后，他就必须服从组织的压力，要与组织的心理氛围保持一致。在此影响下，个体独自的分析和判断力要受到约束，其行为方式也必须与组织保持一致，有很多青少年，一个人时反社会意识不是很严重，但一旦入伙，往往身不由己，想干要干，不想干也得干，久而久之，导致其反社会意识逐渐增强。

2. 罪责扩散，安全感增强

结伙后，成员之间的行为客观上是相互联系、相互配合、密不可分的。所以一旦出事，多个成员总是相互推卸、相互抵赖，都把自己的错误放在相对次要的地位，存在罪责扩散的心理。正是由于此心理，觉得法不责众，在自身安全感增强的同时，恶性事件的发展也随之增大。

3. 叛逆组织的内聚力强

首先，有组织的前提下，叛逆事件的成功率比单个高得多，且能满足各个成员的不良需求，因此愿意结伙。

其次，既然大家同上一条贼船，就只好同舟共济，否则，别人被打击了，自己也会受到牵连。为了逃避打击，保护自己，成员间必须团结，增强内聚力。

最后，各成员在价值观、兴趣、需要等方面有相同或相似之处，使他们感到"志趣相投"，于是难舍难分。

4. 权威与服从心理

群体的成员只有服从才能达到团结一致，而权威也只有在团结一致的群体中才能发挥最大的作用。权威人物一旦确定，便会有很大的号召力，而一般成员也就会自动放弃自己独立的意志作用，无条件地接受权威者的指挥。

5. 暗示与模仿心理

暗示不仅是一种"命令"或"信号"，而且，还是一种执行者与指挥者之间，或是执行者彼此之间的一种"相互信任""配合默契"的具体表现。有时候暗示比直接命令的作用更大，并且在某些特殊的环境中，只能用暗示而不能直接命令。比如使一个犀利的眼神，再瞟一眼，就明白要动手了。

成员之间的一举一动，一些怪癖、嗜好、低级情趣、下作动作、污秽语言等都会相互模仿。不仅如此，一些黄色淫秽的电影、电视、录像、书刊等，也给青少年的模仿提供了广泛的"范例"。

6. 代偿与相容心理

代偿心理是指一个人的心理上的矛盾、缺陷、创伤、损害等在其他人身上得到补偿和满足。青少年时期，是人生中生理和心理急剧变化的时期，也是人生中挫折和矛盾最多、最复杂的时期。如果青少年不能有效地去处理，就极易产生失望、悲观、苦闷、抑郁等消极心理，进而产生强烈的代偿需求心理。正是由于组织成员之间相互依存、相互慰藉，因而可以满足彼此的代偿心理需求。

而这个彼此的代偿心理的体验过程，在心理上也逐渐趋于相容和彼此悦纳，甚至产生彼此认同和感情移入，为价值观的统一奠定了基础。

青少年叛逆组织不同成员的心理特征

1. 头目成员的叛逆心理

所谓头目是在共同叛逆中起主要作用的成员。大多具有一般成员所不具有的个性特征，突出表现在叛逆动机和主动性比其他参与者更为强烈，有较强的叛逆冲动，叛逆欲望促使头目进行组织、劝说、教唆其他人参与共同叛逆，是叛逆的策划、组织者。

2. 从众成员的叛逆心理

一般情况下，从众者在叛逆组织中起次要或辅助作用，按照其在叛逆组织中的心理积极性程度的不同，其心理可以划分为：

（1）协从心理

协从即自愿配合、帮助头目实施叛逆行为。一般与头目之间有利益关系，关系密切，出于哥们儿义气姐妹情深帮朋友出头。虽然帮助者在叛逆行为中并不起关键的决定性作用，但从主观方面考虑，协从者的积极性是非常高的，他们的叛逆行为是主动地、积极地去作为。

（2）顺从心理

从众者首先是对叛逆有认识的，但往往出于和头目成员有某种关系，还是实施了叛逆行为，如与头目成员是朋友、亲戚、上下级等关系，而随之参与。在很大程度上是由于他们过多地在乎不去帮忙会给自己带来不利的影响，如朋友之间面子上过不去，上下级之间的利害关系等。这种顺从心理在整个叛逆过程中很矛盾，有很多顾虑，且在心理上缺乏独立性，又掺杂很强的依靠心理，故易顺从别人的意志。

（3）盲从心理

有的从众者在实施叛逆行为的时候并没有考虑太多的后果。他们之所以会参与，是由于自己的认知能力比较低下，愚昧无知，大多是被头目所利用，甚至有的就是为了起哄，寻找点刺激。他们对自己的行为和后果缺乏判断力，易受到他人的诱惑而盲目地实施。

青少年叛逆心理矫正概念

指利用心理学、教育学、逻辑学等学科的理论和技术消除叛逆青少年的叛逆心理和不良行为习惯，帮助其重新适应社会、学习、生活的一切方法与活动。

青少年叛逆心理矫正工作过程

首先，深入剖析青少年叛逆心理形成的主要原因和相关因素，充分了解叛逆心理发展变化的规律、特点，这是进行心理矫正的前提条件；其次，掌握青少年在不同矫正阶段的心理状态，了解其对于矫正措施所表现的各种反应，一方面可以了解心理矫正的实际效果，另一方面也可以即时分析存在的问题，为进一步的矫正工作找出改进的方向；最后，做到因人施治，对症下药，采取相应措施，从而达到心理转化的目的。

总结为三部曲，即适应期（症结的找到与验证）、转变期（症结的验证与解决）、巩固期（症结的解决与巩固）。

青少年叛逆心理诊断的技术和方法

心理诊断是一项复杂、细致的工作，根据事件的不同、叛逆者的不同、诊断内容及场所的不同等，采用不同的方法。一般主要有下列几种方法：

1. 生活经历调查

（1）发育状况，包括遗传因素、启蒙情况、疾病、外伤等；

（2）家庭及近邻状况，包括家庭气氛、父母养育方法、家庭社会经济地位、父母关系、兄弟姐妹关系、父母对孩子的期望、居住情况、家庭与邻居的关系等；

（3）学业情况，包括各个学业阶段的学习成绩、学科兴趣、师生关系、品行表现、交友情况、荣誉情况、社团活动情况等；

（4）交友关系，包括朋友的类型（在读、辍学、年龄、性格、道德品行等）、结交朋友的过程、绝交的情况等；

（5）兴趣爱好，包括过去与目前的兴趣、娱乐等情况；

（6）违法犯罪情况，包括一般违法行为、免于刑事追究的轻微犯罪行为及受到刑法处罚的行为。

2. 面谈

当面与叛逆青少年交谈，了解其各种经历和体验，人生观、价值观、世界观等思想观念，围绕其过去的情况、现在的感受展开，特别是感情特征以及有无情感障碍、学习和生活态度、对人的态度等（同时注意其有无不满、攻击、拒绝等）。

3. 行动观察

行动观察可以在各种场合的自然状态下进行，如观察叛逆青少年在吃饭、运动、学习、娱乐、交往等情景下的行为表现，也可以人为地设置某种情景加以观察，比如说组织去福利院、敬老院等。通常要观察三个方面的内容：

（1）能力特征，即叛逆青少年的智力、技能、学习能力等情况；

（2）意志特征，即叛逆青少年的自觉性、控制力、忍耐性等；

（3）人际关系状况，即叛逆青少年与同学、老师、领导者等的关系。

行为观察能否取得成功，关键在于应使被观察者处于自然状态，使其察觉不到有人在观察，这样才能避免其有意掩盖或者刻意表现自己某方面的特质。

4. 心理测验

心理测验指利用各种心理测验量表来测量犯罪者的归因、人格、态度、兴趣以及心理特征的方法。通过测验，了解青少年叛逆的心理与行为方面的质与量的特征。常用的方法有四类：

（1）归因测验；

（2）人格测验；

（3）态度测验；

（4）兴趣测验。

青少年叛逆心理矫正的基本内容

1. 疏导叛逆青少年的消极情绪；

2. 培养叛逆青少年的自我控制能力；

3. 帮助叛逆青少年改变认知结构和思维模式；

4. 纠正叛逆青少年的不良处世方式；

5. 提高叛逆青少年的法律、道德水平；

6. 防止叛逆青少年的情绪障碍向心理障碍、精神障碍发展以及叛逆行为向犯罪行为发展；

7. 建立叛逆青少年的学习目标。

青少年叛逆心理矫正的技术和方法

青少年叛逆心理研究不是教条，而是行动指南，必须随着实践的变化而发展。

从心理学的角度，尽管各个学派和主义之间都有求同存异甚至大相径庭的观点存在。但不谋而合的是为了能使矫正对象得以回归社会常态，都认同"没有不好的方法，只有合适的方法"。

以下为"基地"常用的 11 大方法，具体运用时，须针对不同对象的思想实际，选择适当的时机和恰当的形式；同时在各技术和方法之间，还须注意相互借鉴、相关联系的促进作用，融会贯通，举一反三，才能收到良好的效果。

1. 行为法

运用心理学派根据实验得出的学习原理，把治疗的着眼点放在可观察的外在行为或可以具体描述的心理状态上，是一种治疗心理疾患和障碍的技术。

（1）系统脱敏法

是一种利用对抗性条件反射原理，循序渐进地消除异常行为的一种方法。通过渐进性暴露于恐惧刺激的方式，使已经建立起的条件反射消失。

（2）行为塑造法

建立和形成新的行为习惯。在确定这个大目标后，把其分成几个小目标，制订治疗计划，然后由低即"大目标，小步子"，用不断强化的原则来向高逐步实现，达到一步立即给予奖励强化，直到最后实现最高目标。

（3）代币法

指出现适当的行为时，即给予正性强化物以强化该反应，从而建立个体新的适当行为，达到养成良好行为习惯的治疗方法。

（4）职业体验法

指从事有意义的职业体验活动，提高其个人价值感、自信心，帮助其建立个人的社会人际关系，使学习、生活变得有目标、有方向。

2. 认知法

根据人的认知过程，影响其情绪和行为的理论假设，通过认知和行为技术来改变已有的不良认知，从而矫正并适应不良行为的心理治疗方法。

3. 榜样示范法

是指以榜样人物的高尚思想、模范行为、卓越成就等影响受教育者的思想、感情和行为的一种方法。

4. 赏识法

是指发现学生优点，对学生多加鼓励，从而使学生产生求知的欲望和情感，强化学习效果，并取得求知的成功的教育方法。

5. 换位体验法

指通过一定的情景互换，从而使体验者有深刻的自省的一种方法，相比空泛的换位思考更注重体验、感悟、启发的意义。

6. 实践法

实践是检验真理的唯一标准，实践、认识、再实践、再认识是个循环往复的过程，灵活地运用和积极地创造各种适当的实践教育形式，是教育取得成效的关键。

7. 内省觉悟法

内省法它有两种方式：一种叫作自我观察法（也叫自我内省法），是指个人凭着非感官的知觉审视其自身的某些状态和活动以认识自己；另一种叫作实验内省法，是要求被试者把自己的心理活动报告出来，然后通过分析报告资料得出某种心理学结论。

这里特指引导青少年具备内省的品质。用内省法来认识自己的内心世界古已有之。孔子曰："内省不疚，夫何忧何惧"（《论语·颜渊》）。意思是说，其平日所为无愧于心，故能内省不疚，而自无忧惧。

8. 情绪宣泄法

现实生活中宣泄的方法很多，采用宣泄的方式也不同，从小小的一声叹气，到大声痛哭、疾呼、怒吼以及打球、散步、聊天等都可以起到宣泄作用。人与人因个体差异和所处环境、条件各异，故原则上应遵循因人施法。

宣泄，不仅仅会使人心理健康、排解压抑，更能使人健康长寿。保持一个良好的心态，学会发泄，是一个人远离亚健康的重要武器。

9. 艺术熏陶法

一般心理治疗多以语言为沟通、治疗的主要媒介，而艺术治疗特色最为鲜明，主要是以提供艺术素材、活动经验等作为治疗的方式。理论基础是相信个体能在从事创造性、表达性艺术的创作过程中，即使不以心理学的治疗方式，只要通过音乐、绘画、捏陶、书法等艺术活动也能够达到治疗的效果，尤其是对有创伤经历的儿童，如能通过创作作品回顾、整理过去的创伤过程，可收到很好的治疗效果。

（1）音乐疗法

音乐是一种最适合用于心理咨询和心理治疗的工具之一，由于它是非语言的属形象思维的形式又具有与人的深层意识距离最近的特征，使它从某种意义上来说优于其他的心理治疗方法。

（2）绘画疗法

绘画疗法是让绘画者通过绘画的创作过程，利用非言语工具，将潜意识内压抑的感情与冲突呈现出来，并且在绘画的过程中获得纾解与满足，从而达到诊断与治疗的良好效果。无论是成年还是儿童都可在方寸之间呈现完整的表现，又可以在欣赏自己的过程中满足心理需求。

（3）心理剧疗法

它是通过特殊的戏剧形式，让参加者扮演某种角色，以某种心理冲突情景下的自发表演为主，进而在演出中体验或重新体验自己的思想、情绪、梦境及人际关系，将心理冲突和情绪问题逐渐呈现在舞台上，以宣泄情绪、消除内心压力和自卑感，增强当事人适应环境和克服危机的能力。

伴随剧情的发展，在安全的氛围中，探索、释放、觉察和分享内在自我。在"基地"往往在重要节日时以排练晚会小品节目的名义进行。

10. 情境法

通过特定的情境，提供了调动青少年的原有认知结构的某些线索，经过思维的内部整合作用，就会顿悟或产生新的认知结构。诸如各类职业体验、各类拓展活动、各类事件等，都是寓教学内容于具体形象的情境之中，其中也就必然存在着潜移默化的暗示作用。

情境所提供的线索起到一种唤醒或启迪智慧的作用，比如正处于某种问题情境中的人，会因为某句提醒或碰到某些事物而受到启发，从而顺利地解决问题。

11. 天性疗法

由于传统的心理疗法在治疗叛逆青少年中受阻，"正知基地"扩展了传统的心理疗法和概念，以人本主义为基础，结合了认知行为、图式治疗等多个理论流派，创建了天性疗法，并将自己十多年的研究和实践的精华浓缩在《青少年叛逆与超越》一书中。

起初，天性疗法主要适用于青少年的叛逆现象所引起的难以治愈的心理障碍、情绪障碍、人格障碍等问题。后来，我们研究发现，天性疗法对青少年家庭的亲子关系、家庭教育等方面也有显著疗效，甚至对于预防青少年犯罪和涉罪青少年的稳定就业也有帮助。

天性疗法，更强调探索心理问题的童年和青春期起因，更注重情绪、情感的体验、感知、感悟，以及咨访关系的情景、氛围与融合。在尊重人的价值、天性的基础上，融合一切以自我超越为目的治疗形式。

天性疗法的主要原理

1. 引发青少年逆反情绪与行为的是天性

例如：青少年因好奇心驱使，第一次尝试抽烟，当体验之后，即会对体验构建认知。如果出现烟呛、生理排斥等生理原因，或觉得羞耻、内疚等心理原因，并不断强化进而不再对烟感兴趣，即属于认知平衡，且有自我超越趋向；如果另有其他原因，如抽烟很酷等，并不断强化进而任其发展，即属于认知失衡，且有自我崩溃趋向。

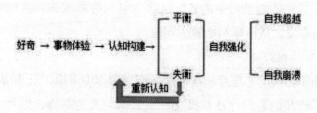

值得注意的是，在重构认知的过程中，关键点是需分析清楚青少年已有认知的形成原因、依据，因为认知的构建过程非常复杂，可以是对看似积极的事物构建了失衡的想法，比如，打篮球是积极的事物，但霸占场地打篮球则会引火烧身，也会出现对看似消极的事物构建了平衡的想法，比如，考试一塌糊涂，但已暗暗下定决心，奋力追赶。

因此，我们在没有彻底弄清原委前，对青少年的已有认知不得妄加引导、肆意定夺。

青少年的叛逆现象中，几乎所有的首次叛逆现象都是源于其本身的情绪、情感记忆的空白与构建。如同儿时对一切事物的探索一样，比如第一次吃糖的开心与兴奋（天性）、第一次被抢心爱玩具的伤心与愤怒（天性）等等，这些感知形成了"情感记忆"，在此之前，并不会知道糖是甜的，被抢玩具原来是这么不舒服的。

那么在此之后，这个"情感记忆"将在往后的日子里，遇到同类型的事物时再次被唤醒，从而影响其认知做出相应行为。比如，看到糖了可能会去拿，感觉到自己的玩具有被抢的危险时会提前进行规避等等。这些都是天性使然，且绝大部分的叛逆现象都是好奇心与探索欲驱使的。

2. 天性疗法全面看待思维、情绪和行为与叛逆现象的相互关系和内在关联。

青少年叛逆现象中，绝大多数的初次叛逆，都源于其自身情绪、情感记忆的空白，亦可以理解为都是好奇心和探索欲所驱动。

当青少年出现叛逆现象之后，与天性之间形成的"情感记忆"将决定叛逆与超越的界限。

比如，打架（叛逆现象）与内疚、羞耻等（天性）相互作用形成"情感记忆"（认知），即是超越趋向。如果与敌意、仇恨等（天性）相互作用形成"情感记忆"（认知），则可能出现再次叛逆。

简而言之，叛逆现象与天性相互作用，形成的"情感记忆"是内在关联。

3. 挖掘天性，强化禀赋，泛化品格

真理源于实践，量变方能质变，挖掘天性最好的方法是提供足够多的事物（课程）去激发、去唤醒。

当天性中已经明确其禀赋后，比如善于沟通，则强化此禀赋，即多维度地绕"善于沟通"展开各类体验，如主持、演讲等。

此过程中所拥有的坚持、努力等品格自然会进行泛化。

天性疗法的特点

天性疗法与众多派别的心理疗法一样，都是以主体对象趋向自我和谐为共同方向。但是，在特定对象为叛逆青少年的前提下，天性疗法又有根本上的区别，特别是在人性假设、哲学基础、角色扮演、咨访关系和实施方法等方面均有自己的特点。

1. 人性假设：青少年有自我超越的潜能

天性疗法不同于行为主义疗法，依据"人之初，性本无"的人性假设，也不同于精神分析疗法坚持"人之初，性本恶"的人性假设。天性疗法深信"人之初，性本善"的人性假设，只要帮助创造一个充满关怀和信任的氛围，青少年就能充分发挥自身机能的作用，实现自我超越。

2. 哲学基础：重视青少年的天资禀赋

天性疗法的最终目标是让青少年个体明确自己的长处，并发挥到极致。

知人者智，自知者明。一个人成长的前提，在于先自知。自知，才能自度、自救、自强。才能更好地发展自我、超越自我。

3. 咨访关系：朋友和伙伴

天性疗法不会把来访者视为病人，更不会以专家或权威自居、发号施令，让来访者处于消极被动的地位。

天性疗法主要致力于与青少年建立朋友和伙伴似的关系，创造一种自由体验情感、畅聊无阻的情境。

4. 实施方法：尊重、宽容、鼓励、目标。

道中有术，术中有道。方法虽为术，万术却不离其道。

因此，若想让青少年实现自我超越，唯有在正能量的土壤中，才能见证。

天性疗法的主要观点

1. 青少年的叛逆现象一定存在正面客观性；

2. 青少年的情绪、情感记忆体验是非常重要的内容；

3. 青少年具有潜能，趋向自我超越。激发青少年的潜能和目标建设是超越自身的必要条件；

4. 尊重青少年的尊严和需求，重视其主观感受，对孩子有一种发自内心的信任；

5. 青少年的态度大于能力；

6. 倾听青少年，倾听是一种治疗。倾诉的过程本身在释放情绪，传递能量。

青少年叛逆心理的预测

心理学不应该只关注治疗，更应该防患未然，去帮助人们预防心理疾病。

心理学中的预测是表述一个特定行为将要发生的可能性和一种特定关系将被发现的可能性。

对造成特定行为方式潜在原因的精确解释，常常能让研究者对未来的行为做出精确的预测。

青少年叛逆心理预测是经过着眼于叛逆青少年整个生活方式的深入调查，在科学、准确、全面地掌握过去和现在的有关叛逆青少年的资料，准确把握其产生的客观因素及其变化规律的基础上，运用心理学的理论和方法，以及统计学、逻辑学等相关知识和方法，进行科学分析和技术处理，揭示其叛逆原因、条件相关因素之间的内在联系及其活动的规律性，并对其叛逆心理和叛逆行为的未来发展趋势、叛逆种类、叛逆类型、叛逆手段和方式，对其叛逆的可能性等进行事先测定与推估的叛逆心理研究的工作过程。

青少年叛逆心理预测的分类

1. 从对象上分为社会总体、局部和个体预测；

2. 从形式上分为综合、分类和单项预测；

3. 从时间上分为近期、中期和远期预测；

4. 从性质上分为定性和定量预测。

青少年叛逆心理预测的内容

1. 叛逆率的预测；

2. 叛逆类型的预测；

3. 叛逆者的预测；

4. 叛逆形态的预测；

5. 叛逆手段的预测；

6. 叛逆时间的预测；

7. 叛逆空间的预测；

8. 叛逆趋势的预测。

青少年叛逆心理预测的基本步骤

1. 明确预测的目的、任务；

2. 搜集和审核预测所需的资料；

3. 确定预测模型和预测方法；

4. 资料的分类与汇总；

5. 估计参数和进行预测；

6. 分析预测误差；

7. 提出预测报告。

青少年叛逆心理预测的方法

1. 直观型预测法

指靠经验、知识和综合分析能力进行预测：

（1）专家预测法；

（2）特尔斐预测法。

2. 探索型预测法

指假设未来的发展趋势不变，从现状推论未来的方法。

3. 规范型预测法

指根据社会需要的预想目标，从未来回溯到现在，预测实现目标的时间、途径和所需创造的条件等的一种方法。

（1）相关树法；

（2）因素分析法；

（3）指数评估法。

4. 反馈型预测法

将探索型预测和规范型预测相互补充，并使它们处在一个不断反馈的系统之中。（这也是"正知基地"结合青少年的现状，最常用的一个预测法，然后再配套引导方案，其一以中考为导向，其二以职业技校为导向做设计，最后形成综合矫正方案，使其得以重返学业。）

5. 初犯预测法

初犯预测法是对尚未叛逆的青少年的预测：

（1）观察法；

（2）调查访问法；

（3）心理测试法。

青少年叛逆心理预测的原理和特点

1. 预防青少年叛逆现象中的情绪障碍向心理障碍、心理症结、精神疾病的演变；

2. 预防青少年叛逆现象中的行为问题形成犯罪行为；

3. 使青少年养成健全的人格；

4. 教育培养和自我修养的结合。

心理预防是一种积极预防，其面向所有社会成员。心理预防是一个过程，此过程贯穿于人的一生。